# 三民書局五十年

逯耀東
周玉山
主編

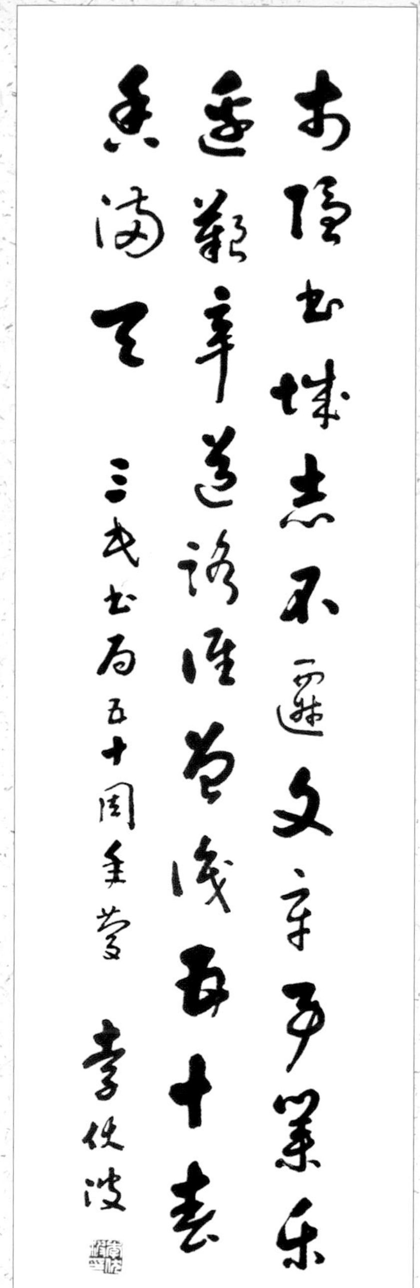

市隱書城志不遷
文章事業樂無邊
艱辛道路誰曾識
五十春光香滿天
三民書局五十周年慶　李伏波

# 行者常至，為者常成

## ——關於《三民書局五十年》的編輯報告

逯耀東
周玉山

今年（民國九十二年）七月十日，是三民書局創立五十週年大慶。五十年來，三民書局在劉振強先生艱苦的經營下，由小小書局變成龐大現代化的文化事業機構，由一株幼苗成長為綠蔭滿園的巨樹。但不論世局怎麼變，出版的初衷始終未改，從開始到現在半個世紀，三民書局已出版了六千多種各類的書籍。

一

三民首先出版法政大學用書，所以選擇這個方向，主要是受到鄒文海先生的影響。鄒先生是政治學的權威學者，臺灣著名的政治學者多出於其門下。他與劉先生有同鄉之誼，劉先生常前往問候起居，往往是兩人對坐，抽著「新樂園」香菸，在煙霧彌漫裡，鄒先生談起他當時教書，學生苦無參考書可讀，不如先出大學用書，並允代為約稿。

於是，三民書局開始有計畫出版法政大學用書。當時法政權威學者鄒文海、薩孟武、林紀東、曾繁康、鄭玉波、張金鑑、戴炎輝等先生，相繼為三民著書，陶百川先生並為其編輯《最新綜合六法全書》。其後更擴展至財經及人文社會科學方面，三民大學用書採鵝黃色封面，為當時臺灣貧瘠的學術界，平添了幾許新意。

劉先生少年流離失學，最初出版這類學術書籍，往往遭遇一些專業的問題，雖然可以向學者專家請教，終不如自己處理來得方便。因此，他決心苦讀，利用晚上的時間，自修法律、會計及其他相關的書籍，甚至影響到身體的健康。最後終於自學有成，對某些問題瞭如指掌。後來隨著出版範圍擴大，他的知識領域也隨著擴充。

這一系列的大學用書，確立了三民出版品的方向與地位。然後在民國五十年，又推出了「三民文庫」，這種採用歐美袖珍版的叢書，不僅攜帶閱讀方便，而且平價供應讀者。「文庫」最初編輯目的，希望前輩學者以回憶錄的形式，將個人治學的經驗與經歷記錄下來，薪火相傳到第二代，前後出版了錢穆、方東美、唐君毅、牟宗三、薩孟武、陶百川、左舜生、洪炎秋等前輩學人的著作，後來因為現實環境與人事的複雜，而轉向文學方面，卻意外地為臺灣文學的成長，提供了一個發展的園地。

「三民文庫」薪火相傳之意未竟，新一代的學術人物已經出現，因此在出版了第二百號之後光榮結束，另闢「三民叢刊」。臺灣的學術園地，經過兩代學術人物的拓墾與灌溉，已呈現繁榮的景象。而且隨著臺灣的經濟起飛與社會變遷，三民也進入多產的發展階段。於是，在民國六十四年更推出「滄海叢刊」，取學術如滄海無涯之意。作者群包括老、中、青三代，而且內容非常廣泛與豐富，計有國學、哲學、宗教、應用科學、社會科學、史地、語文等門類，象徵臺灣的學術發展繁榮，各個領域都已穗華累累。「三民叢刊」與「滄海叢刊」已出版各將近三百種書籍，目前仍繼續發展中。

除綜合性的叢刊外，配合實際的需要，更出版一系列專業的叢書，包括「圖書資訊學叢書」、「理律法律叢書」、「世界哲學家叢書」、「世界思想文化史叢書」、「西洋文學、文化意識叢書」、「中國現代史叢書」、「科學技術叢書」、「比較文學叢書」、「國學大叢書」、「新世紀法學叢書」、「現代社會學叢書」等等，從法政大學用書開始，歷經「三民文庫」、「三民叢刊」、「滄海叢刊」和一系列專業的叢書，透過三民書局過去半個世紀不同階段出版的書籍，便可以觀察過去五十年臺灣的學術發展與變遷。

二

一個嚴肅的出版公司，不譁眾取寵，只是默默奉獻，不僅肩負著知識累積與學術承傳的雙重責任，而且對於如何使傳統與現代銜接，如何使知識與社會結合，更是經常思量，時縈在心的問題。

文化的蛻變與革新，其因緣往往結於數百年前，而且往往從對古籍的詮釋開始。因為前人的智慧與經驗蘊於傳統的典籍之中，是文化變革的源頭與新生力量，但由於傳統典籍過於晦澀，必須經過整理與再詮釋，始能發揮其現代的功能與價值。因此，在民國五十六年，臺灣經濟起飛，社會變遷之際，因當時中學生必須研讀以四書為基礎的《中國文化基本教材》，但四書的文句艱澀，涵義深遠，閱讀不易，劉先生於是找當時臺灣的大學教授注譯《新譯四書讀本》，以為學生及社會大眾自修之用，這是三民「古籍今注新譯叢書」的開端。後繼之以《新譯古文觀止》，皆大受歡迎，於是便開始大規模規劃古籍注譯的工作，更結合兩岸學者，詮釋自先秦至近世的傳統典籍，範圍遍及經史子集，至今已出版一百二十餘種。這項對傳統典籍注入現代意義的工作，現在仍然在繼續進行。

自民國肇建至政府遷臺初期，其間的四五十年，經歷長年的戰亂，文化建設幾乎停滯，沒有一部較為完善的辭典。當時雖已頒定國語注音符號，但《辭海》、《辭源》卻仍是用反切注音，對於國語的推行與字音的學習皆相當的不便，於是三民書局在民國六十年開始了《大辭典》的編纂。這是一項浩大的文化基礎工程，前後敦請學者專家百餘人，專業人員二百餘人，投以巨資，前後歷十四年，民國七十四年終告完成。《大辭典》除解釋單字與字音外，詞彙不限於語文，而收入社會科學、自然科學及應用科學的辭彙，可說是全方位的工具書，且每天有三十人對於每一辭彙的出處詳加考證，以確保其正確。

但《大辭典》印刷出版，最初所用的日製舊式銅模，不但字數不敷使用，且字形點劃多不符中國文字的筆法，而當時印刷廠的字模字數亦不夠使用，且無法鑄造新字模。於是三民自己由寫字、鑄模開始，依教育部頒的標準字體，用鉛七十噸，重鑄六萬餘字提供給印刷廠使用。因而興起劉先生正本清源，徹底整理中國文字的構想。

繼《大辭典》後，三民字庫的工作便是另一項更浩大的文化基礎工程，也是一種傳統與現代銜接艱巨的任務與具體的表現。《大辭典》是鑄字印刷，但使用電腦排版後，由於一般使用的字體實際約四萬多字，另加異體字包括古體、俗體、簡體等字，則有十萬字。但中文電腦僅有一萬餘字，根本不夠學術出版所需。因此，三民聘請百餘位美工專業人員，依照中國文字的結構特性及書法的美感，陸續寫出楷書、黑體、仿宋、明體、小篆等六套字體。其中以明體最多，約近十萬字。每套字體配合實際需要，各有粗細不同的規格，為求盡善盡美，有些字更反覆書寫多次。字體完成後，經由繁瑣的程序轉入字庫。同時另設研究室，由十幾位學有專精的研發人員設計軟體，使這些字體能應用於排版工作，不僅使三民出版的書，呈現特殊的美感，更為中國文字的現代化樹立了里程碑。三民字庫的工作，已持續了十五年，現已接近完成的階段，劉先生對這個文化基礎工程非常堅持與貫徹，每個字的間架與結構都要經過他親自審核，直到定稿。

經濟繁榮促使社會變動，但由於社會變動過於迅速，往往會出現脫序的現象，使傳統與現代之間出現斷層。有理想的出版工作者，應經常注意這種斷層的出現，並努力將傳統與現代之間的裂痕銜接起來。「古籍今注新譯叢書」的編輯，《大辭典》的編纂，中文字庫的建立，都是傳統與現代銜接最具體的表現。出版各類書籍，不僅是知識的聚集和累積，並且將這些累積的知識，轉化成有生命活力的文化，播布到社會各個階層，將知識和社會結合起來。

知識與社會的結合，首先是知識的普及。「古籍今注新譯叢書」出版的同時，三民書局以嚴謹的態度，整理古典小說出版，敦請專家學者對一系列的中國古典小說，加以注釋與導讀，為原來坊間流行的版本，賦予新的生命，遍及社會各個層面的讀者。

雖然臺灣經濟繁榮，使人們得到物質的滿足，但卻形成心靈的空虛，使許多人轉向宗教探索，為了使人不盲從迷信，並得到心靈真正的安定，於是有「現代佛學叢書」的出版，以深入淺出的內容，使小學畢業至高學歷的讀者，都能透過這套叢書，對佛教的真諦所有認識和了解。不過，開放的社會，宗教信仰日趨多元化，因此又推出「宗教文庫」，不再限於佛教一隅，而是對其他的宗教信仰也加以介紹。這套叢書的出版，不僅可以淨化人心，並可促使社會和諧。

宗教雖可以淨化人的心靈，但藝術音樂則能陶冶人的性情，為此，三民推出「普羅藝術叢書」，引導讀者進入藝術的領域；並且在「滄海叢刊」闢有「藝術」一類，出版藝術理論與藝術史的專著，以供參考。同時在音樂方面，則推出「音樂，不一樣？！」，由古典音樂入門開始，透過淺顯的文字，精美的插圖與CD，大家可以輕鬆愉快地接近音樂，進入一個豐潤心靈的世界。

現代社會人的生活節奏加快，人際關係疏離。父母雙雙出外工作，留在家裡的孩子疏於教管，沉溺於電視、電腦的聲光之中。為了培養孩子自幼的閱讀習慣，三民著手規劃童書的出版。同時分兩部分進行，一方面邀請這方面的作家，創作適合國小各級閱讀的「兒童文學叢書」，以精美的插圖，生動的內容吸引兒童閱讀。另一方面配合兒童學習語文的實際需要，出版一系列中英雙語童書，並搭配CD。為現代社會的兒童，創造一個快樂的閱讀天地。

從大學用書到童書的出版，三民為適應社會的轉變，出版各個階層所需的書籍。知道什麼時候出版什麼書，找誰寫書，三民書局有其獨到的目光。因此，這五十年來，不但沒有出版不正派的書，而是出版一系列傳統與現代銜接，知識與社會結合的好書。

## 三

三民書局從創辦時的卑微，到如今執出版界的牛耳，一路行過五十年，回首來路，滄桑幾許。三民書局在劉先生的領導下，對社會貢獻甚巨，難得適逢五十週年，我們向劉先生提議應該擴大慶祝一番，但是他並未答應。我們想他大概不喜歡太過張揚，於是提議改為邀請三民作者寫稿，編成一本五十週年的文集，他便欣然答允，並請我們擔任主編，因此，便開始邀稿的工作。但是三民作者何止千數！第一代的作者，是臺灣文化學術荒蕪時代的拓墾播種者，多已歸道山，即使當時少年英才，現今也已白頭。謹選了一百三十位，發函約稿，他們因出書與三民書局結緣，而成至交，最年長的已近百齡，其他多為四五十年、三四十年或二三十年的舊識，也有最近十年來的新朋友，除了年邁無法執筆，或失聯者外，共收到一百二十多篇，的確非常難得。

出版者是作者與讀者的媒介，出版著作，向廣大社會發行，形成一種文化風潮或風氣。中國自五代有雕版印刷，然後有出版者，不過，這些出版者只是知識的累積者，他們的出版品僅形成少數的藏書家。直至近代，現代經營方式的出版出現，才發揮書籍的積極作用與社會功能，在北京發動的「五四」新文化運動，如果沒有上海出版者的推波助瀾，不可能那麼磅礡壯闊，許多驚世之作，只能藏名山傳後世了。

當然，如果沒有作者向出版者提供智慧的結晶，那麼出版者就失去存在的根本，所以，出版者與作者的關係是相互依存的生命共同體，自然應該有深厚友誼存在。這些來稿的作者都是因在三民出書而結下不解之緣，有的是禮聘敦請，有的父子皆在三民出書，有著兩代的情誼，有的當年是窮學生，在三民圖書館式的門市部，倚架讀書，與當時站櫃的劉先生相識，十年苦讀之後在三民出版他們的第一本書。不論以什麼形式結緣，這些作者不論長幼尊卑，高名新進，劉先生都禮遇尊敬，或登門相訪，或函電聯絡，尤其在當年戒嚴時期，偶有不慎觸及忌諱，往往相助解決，或周濟救急，不為人知。

所以，他們都樂於接受託請，為三民寫書。這些作者往往是學有專精的新銳學者，在三民提出對問題的看法，然後，在研究領域繼續探索至暮年，才提出他們的結論，交三民發表。學術研究與藝文探索都是一段漫長寂寞的行程，在他們來稿敘述自己著書的心路歷程時，同時也兼及研究或探索領域的發展與演變實況，以及個人在這個研究領域裡的貢獻與定位。他們來自各個不同的學術領域，綜合他們的經歷與艱辛，正好為過去半個世紀臺灣學術發展與演變，留下珍貴的材料。尤其可喜的是，臺灣最近這些年，由於意識形態的不同而形成的疏離，在這裡並沒有出現；作者的來稿都超越政治與意識形態的籬藩，以知識與文化為基礎，討論他們所提出的問題。學術研究領域原有更遼闊的馳騁空間，似不必為狹窄的現實政治所局限。

兩岸開放，文化交流為先，在開放之初，三民書局就遣工作人員進入大陸，訪問各大學與研究單位，尋求合作，已有一批學者實際參與「古籍今注新譯」的工作，並及時推出「山河叢刊」，出版一批在大陸無法出版的作品。「六四」以後，許多學者與作家流亡海外，三民書局以出書的方式，周濟他們度過經濟的難關，往往是合約未簽，稿酬先奉，其中有些是成名的作家，有的還在攻讀學位，後來學成回到大陸，現在成為堅實的學者，始履前約，書由三民出版。

劉先生與三民、三民與劉先生已凝為一體，他的經營與領導方式，可說是現代化的中國管理模式，這種如家庭般的融洽氣氛，是他開創精神的持續。三民書局創業之初，即立規不得引用私人親戚，所有工作人員都經考試錄取，進得三民，約法三章，不得違踰。但劉先生與同仁同桌用餐，宛若一家人，上下同心，艱苦與共，也傳為美談。

劉先生雖然在商，亦儒亦俠，有儒的溫文忠恕，有俠的肝膽豪情，自奉甚儉，不菸不酒，甚至不茶。他的辦公室樸實無華，在辦公桌對面牆上懸掛著陶百川先生為他題的字：「行者常至，為者常成，儉者寬裕，學者聰明。」這就是他的座右銘，也是他領導三民五十年向前奮進的力量，值得青年朋友效法學習。

本書序齒排列，以示尊重長者。書成之際，容我們重申立意，不僅在慶祝，尤盼為中文書籍的出版史，留下一個重要的紀錄。這是大家共同的心願，身為主編，我們更有如願的喜悅。祝福三民書局，也祝福普天之下的愛書人！

# 三民書局五十年

## 目次

# 三民書局五十年感言

今歲欣逢三民書局創業五十年，我與劉董事長相識相知，亦已經歷了四十多個年頭。局方決定出版《三民書局五十年》，為五十週年誌慶，來函徵稿，我雖遠處海外，且已屆垂暮之年，不善寫作，但仍樂於報命，特草成此文，表達我對三民書局祝賀之忱與對劉董事長感佩之情！

回憶二十世紀六十年代期間，書局要我編寫一本教學用書，董事長特親臨七張舍下邀約，態度謙誠，語言懇切，以此雙方雖屬初會，卻是一見如故，且從此時相敘晤，成為好友。

一九七一年我從臺灣大學退休，先去香港再遷美西，在此期間，我曾多次前往臺北，每次必至三民探望老友；而董事長也會設宴款待，並邀請好幾位我的友人和學生作陪，席間論往說今，談笑風生，帶給我無比的溫馨與歡樂！同時董事長經常因公或探親赴香港或舊金山小留，亦常有電話來致候，或不辭旅途辛勞登門訪晤。關懷備至，感人殊深！

董事長曾勸我寫回憶錄，自省庸碌一生，乏善足陳，故未加考慮。前年外子百歲，上海中學一位老師及幾位早期校友建議編印紀念專集。劉董事長得知此事，當即慨允代為排印。結果全集有三百六十五頁之多，均承三民書局印贈千冊，並蒙董事長撰文追念。隆情高誼，永銘五內！謹向三民董事長及有關工作人員，敬致衷心之謝意！

三民書局歷經五十年的傾力經營，如今規模之大，設備之新，業務之廣，出書之多，乃前所未有，今所僅見，儼若出版業的巨人。推究其成功因素有二：一是英明的領導，二是強勢的團隊。三民的董事長既有智慧與能力，又有理想和遠見，更有求知的熱忱。我們相識不久，就知道他日間辦公，晚間讀書，甚至公出時，無論在火車上或飛機上，總是手不釋卷；所以他有足夠的才智，面對一些專家學人的作者，且有足夠的識見作出一切明智的抉擇。每一種計畫或每一項舉措，經過事先的深思熟慮，有了應循的方向和途徑，就引領團隊直向標竿奔跑，而在成功的道路上大放異彩。一九九六年我偕小兒中一返臺，特往三民探訪，多蒙董事長陪同我母子參觀了文化大樓各層各處，印象深刻。當時書局正忙於研發電腦排版用中文字體的工作，中一看到所寫許多不同形體的字，對劉伯伯的所思所為，欽敬萬分！前年初夏中一再度赴臺，本擬看看三民的新貌，奈以身體不適作罷。前去拜見劉伯伯時，亦係來去匆匆。當承招宴，也未克從命，至今猶覺歉悵不已！

任何機構或集團的運作，有如水上行舟，既要有高明的舵手，也須有得力的助手，才能順利地前進。三民書局二者兼備。員工們多經過挑選，比較優秀，皆能盡忠職守，勤奮工作，是一支強勢的團隊。他們有能力，更有操守。記得我旅居香港時，常去臺北並借用三民的交通工具。聽說三民的汽車只供公務用，偶爾借給朋友用，董事長絕少使用。車輛未僱用司機，乃由幾位職員輪流駕駛。他們為我服務，從不接受任何酬勞，甚至茶餐費，亦被婉拒，這種一絲不苟的作風，實屬可佩！因此在以後的日子裡，我也不便去麻煩了！

三民當政者對員工要求雖嚴，但也時時顧到他們的福利。我又記起一九八一年春，三民員工去溪頭、草嶺一帶旅遊，我夫婦應邀參加。在幾天的短短旅程中，三民人給我的印象，是業主與僱員間關係的淡化，而宛如一個和睦融洽的大家庭，人人隨時待命，只要大家長一聲令下，即可打一場美好的仗；而這位大家長又是熟諳「治人不能舍恩，治事不能廢德」之道的能者。全團到達目的地後，劉董事長和我夫婦同住臺大森林系度假屋。我們白天漫遊山林，晚上暢談古今，歡樂滿懷！那時的董事長身手矯健、活力無限，我夫婦雖已八十上下的人，也忘卻了老之將至，不時與董事長齊舞！可歎時光不再，此情此景，空成追憶了！

出版業雖同屬商業範疇，但其性質與一般商業迥異。一般商業是將商品透過買賣行為，達成互通有無，調節供需的目的，是屬於物質層面的。而圖書出版業是經過編寫、印製及發行等程序以完成文化傳承、知識交流的使命，是屬於精神層面的。我們也可以說：一般商業所經營的是生活用品亦是物質食糧。圖書出版業擁有的是智庫；提供的是精神食糧。沒有物質食糧，生命將無以為繼；可是沒有精神食糧，生命的存在，就毫無意義，也等於失去了一切。兩者同等重要，不容偏廢。三民書局和其他同業又有不同。三民經歷了半個世紀的苦心經營，具有五化之盛。所謂五化：一是業務全面化，二是出版多元化，三是典籍專業化，四是設施先進化，五是運作科學化。如今造福人群，有口皆碑；譽滿全臺，實至名歸。

中國自古迄今，即有士、農、工、商四民之說，士為四民之首，地位尊崇；商居四民之末，負面的評論較多，與當今企業家給人的觀感截然不同。這二者之間的差異：在於前者是以營利為唯一目標，從不顧及其他，後者則有其崇高理念、商業道德、社會責任和人文關懷，這些特性，無形中形成商業精神，也就是企業生命之所寄。三民書局就是本著企業精神去經營他們的事業，而董事長則是一位當之無愧的企業家了！

我用真誠的筆草成此文，再以真誠的心，敬祝三民書局永遠是出版界的精兵，文化界的先鋒，營造更光輝燦爛的明天！

四十多年來，諸承劉董事長的關懷與協助，心感莫名！只恨圖報無門，益增歉憾！如今兩人遠隔重洋，一個事忙，一個年邁，重逢已難，更談不上投桃報李之事了，謹在此遙祝董事長身心康泰，事業昌隆！（二〇〇三年於美國洛杉磯）

【李兆萱女士在本公司的著作】

會計學概要

會計學概要習題

# 為三民書局歡呼

黃友棣

三民書局董事長劉振強先生才華出眾；經營文化事業卓然有成。他對於我的樂教理想之開展，賜助尤多；請說其詳：

民國五十七年（一九六八年）是我國的音樂年。是年八月，教育部邀我從香港返臺講學，以鼓舞音樂創作風氣。在文化界座談會中，我提出「民族自尊心之重建」與「中國音樂中國化」，甚得文化同仁之重視。在環島講學的兩個月內，我切實感到，必須供應足夠的知識，使人人了解目前樂教該走的路向，然後能提升樂教的效果。我想運用生活裡的小笑話來闡發樂教中的大道理，以詩說樂，不必使用樂譜音符，就能使人人明白詩樂必須合一的要義。

我把在義大利羅馬進修六年的心得，寫成《音樂創作散記》。散文作家鍾梅音女士，善意地介紹給三民書局董事長劉振強先生。劉董事長親自評審，就在一九七四年一月將此書印行，列於「三民文庫」之內，從此三民書局與我就結下善緣。

三民書局在劉董事長經營之下，蓬勃開展；不久，即用東大圖書公司名義，刊行

「滄海叢刊」，業務日趨暢旺。由一九七五年至一九九八年，二十三年間，為我連續出版了十二冊樂教文集，（約兩年出版一冊）。下列是各冊書名，初版年份及其內容：

（一）音樂人生（一九七五）——包括短文四十篇，分為四個項目：對創作的觀點，以作品為例證，以教人者教己，為音樂而生活。

（二）琴臺碎語（一九七七）——包括短文一百五十篇，分為八個項目：創作觀點，樂教見解，演奏活動，欣賞方法，音樂知識，作品介紹，音樂生活，音樂掌故；都是趣味的短文，其作用是要使讀者頃刻讀完而長久思考。

（三）樂林蓽露（一九七八）——這書是應讀者請求，將「三民文庫」的《音樂創作散記》，精選其半，分成四個項目：在工作中摸索前行，在艱苦中尋找出路，在困難裡設計開展，在實踐裡闡釋理論。書後加入兩篇專題研究，一是亞洲古代音樂為現代音樂之泉源，（這是亞洲作曲家同盟年會所囑作成的論文）；二是《左傳》的「季札觀周樂」。在此卷首，同時刊出三篇序文：一是林聲翕教授的〈感召與啟示〉，二是康謳教授的〈音樂創作的虛靜境界〉，三是趙琴小姐的〈讀後語〉。

（四）樂谷鳴泉（一九七九）——卷首有我的老師鄭彥棻先生所賜的序文〈美善人生的津梁〉。

（五）樂韻飄香（一九八二）——介紹調式和聲技術，並有一篇論文，〈以中國正統文化精神救治現代音樂的沉痾〉，說明我國音樂創作當前應走的路向。

（六）樂圃長春（一九八六）——短文五十五篇，分為三項：創作與欣賞，樂教與修養，樂曲與解說。在附篇裡，分別介紹韋瀚章、李韶兩位詞人的特點，另有一篇〈抗戰期中的樂教工作並懷念創作歌詞的詩人們〉。

（七）樂苑春回（一九八九）——這冊文集是我在一九八七年因眼壓偏高而從香港珠海書院退休，遷居高雄市之後所寫。卷末的專題研究是〈學術流派之爭與音樂創作之路〉。

（八）樂風泱泱（一九九一）——分別將我國古代說樂的三種文獻，介紹其內容，分析其要點，評論其價值；它們是一、小戴《禮記》第十九卷的〈樂記〉，二、荀子駁斥墨子〈非樂〉的〈樂論〉，三、司馬遷《史記》第二十四卷的〈樂書〉；這都是學樂必讀的資料。

（九）樂境花開（一九九二）——詳論我國樂教的往跡與前路。有兩篇專題研究，一為莊子的〈逍遙遊〉與孟子的「眾樂樂」，二為分析《詩經》內，朱熹所指的二十四首「淫詩」，實在都是因為學者離開音樂，而徒以義理說詩所生的惡果。

（十）樂浦珠還（一九九四）——詳說音樂訓練中的「全人教育」，並論佛歌創作之成果及對訪客的「答問彙記」。

（十一）樂海無涯（一九九五）——列出我的生命歷程以及掙扎求存的往事，並記述與日本抗戰期間的樂教生活。

(十二)樂教流芳(一九九八)——精選論樂文摘一百篇,記述「歌頌高雄」的音樂活動,詳述佛歌創作的實況。

近三十年來,三民書局為我印出上列的樂教文集,不止我個人心存感激;許多音樂老師們也常來信,表達感謝的心意。

民國七十二年(一九八三),國家文藝獎頒發「特別貢獻獎」給韋瀚章、林聲翕與我。我們三人同時由香港到臺北領獎,遂能與劉董事長有更長時間之敘談。隨著三民書局印出韋教授的《野草詞》集,(野草是韋教授的筆名)。繼之,又為林教授印出樂教文集《談音論樂》。其後,劉董事長因公赴香港,有機會訪問李韶(士秀)教授,又為李教授印出《李韶歌詞集》,(李韶教授是愛國歌曲「我要歸故鄉」、「中秋怨」的詞作者)。又因李韶教授本是書法專家,隸書造詣甚高,樂於為三民書局新書題寫封面。這些往來歷時數年之久,是「以文會友」的最佳記錄。

光陰如流水,到了今天,鍾梅音女士以及韋瀚章、林聲翕、李韶諸位教授,皆已騎鯨歸去。我則如同一個被老師留堂的孩子,卻能在今年(民國九十二年,也就是我九十二歲)三民書局五十年的吉日良辰,親自執筆,也替他們向劉董事長暨書局內列位同仁道賀與致謝,實在是極為難得的韻事;謹祝三民書局前程遠大,成就輝煌!

## 【黃友棣先生在本公司的著作】

- 兒童藝術歌曲集
- 木蘭從軍
- 音樂創作散記(一)(二)
- 音樂人生
- 琴臺碎語
- 樂林蓽露
- 樂谷鳴泉
- 樂韻飄香
- 樂圃長春
- 樂苑春回
- 樂風泱泱
- 樂境花開
- 樂浦珠還
- 樂浦珠還
- 樂海無涯
- 樂教流芳

# 祝賀三民書局五十週年慶

張則堯

在民國四十年代，劉振強先生一手創辦三民書局，嘉惠眾多學子，也廣受社會各界歡迎，迄今已屆滿五十週年，真是值得慶賀。

創業之初，三民書局只是衡陽路上一個小小的書店，後遷往重慶南路，業務日漸茂盛，劉董事長振強謙和為德，做事專注而投入；筆者有幸在三民書局創辦期就與劉董事長結識，當時與前中興法商學院汪洪法教授邀約幾位學者為其撰書，其中以鄭玉波先生的《民法概要》及李兆萱先生的《會計學》最為馳名。（編按：創辦初期，張則堯先生與汪洪法教授不僅提供很多意見給劉董事長，也介紹了許多作者到三民書局出書。）

半世紀不算短的日子，三民書局能執出版之牛耳，在眾多書局中閃耀無限光輝，我們不能不敬佩創辦人劉董事長的發憤圖強、領導有方，他擁有所見者遠的眼光，所持者大的胸襟，追隨他的員工，無不忠心耿耿，所以才有這麼大的基業；值得一提的是，三民書局的出版品包羅萬象，設計精美，輔以企業化的經營，掌握時代的脈動，對社會的貢獻有目共睹，對端正風氣，有其功能，可謂滾滾濁流中之清流。

三民書局對我的情誼，如老友，如益友，筆者至今仍每日查看《中央日報》上三民書局出版品的廣告，看看新書，吸收新的資訊，不被時代潮流淘汰；看三民的五十年慶，有一份沾光的喜悅，也有無限的祝福。

【張則堯先生在本公司的著作】

財政學概要
財政思想史（經銷）
經濟思想史（經銷）
財務行政（經銷）
公共財及受益者付費問題（經銷）

# 一段往事

以我回憶所及，三民書局及劉振強先生和我的交往起始於民國五十九年（一九七〇）。當初是周達如教授轉達，劉先生希望找能給他寫一本有關工具機學的教本。該時我直覺的感到公私兩忙，實在省不出時間來擔當這項工作，更何況有不少曾經留學德國、日本或蘇俄的博學前輩，都對工具機學有深刻造詣，我豈敢有斗膽班門弄斧！所以我抱持極其內疚的心情，懇請周教授轉達我有方雅囑的歉意，而婉辭謝絕了這份寶貴的關愛。

就在同一年的暑假，臺灣省政府教育廳委請我服務的學校舉辦一項暑期教師進修班，其中有一個課題是工具機學研討會，該時是由我推薦邱澄彬先生主持這個會。可是在該會期開始當口，邱先生因技術援助關係尚滯留泰國，而未及趕回臺灣。在此情形下，我似乎不得不去暫為擔代，在會場中我首先向諸位教師朋友請教，他們在校所用工具機學的教本，沒想到竟然發現在座的三十二位朋友中，沒有一位所用的是正宗工具機學的教本，當時除內心一陣驚訝之外，並泛起「怎麼會搞成這個樣子？」的疑團。稍加思索才體會到諸位教師也有其苦衷和無奈。因為那時候他們在臺灣書店中，確實找不到一本中文真真實實專講「機」的正宗工具機學教本。據所知，中華民國該時僅有的一本正宗工具機學書，是民國二十八年商務印書館出版，而由王澤隆先生編著的《工具機學》。該書是脫胎於德國 Hülle 先生所著 *Die Grundzüge der Werkzeugmaschinen* 上冊（俗稱之為「小 Hülle」，因為 Hülle 先生還著有內容遠較豐富的 *Die Werkzeugmaschinen*，俗稱之為「大 Hülle」），猜想可能是商務印書館在臺復館未久，而未能將該書在臺重印。如此尷尬情形下，很苦了教該課的朋友，不得不使用在市面購到而有述及工具機的書，或取書名有工具機學字樣的書權充一時！

在那次開場白結束後，回到休息室更加的情緒激動，而興起萬般忐忑和難過。面對這樣一樁不該有的異常缺失，即刻反問我忍不忍心眼睜睜故作視而不見？甘不甘心讓這種失常情形延續下去？我該不該興起一絲良知責任感？能不能擠出一點時間去盡一點心意，作拋磚引玉的奉獻？諸如此類的疑問弄得頭昏腦脹，經過幾番天人掙扎，我毅然不揣一己的才疏學淺，也顧不得出爾反爾的言行矛盾，決定改變初衷，答應給三民書局寫那本正宗的工具機學教本，便即刻提筆修書給劉振強先生，表達我這項突來的決定。在我想像中，劉先生和三民書局有關朋友了解這信後，或多或少會有所存疑？

二十世紀初期，日本決心有計畫的發展他們的工業，由政府和民間分批派了不少工業各部門稍有經驗的技術人員，到德國的工廠和學校，雙管齊下的實地去學習。分別在硬體設備和軟體技術，鉅細靡遺的鑽研和察見門道，把所學有的裝在腦子中隨身帶回日本，有的則是買到後裝輪船或火車運回去，藉此可以有能力在日本本土建立起和德國一模一樣的工廠，和創立起和德國一樣的學制，似乎可將之稱為搬抄式的興辦工業模式，很有近效！由於德國機械工業中，從業人員和外匯收入裡，在工具機方面幾乎要占總量的一成左右，所以他們的機械工程科系中把工具機學列入為必修課，因而在日本各級學校中，工具機學也是重要必修課程，所用教本大多是從德文譯成日文而稱之為「工作機械」，光復前臺灣各校的機械科系自然也和日本本土一樣。由是可知，臺灣光復後我們沿襲日人所遺留的舊學制，便不能不發生工具機學教本的荒！

再回頭看看二十世紀初我們的情形，那時清廷無意工業振興，誠如孫中山先生所稱，我國是一盤散沙而已，淪為次殖民地，招致不斷的慘酷外侮之後，清廷派了一批人員到德國和瑞典，買了一批現成的製造洋槍快砲的硬體和軟體，也開始派了一批年輕學生留學到美國大學，去學習他們的科學技術。之後也藉助於庚款，興辦清華留美預備學堂和中州留美預備學堂，比較有遺派留學生的專責職稱，但政府並沒派人到工廠實地學習，以培養能實作的工程師。這多批留學生學成歸國大多從事於教書，但建立了美式學制的大專院校課程系統，因而我們公立大專院校機械科系都沒有工具機學這項課程。唯一有工具機學一課的，是上海市的私立同濟大學，所用教本是德文本。

王澤隆先生畢業於該校，而後服務於國防工業，公餘之暇從事著述《工具機學》一書，歷時三年左右始行脫稿。但由於抗戰軍與，延至民國二十八年始由商務印書館印刷出版，彌足珍貴！

綜上所述，似可釋懷為什麼民國六十年以前，我們僅有一本正宗工具機學教本，和何以造成光復初期教工具機學諸位教師所遭遇的困惑。

在大專院校有工具機學課程的國家，固可表示它重視工具機工業而可成為這方面的強國，但在大專院校沒該課的國家，並不一定表示不重視該項工業。前者如德國，它確實在整個二十世紀中執該業世界的牛耳。後者如美國，它的工具機工業的質和量也都是數一數二，未嘗不可說能執世界的馬耳！日本和俄國在工具機都是向德取經而奠基，但在二次世界大戰前都沒在這方面有亮麗的表現。只有日本在二戰後不能發展國防工業，轉而在汽車工業、電子工業和工具機工業有傲人的突出表現。而俄國轉而在其他航太等工業也能突飛猛進，此證大專院校有無工具機學一課，並非唯一量度工具機工業的標尺，亦證我院校雖無工具機學一課，並不表示不重視或欠缺工具機工業。

我們由政府有計畫振興工業的時機較晚，嚴格講是始於定都南京以後，那時除原有實業部之外，成立了資源委員會和航空委員會，顧名思義，我們的重點是發展航空工業。聘請世界頂尖專家房卡門 (Von Karman) 先生為顧問，請其代為運籌和指導，非常快速的起建南昌大風洞，杭州飛機製造廠，而且請回波音飛機製造廠的原始創人之一的國人王助先生為廠長。成立航空機械特別研究班和訓練班。在國內培養專門人才，同時也派出多組技術人員遠赴美國和英國，前進飛機製造廠實際學習加工和設計。由我政府付給廠家指導費和材料費，原企望各組都能乘坐親製的飛機學成歸國。這種札根的徹底策略可謂遠勝於日本的搬抄方式和俄國的委託包辦方式。至於航空工業以外的其他工業，概由資源委員會策劃和執行，分別由其所屬的工業處、礦業處及電業處齊頭並進。在工業處中的機械類又區分為八大專業，其中便有工具機的專業發展計畫。可見政府亦相當重視工具機工業，如是在此委員會傾力推動及認真執行下，國內工業得以蓬勃發展，氣象萬千正若雨後春筍，民營企業亦受鼓舞也風起雲湧，曙光乍現而盛景可期！何其不幸，謀我者發動七七事變，雖未讓短短數年全民血汗功虧一簣，然可度其艱苦情景。縱其如斯，我工具機工業如今尚在全世界前十之列。此證我炎黃子孫堅毅奮鬥精神和不懈磨練求進的可傲，亦可證諸大學中短時啟蒙固屬必要，但非唯一判定事成與否的準繩，主要靠較長時間的充實技術智識的自我教育。自然需要能充分供應技術智識的文化工作者（出版事業）。換言之，出版事業對工業成敗盛衰關係至巨！三民書局是為首要，在其出版六千餘種書籍中，大多為一時之選，藉之潛移默化中，不知孕育多少菁英？進而對各種社會建設增進幾許進步？避免和減少社會之失序又若干？多有口碑！要皆為劉先生和三民同仁合步扣臂，同心協力的艱苦奮鬥輝煌成

果，彌足珍貴！據聞有言，前有商務印書館王雲五先生，後來三民書局劉振強先生，信哉斯言！（八九老朽　九十二年三月）

【馬承九先生在本公司的著作】

太極拳的科學觀

工具機

熱工學

機械工作法（一）～（四）

高職機械製造（上）（下）

# 英雄出少年

李唐基

初識劉振強先生是在一九五四年，大概是他創辦三民書局半年以後的事，算來也快半個世紀了。

那年初，我們自費印行了琦君的第一本書《琴心》。我上班的地點在臺北市重慶南路一段，即俗稱的書店街。我便利用上下班的自行車，分批帶些書去書店和書攤推銷，樂此不倦，有點像現在的個體戶。

一天經過衡陽路專售英文書的虹橋書店，發現門面新增一家三民書局，經售中文圖書，便進去試銷。當時前來招呼的就是劉先生，我對他的第一個印象覺得太年輕，不過十七、八歲（實際為二十二歲），怎會就當了老闆？而我已逾而立之年，僅在國營事業裡作個應卯的職員。接談之下，驚奇他對報刊作者的文章很熟稔，有鑑賞力。他同情我業餘推銷很辛勞，願意代理總經銷，我聽了很感動。同時覺得這位年輕人有膽識，不畏風險，將來一定會出人頭地。但我不願拖累他，只好辜負他的熱心和美意。

沒多久，三民書局便遷到我們公司的對面重慶南路武昌街口，店面較寬敞，除銷售一般書籍外，重點是出版法律和財會方面的教學和參考書。我因業務關係，經常去店裡參觀和買書。若遇劉先生有空，我們便閒聊幾句，日子久了就成為書友。這時才知道，劉先生的學識都是自修苦讀而來的，其求知精神與出版界先賢王雲五先生同樣的值得欽佩。

有次我們談到中文字典，我記得讀中學時，最喜歡查商務印書館的《學生字典》，因為在每個字詞釋義後，還附有該字的古字、俗字、變體字，對閱讀古典文學書籍很有幫助。劉先生說他最愛《康熙字典》，但距今已有二百多年，應該修訂、增補、編輯一部現代綜合大字典，以應時代的需求。

到了一九八五年，劉先生以個人財力，邀請學者專家歷經十四年的歲月，編纂而成的三民書局《大辭典》，在國人的企盼下出版了。劉先生對中華文化的貢獻，可以比美古人，同時也實現了他年輕時立下的志願。

一九六六年，劉先生目睹臺灣經濟快速發展，國人生活品質亟待提升，乃仿照歐、美等國先例，編輯「三民文庫」，出版文、史、哲、藝術等書籍。琦君的《琦君小品》一書，承編入文庫的第二冊，表示我們率先對劉先生理念的贊同。

又一九六九年，劉先生得知琦君即將自公職退休，再邀約琦君出版《紅紗燈》，因而有幸榮獲一九七〇年中山文藝創作散文獎，這都是劉先生不斷鼓勵的結果。

一九七六年後，我曾二次調派到紐約轉投資的公司任職，退休後僑居美國。二十餘年間，曾多次（最近一次為二〇〇一年）回臺探訪親友，每次都承劉先生於百忙中撥冗邀宴、旅遊，席間即獲知三民書局的經營成果和未來的宏圖大計，因此知道劉先生仍致力於中國文字標準化的統合工作。這是自先秦「書同文」以來的最大工程，對中國文化的傳承有其重大的價值和意義。在今日追逐近利的世風下，實在難能可貴。特此祝賀早日完成，為歷史作見證。

今年七月十日，欣逢三民書局創業五十年，謹以此文，對劉先生和三民同仁多年辛勤耕耘致上崇高的敬意。

李唐基、琦君伉儷

【琦君女士在本公司的著作】

琦君小品
紅紗燈
讀書與生活
文與情
琦君說童年

# 三民書局行慶祝辭

袁宗濤

自與三民書局相知相識，迄今已四十餘載。觀乎其創業初期之辛勤經營，而今有如此輝煌之成就，不勝欣羨。茲將過去與三民書局之交往經過，縷述如後，可作為對三民書局五十年來經營成功之佐證，亦可為對書局五十壽慶之祝辭。

回憶昔年自大陸播遷來臺，承乏學校教職，其時坊間極少法商方面專業之書籍，尤以保險方面為甚。因此，在授課時，全憑個人過去工作經驗及所有蒐集資料，編纂講稿，以為因應。然學生因無書本可供自修及溫習之需，頗以為苦。迨至一九五七年初，臺北某公營保險機構招考業務人員，當時報名投考者甚眾，但因無法獲得準備應考之資料，頗多彷徨不知所措。其時屢經友好敦促，將平日授課講稿，編輯印行，以應急需。然當年臺灣出版事業頗為落後，雖曾接洽數家書商，但皆多所顧慮而頗有難色。

最後，經與當時三民書局劉董事長洽商，承允予贊助，並介紹印刷廠商，乃使拙著《保險學》得以順利問世，並廣為各界所接納採用。至今歷經四十餘載，先後發行三十四版，皆由三民書局代印代銷，未嘗中輟。（現在大陸，已由北京首都經濟貿易大學出版社以中文簡體字本出版發行。）非但個人深感三民書局之盛情美意，亦應為臺灣保險學界與業界所慶幸者也。

更有進者，由於拙著《保險學》之出版，引發三民書局對保險書籍市場之展望。一方面復承鼓勵，陸續撰寫《保險法》、《保險學概要》、《再保險論》及《危險管理》等諸書，包羅保險理論與實務、經營與管理等各方面之論述與研討。另一方面，又有其他學者教授撰寫保險書籍，並由三民書局出版發行。由是臺灣之保險學術園地，經多方耕耘栽植，收穫自必豐盛。此等措施，皆可使讀者對保險書籍多所採擇，非但足以提高臺灣之保險學術水準，亦有助於促進一般保險事業之開拓與成長。

據此一端，可以例他。今日三民書局已出書六千餘種，展書二十餘萬冊，其對國內文化之貢獻，至深且巨，不難想見；進而擴及全國各行各業之創新與發展，影響之大，無法估算。本文所述，僅其滄海一粟而已。如此成就，要皆為三民書局領導階層之謀猷傑異，志量高超；全體員工之群策群力，精誠合作，有以致之，曷勝欽佩。

值茲三民書局衍慶良辰，敬祝駿業昌隆，鴻圖大展，為頌為禱。（二〇〇三年四月於美國洛杉磯）

【袁宗蔚先生在本公司的著作】

保險學概要

保險學（經銷）

危險管理（經銷）

# 我對三民書局的感念

單繩武

賀三民書局成立五十年大慶聯

創業五十週年，始終如一，宣揚三民主義；

出書六千餘種，忠貞不二，開拓萬世太平。

## 1

民國四十二年秋天，我在臺北衡陽路閒逛，無意間走進了三民書局。那時三民書局成立不久，一團朝氣，從此，我便成為常客。

衡陽路的三民書局占地不廣，擴充不易。隔了一段時間，遷至重慶南路。後來，又在復興北路另闢門面。成為海峽兩岸首屈一指的書城，令人歎為觀止。

諺語說：「天下沒有白吃的午餐」，三民書局之有今日的輝煌業績，創始人劉振強先生的能力不容忽視，梁啟超先生說：

「天下古今成敗之林，若是真莽然不一途也，要其何以成？何以敗？曰：有毅力者成，反是者敗。」

梁先生這番話，正好作為劉董事長成功的注腳。

三民書局的出書與展書，可以說包羅萬象。廁身三民書局，如入寶山，絕不致空手而歸。

三民書局遇有滯銷書籍，寧願無價分贈，不會削價求售。

**2**

我買書有個習慣，先讀目錄、序文，滿意後才付款取書，因之，費時較長。我到三民書局，店裡備有座椅，我便從容坐而讀之，三民書局對我這位「恩客」，從未稍露嫌棄之意。

民國五十二年五月，承三民書局出版我的《理則學》。

「理則學」是國父孫中山先生對於「邏輯」的譯名。《孫文學說》第三章有言：

「凡稍涉獵乎邏輯者，莫不知此為諸學諸事之規則，思想之為之門徑也。人類由之而不知其道者眾矣。中國至今尚未有其名，吾以為當譯之為理則者也。」

這是理則學得名之由來。

人類為了追求真理，付出無窮代價，但所得結果，往往不如預料。追根窮柢：求之不得其道，是其主要原因。

何謂理則學？

理則學是研究推理規則的科學，理則學的功用，在指示吾人探索真理的規則。

民國八十六年十一月，承三民書局出版我的《邏輯新論》。國父孫先生除將「邏輯」譯為「理則」外，還將「邏輯」譯為「文理」。國父復言：

「文理為何？即西人之邏輯也。作者於此姑偶用文理二字以翻譯邏輯者，非以此為適當也。乃以邏輯之施用於文章者，即為文理而已。」

文有描寫文、記敘文、抒情文、論說文。論說文，亦名議論文，或稱辯論文，簡稱論文。

論文是講理的文章，旨在發表意見或主張。這種意見或主張，叫做論點。撰寫論文的目的，在使論點令人接受，令人信服。論文要達成此一目的，其所持論點，必須有充足理由。理由者理之來由，理之所以然。邏輯上的推理規律，正在為文說明理之來由。推理合律，是論文的嚴格要求。

我的《邏輯新論》，便在研究如何撰寫論文。讀完《邏輯新論》，對論文便不致有無從落筆之感。

我現在身居國外，有三民書局出版的書籍與我常相左右，精神食糧便不虞匱乏。

綜上所述，我受益於三民書局者，已達五十年之久。茲值五十年局慶，特撰此文，表達我對三民書局的無限感念。

## 【單繩武先生在本公司的著作】

理則學（經銷）

邏輯新論（經銷）

# 我對三民書局永遠有一份親切感

王作榮

劉振強董事長是我認識的第一位文化出版界的企業家。民國六十年初，我從聯合國亞洲暨遠東經濟委員會辭職返臺，重返國際經濟合作發展委員會任顧問。早在民國五十六年，我因寫了一本小冊子《臺灣經濟發展之路》，為蔣中正總統所賞識而揚名，劉振強董事長來我辦公室看我，要出版這本「書」。我說字數太少了，不能成書，他也認為如此。於是乃將我歷年發表的有關臺灣經濟發展的論文彙集一冊，予以印行，書名為《臺灣經濟發展論文選集》。這是我生平由出版商正式經銷的第一本書，銷路頗不錯，雙方合作也很愉快。

那時劉董事長在重慶南路一段有一家書店，店名為三民書局，店面不大，書也不多，可以想見經營是十分辛苦的。劉董事長一如當年第一代創業的企業家，吃苦耐勞，奮力前進，目光銳利，親切待人，於是業務日益發達。當時我在大學任教的一些友人與同事，包括經濟、政治、法律各方面，所寫的教科書大都交由兩家出版商出版，一家為大中國圖書公司，一家即為三民書局。而三民書局很出版了一些暢銷的教科書，著者與出版者雙方均獲利甚豐。這些教科書的出版，據我所知，大都是劉董事長跑出來的。他勤於拜訪當時的著名學者專家，勸說這些人寫教科書或專書，稿酬都很優厚，而且禮貌周到，誠實不欺，不剝削這些讀書人，故學術界樂於將著作交其出版。

在劉董事長創業初期，臺灣經濟才剛起飛，社會並不富裕，一般人民並無閒錢買書，經營這種文化事業是頗為艱苦的，但我卻親眼看到三民書局業務的不斷發展擴充。直到現在，我對三民書局都有親切感，每次我經過重慶南路都要特別注視一下，有時還進去看看，有的老成員還認識我，親切招呼，買書還自動打折，我買了一套《大辭典》，就是自動打八折，使我備感溫馨，高興了好多天。後來我又知道他在復興北路開了一家規模很大的新店，為他的大展鴻圖慶幸不已。可惜我年事已大，走不動，沒有去參觀一下。

我也知道劉董事長的出版範圍後來逐漸擴大，不以教科書為限，遍及一般學術著作，還投下巨資，禮聘名家出版了前面提到的工具書《大辭典》。我回顧三民書局這五十年來創業經過及有今日的成功，恰如臺灣的經濟發展，及許多知名大企業的成長過程，都是經過一番寒徹骨的艱苦奮鬥，憑著創業者的堅毅與智慧，終於成就了個人的事業，也對文化出版事業，對國家社會作出了重大貢獻。劉董事長跟我一樣，也應垂垂老矣，際茲五十年創業週年之慶，回首前塵，慶功之餘，一定百感交集，甚至熱淚盈眶。希望鼓其餘勇，繼續為個人事業、為國家社會而奮鬥，更希望後繼有人，永續百年之基。

最後，我要特別提到一件事。我一生曾經為一些企業効過力，為個人幫過忙，而且對他們都有耀眼的貢獻。直到今天，每年寄我一張賀年卡，我也照回一張，從未中斷的，只有劉振強董事長！

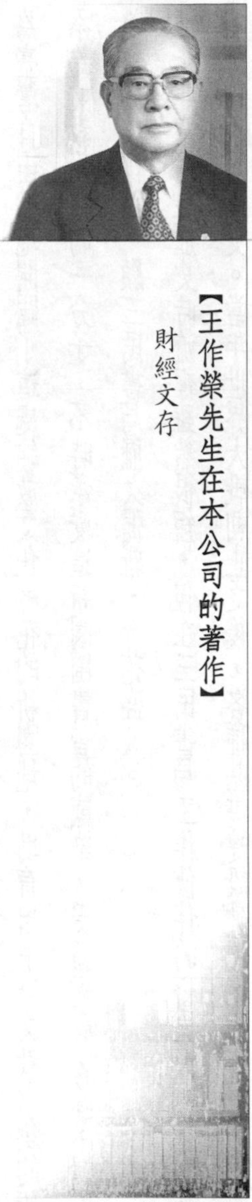

【王作榮先生在本公司的著作】

財經文存

# 文化春圃　歷久彌新

## ——三民書局五十週年祝願

歐陽勛

三民書局將於今年七月十日歡度開業五十週年，逆時而計，創立之時當在民國四十二年七月吉日，適當韓戰結束，時局初歸平靜之際，武偃文修，創業諸君子洞燭機先，為臺灣自由基地開闢了這處綻放文化鮮花的新園地，助育出中華文教承創的新主力，忝為文教從業的一分子，不時承受這新園圃書香的感染，受益滋潤之餘，情不自抑地為之竭誠祝頌，願三民書局歷久彌新，奇花盛放。

五十年歲月在歷史時流裡雖然很短，但在三民書局工作伙伴的心坎裡，自有許多酸甜苦辣的不同感受。當年世界大戰初止之後，各種基礎建設破壞，物資缺乏，而復興基地百廢待興，外匯奇缺，出版事業不可或缺的機具紙張，皆需大宗進口，主事者難免捉襟見肘，羅掘為艱之苦；而市場銷書胃納有限，全臺大學院校僅臺大與師院，專科學校亦寥寥可數，一般讀者則購買力不高，因而成書銷售甚屬困難；至於能有銷路的書稿來源，也是甚屬難求，因為靠煮字療飢的作者固然不少，但要寫出可流、可傳、可久的著作，卻非咄嗟可就，類此種種，民國四十年代的出版界人士應是寒冰飲水，點滴在心頭！三民書局創業於此艱苦時際，能夠屹然挺過初創開基的十年，董事長劉振強先生和他共業的伙伴，應是這文化新圃永受敬佩的墾丁高手。

民國五十年代開始，在復國建國、生聚教訓的國政大方針下，政府全力推動經濟開發與文教進展，人民生活水準逐年提升，教育快速普及，程度升高，原在大陸的公私立大學院校，相繼在臺復校，新的專科院校亦陸續設立，三民書局洞燭機先，出版主幹以大專用書為取向，精心擘劃，竭誠邀稿，禮遇作者，厚給稿酬，各大學知名教授學人，大都經劉董事長邀約，各就本行編撰專著，出版應市，於是三民書局隱然成為大專用書的專業書局。所出教科、參考或研究專籍，不論形象或內容，均具特出的標竿作用，顯示與時俱進的熠熠光鮮，廣獲高教學界的讚賞好評。

民國五十年代以次的三數十年間，三民書局在穩健篤實的經營原則之下，克盡文化事業的時代職守。以事業而言，經營不能不求投資創利，以助擴展；以文化而言，出版必須宏揚故粹，傳布新知，以期裨益世道人心，增進社群福祉。準此而言，作為文化事業的三民書局，須以經營之利得，回饋於擴展業務，出版優良之文、教、法、商、理、工、醫、農等學術著作，致力於配合時代的需要，善盡正規文化事業的道義職責。以此而論，筆者覺得三民書局五十年來的表現，很能符合這種文化事業的基本道義，裨助文化教育的研發提升，即此一端，在其五十週年紀念之際，就當受到文教學界的衷誠祝賀，願其書香遠播，歷久彌盛。

筆者在民國四十年代末就開始接觸三民出版的書籍，但較深的認識則在六十年代，其時因在國立政治大學執教任職，為出版《經濟學原理》一書，與劉董事長時有接觸，在他的熱誠催促下加緊編寫，而在黃仁德教授（時任政大經濟學系講師）的盡力協助下編校，該書於七十一年初版問世。在這接觸的過程中，我感覺到劉董事長的熱誠、寬厚、坦率、謙和，對於撰著給酬從優。我因專心教學，無暇計較外務，以一次稿費付斷方式將書稿交由三民出版，稿酬較當時通例高出一倍，可見其宅心寬厚的一斑。嗣後我與黃仁德君共同編撰《國際貿易理論與政策》、《國際金融理論與制度》、《經濟學》等書，亦均受到三民的厚待；而三民邀稿之專誠，刊印之迅捷、版面之清晰、校對之精確、封頁之大方，在在不失正規文物風格，這也是筆者對三民諸君子不苟的敬業精神，所最為私衷欽向的一端。

而今時過半紀，歷盡艱辛，在此步入保健拓新之際，出版界共同面臨「e」世代網路資訊的大挑戰，社會大眾電腦一座，坐擁世界書城，電鼠輕滑，盡覽古今資訊；因之，買書者鮮，銷書者難，著書者苦。據《聯合報》九十一年十二月二十四日第十四版報導：「傳統書店歇業，一年兩百多家，十六家圖書供應商倒閉，……出版業的黑暗時期來臨。」面對此種激流轉變，三民書局宜已早為之謀，考慮出版與電傳聯營或兼營，開拓新疆域，確保文化長流壯闊開展。

再者，世界歷史悠久之大出版社，莫不以發行大部頭叢書如《大英百科全書》、《大美百科全書》、《社會科學百科全書》、「萬有文庫」、《日月百科全書》……而名傳古今遐邇，這類知識寶庫利於文教機構典藏上架，銷售無礙，電化不易；而臺灣數十年來，不論文教、政治、經濟、科技、理工醫農……等方面，均有獨特推陳出新的突出發展，須有各成系列叢書的記述、研析與推論，分門別類作縱的連貫，橫的整合，俾能傳之久遠，以為當代文化發展的存證。三民書局作為文化傳承的園地，似可考慮致力於此類叢書的編印，力求躋身於世界著名大出版社之列，為中華文物高樹一幟。此為筆者芻蕘之見，聊充對三民五十週年慶的願景祝賀。（九十二年四月七日）

**【歐陽勛先生在本公司的著作】**

經濟學原理

國際貿易理論與政策（合著）

國際金融理論與制度（合著）

經濟學（合著）

# 當前出版事業的社會評價

## ——三民書局奮進五十年感言

楚崧秋

隨著時代腳步的邁進，臺灣經濟的起飛，現代科技的不斷創新及其廣泛應用，在這兩三代同胞的生活史上，其變化是空前的。

這也就是說：在過去半個世紀中，人們的視野聽覺、接觸面向、知識領域、社會體驗等，乃為祖先們一、二百年所未嘗遭遇者。以大眾傳播管道中普遍性最高、影響力亦可能最大的出版事業而論，其發展軌跡幾乎無處不刻劃著時代的齒痕。

### 與出版界結不解緣

在此，我願先以一個五十多年前來臺的知識分子，同時也是艱辛創業的三民書局老讀者的身分，作一點親身的見證。

個人是在民國三十八年秋大陸全部赤化之前，由家鄉湖南入臺，先後在臺北師大附中高中部等處擔任教席。四十一年秋自日本歸國，應聘到中興大學法商學院（現已改為臺北大學臺北分校）的前身——省立行政專科學校任副教授。由於生性頗愛讀書，而今又廁身學界，為了教學相長和充實自己，因此進圖書館和逛書店，乃成為平日生活的一部分。就北市的書肆而言，一向集中在重慶南路一段近衡陽路一帶，雖然掛牌大大小小不下十家左右，但售書種類及書目，真是可以一眼望盡，與今日的超量與異質相比，何啻天淵？

民國四十二年夏，當年最繁華的衡陽路上，出現了一家以出版、銷售和批發三者合一為號召的綜合型書店，雖然店面小小的，陳列的書籍比別家也不見得多，但強調服務為先，讀者第一，頗予人耳目一新之感。尤其這書局取名「三民」，在當時而言，自然顯得是目標明確，立場堅定，因此一般知識分子不分年齡層級，並無任何意識形態的心理，很自然地喜去這家新開的書屋。那一年期間，我成為常客之一，自由來去，感到舒泰；到四十三年秋，因工作性質全然改變，連週末假日也難得一逛，內心不免若有所失。

到四十七年秋，我由總統府奉轉到國民黨中央四組工作，為個人投身我文化新聞界四十年的旋轉門。由於工作性質及對象，主要在文教及知識界，因而與出版事業幾乎結了不解之緣；我不僅欣然恢復了往日逛書店、翻籍誌的習性，且與那個年代這方面的若干先進們，如王雲五、林語堂、雷震、曾虛白、馬星野、陶百川、胡秋原等先生，有或少或多領益的機會。與我年事相若者中，不少結為好友，比較年輕者，亦常保接觸，其中之一即為小我十二歲，而今普受敬重的三民書局創辦人劉振強先生。

## 三民事業與時俱進

記得民國五十年秋，三民因業務發展，遷址重慶南路，當時我應聘赴美作一年的研究，聞之甚喜，隔年回來復為書店常客。對其於五十五年編印「三民文庫」與「古籍今注新譯叢書」，接著出版「科技叢書」，編纂多種辭典，深致佩服。六十四年後書局續多擴展，於是再遷臨近更寬闊一些的樓層，即今重慶南路一段門市所在的地點。就在這個年頭，劉先生獨具思考，為區隔日益繁多的出版品，特成立東大圖書公司，專責發行和出版職校教科書，及各類學術叢刊。

至此，三民的業務隨著社會發展而同步進取，劉先生二十餘年前辛勤創業的苦心銳志，可謂初步得酬。然而他絕不以此為志得意滿，乃一本其服務至上、讀者第一的工作態度，發揮他個人無私無我、精益求精的行事守則，和整個事業的工作團隊，心身契合，結為一體，下定決心邁向第一流的現代出版事業。

時序進入民國七十年代，臺灣各方面的發展可以說驚人驚世，所謂「臺灣奇蹟」、「亞洲四小龍」的聲譽，就是揚聲於此時期。三民事業本此時代大勢，全力貫徹其既定方針，幾乎每隔三、五年，就有一項新的出版計畫。以這時期發行的「滄海叢刊」而言，更與個人進一步結下文字之緣，因為我彙整長年從事新聞工作所寫的數十篇文章，名曰《新聞與我》一書，就是承劉創辦人厚愛，列為其中之一，而於八十四年夏問世。

近二十年間，三民書局自身的加速發展，及其對國內與世界中文出版業界所產生的影響作用，以其事實表現，應是昭昭在耳。就以自八十五年開始，該局網站正式營運，開國內網路書店之先河，而今已收錄了五千家以上出版機構、二十餘萬筆圖書資料，乃蔚為今日中文書目最齊全的網站，其有裨於世，應不待贅述。

## 業界的得失與前景

前面說過，三民書局所走過的五十年，反映了臺灣出版，乃至整個文化事業成長的經過。吾人倘冷靜而客觀地加以檢討和回顧，無疑在社會變遷的每一重要階段，出版事業每每產生了發縱推動、導引融通以及推波助瀾、造成風氣的作用。也就是說，它有其積極的貢獻功能，但亦有其消極的負面表現。由於它畢竟是營利性文化業的一環，面對生存競爭的鐵律規範，也許難以求全責備，因此莫如據常情常理來加以論斷，會比較容易得到平實而正當的答案。

以一個半世紀老讀者，而又忝為作者之一的立場，我認為三民文化事業的發展，主要是基於它的創建目的和營運方針。解析言之，似可歸納為正當出版、正派經營、正確傳播、正途發展四方面。這樣堅守不渝的經營路線，與其主持人劉振強先生的抱負素性、立身行事和待人接物的準則，應有其密不可分的關係。

當三民五十之慶，謹瀝衷悃，藉申祝佩，並寄厚望於我整個出版業，以三民的成長為一借鑑。

【楚崧秋先生在本公司的著作】

新聞與我

# 孫中山的一個願望實現在三民

蔣永敬

記得第一次逛臺北市重慶南路三民書局，大約是在三民開創不久之後。那時的重慶南路，是臺北市最繁華的街道之一，也是大書店集中之地，有商務、中華、世界、正中、幼獅等多家。這些書局都有雄厚的基礎，三民聽說是由三位「小市民」所開設的，取名為「三民」。要想在此創開一片天地，實在不容易。在我走進三民時，就有不同的感受，別家書局好像有些「官氣」，這家卻充滿「民氣」，對顧客的禮貌和服務，非常周到，使人有難忘的印象。覺得三民的幾位年輕店員頗能敬業樂群，事業前途必甚光明。後來三民的規模越來越大，名氣也就越來越大了。在一次聚會中，認識了劉董事長振強先生(以下簡稱劉董)，不禁使我回想多年前幾位年輕店員中必有劉董在內，內心竊喜頗有「先見之明」。

三民之經營成功，劉董在學界中有至佳的口碑，尊重學者，信譽卓著，出了很多碩學鴻儒的著作，兩者相得益彰。我也曾蒙劉董的厚愛，希望我有著作能給三民出版，可惜我手中沒有「存貨」，未能膺命，一直耿耿於懷。

民國八十四年，是我國對日抗戰勝利五十週年，兩岸學界為了紀念這個日子，有學術討論會的舉辦。我便趁這個時機，就過去有關研究抗戰的論文，經過修正補充，一方面是為了「應景」；同時也為「自糾前失」，完成《抗戰史論》一書，由三民的關係企業東大圖書公司，列入張玉法先生主編的「中國現代史叢書」。頗為欣慰的，此書還獲得行政院新聞局的「重要學術專門著作補助」。劉董能出這套叢書，是基於學術的關懷，對兩岸學術的交流，至有貢獻。就我所見這套叢書已出的十五種中，有七種來自大陸學者，其中不乏高水準的學術著作。筆者有幸，曾為本叢書介紹兩種著作，即大陸一位年輕學者楊奎松先生的《西安事變新探》和《中共與莫斯科》。這兩本書對這位學者來說，極為重要。他在一篇文章中說：「有了我這樣一個大陸年輕歷史學者在臺灣接連出版《西安事變新探》、《中共與莫斯科》兩本書的經驗」；使「我已幾度訪問過臺灣，結識了更多臺灣學者，也有更多的臺灣朋友」。更為可喜的，楊先生也因而被第一流的北京大學羅致為教授。

出版事業，不是單純的商業行為，對文化的保存與發揚有更大的責任。「五四」新文化運動，孫中山先生歸功於出版界，他說：「此種新文化運動，在我國今日，誠思想界空前之大變動，推原其始，不過由於出版界之一二覺悟者從事提倡，遂至大放異彩，學潮瀰漫全國，人皆激發天良，誓死為愛國之運動」。又說：「試觀日本一國，印書館大者何止十數，小者正不可勝計，其營業之發達，乃與文化之進步為正比例。今者我國因新文化之趨勢，一時受直接影響者，如全國各學校之改良教科書、編印講義，碩學鴻儒之發憤著作等等，均有待於印刷事業之擴張」。

其時孫中山先生也在積極地推動新文化運動，民國八、九年間，他和胡漢民、廖仲愷、朱執信、戴季陶等在上海辦《建設》雜誌外，更忙於著作，先後完成《實業計劃》和《孫文學說》兩大重要著作。尤其《孫文學說》的第八章〈有志竟成〉篇，是記述他從立志革命而至推翻滿清、建立民國的過程。僅就歷史文獻來看，這一著作，堪稱「無價之寶」。孫先生很希望由國內規模宏大的商務印書館為之出版。照理說，應是該館求之不得的事。但該館囿於偏見，欠缺眼光，竟拒絕為之出版。孫先生很不高興的說：「我國印刷機關，惟商務印書館號稱宏大，而其在營業上有壟斷性質，固無論矣；且為保皇黨之餘孽所把持，故其所出一切書籍，均帶保皇黨氣味，而又陳腐不堪讀。不特此也，又且壓抑新出版物，凡屬吾黨印刷之文件及外界與新思想有關之著作，彼皆拒不代印。即如《孫文學說》一書，曾經其拒絕，不得已自己印刷。」

《孫文學說》初版，是在民國八年六月五日由上海華強書局發行。一提到商務，必定會聯想到中國最著名的出版家王雲五先生。但王先生此時，尚未進入商務，他在民國十年九月以後，始由商務聘為編譯所長，大事改革，商務作風，為之改觀。

孫中山先生為了救國事業，有「愛國儲金」的舉辦，即如目前的一些「基金會」，由海外華僑同志集資支持。他認為此項「儲金」，應作最有實效的用途，莫如設立一個大規模的出版機關，來出版各種新式教科書和有益於新思想的著作，仿有限公司辦法，募股集資。他告訴海外同志說：「此誠久遠宏大之事，望諸同志極力贊助，俾得早日成事為幸。」

孫中山先生這一願望，經過一番努力，在上海辦了一個民智書局。但其規模始終宏大不起來，較之劉董今日之三民，實不可同日而語矣！劉董之書局曰「三民」，與孫中山先生的「三民」及其願望，似乎不謀而合。如謂孫中山的一個願望實現在三民，亦不為過，此歷史偶合乎？抑劉董之志乎？

【蔣永敬先生在本公司的著作】

抗戰史論

# 矢志知識傳播的事業家

## ——敬賀劉振強先生創業三民書局五十年

王洪鈞

我雖忝為大眾傳播行業中人，於出版家個人卻少熟知者；固由於缺少機緣，主要原因還是迄未能養成博覽群書的習慣。不過，我對出版家為國家、為社會所作貢獻，一直非常重視。我認為一般人把大眾傳播事業的範圍，定得太窄，認為不過是報紙、雜誌、廣播、電視等傳播新聞、意見和娛樂的媒體，但對以傳播知識為主的圖書出版事業，則較為隔閡。其實近百餘年來圖書出版事業，成就非凡，出版界更是人才濟濟。我個人雖所知有限，但就接觸所及，對前後兩位出版家，便懷著極大敬意。一為已故我國出版業巨擘王雲五先生，一為三民書局創辦人，現任董事長劉振強先生。

王雲五先生在我國學術文化及政治方面的重要地位，固是國人皆知，無須贅言；最是他以畢生精力經營商務印書館，絕非汲汲為利；其更高目的卻是為了善盡一個讀書人對國家、對社會所應盡的責任。民國六十七年農曆元旦，我奉雲老面囑，趕譯美國雷・克萊恩所著《一九七七年世界國力評估》一書，由商務印書館搶印出版一事，雖微不足道，卻充分顯示王雲五先生書生淑世之偉大情懷。

戊午正月初一清晨，我奉岫廬老人電話召喚，趕往他的寓所。尚未及客套，岫老便把一本英文書交給我，讓我儘快譯出；接著，便以慈祥而嚴肅的口吻對我說：「我已九十一歲，正是帶病延年之身，但無時無刻不以國家前途為念。希望在國內政治展布新局的時候，藉著這本書的出版，幫助國人對國家今後的大好遠景，獲得更正確的認識，以提高民心士氣。」至於譯筆，岫老指示要信、達、雅，三者兼顧，信、達、雅再加上速，皆非我可以勝任，但愛國之心，不敢後人。就在岫老的感召下，我冒昧遵允一試。

王雲五先生在為此書譯本著序中略述出版旨趣，強調「藉以安定人心，振奮士氣，於積極達成反攻復國目標外，尚有視天下安危為己任之職責」。他曾不止一次地對我說：「出版一本書，並非皆是為了賺錢，重要在追求它的文化價值。」這幾句話，多少年來，謹記我心。

劉振強先生與我相識甚久，但聆教機會不多。卻見積欠文債累累，迄未清償。原期退休後在美埋頭著述，竟未如願。倒是在返臺讀書思補之際，得窺三民書局豐富藏書，並獲兩次機會與振強先生傾談。方才發現振強先生非僅具有非常之企業精神與經營才能，為三民書局作了巨大投資及創新，並認知他對圖書出版事業的奉獻，基本動機原是來自一片愛國之心。

振強先生雖年紀較我略輕，仍在民族抗日戰爭的時代成長；因此，他多年以來一直希望做些什麼事情，要對得起這個偉大的時代和多難的國家。其次，他對中西文化，有著深刻的愛慕。他堅信「學亦無涯」、「開卷有益」。誠如荀子所言：「學不可以已。」唯古人必須從師而學，韓文公〈師說〉有云：「惑而不從師，其為惑也終不解矣。」今人何幸，因出版事業發達，一卷在手，知識源源而來。振強先生遂決心在傳播知識方面貢獻全部心力，目的無它，開啟民智而已。

正因為振強先生志在文化報國，對所稱知識者，並無輕重之別，更無門戶之見。五十年來，乃見三民書局出版之書籍兼容並蓄，種類浩繁，學術性與知識性兼而有之。其中固多專精研究，具有深湛學術價值，亦見通俗讀物符合市場需要。誠然圖書出版終屬知識性事業，具有極大教育意義。無如今日已是多元化社會，讀者已被賦予更多之閱讀自由及表達自由。出版家雖有強烈之責任感，乃至使命感，於知識之認知，鮮能不從眾！

擴大而言，以傳播知識為主要功能之圖書出版事業，自活字印刷術發明迄今雖然發展迅速，但就整體社會所作評價觀之，與報刊、廣播、電視，甚至電影等大眾傳播媒體相較，堪稱猶有不及。一六四四年英人密爾頓首倡出版自由，及稍後新聞自由、資訊自由思想漸興於世，固不見圖書出版獨得其利。倒是報紙、雜誌及各種電子傳播事業，因此獲得更大的傳播自由及商業利益之支持。此所以若干國家之出版事業，最近數年必以兼營或合併電子娛樂事業，從事多元經營，以資維持。

劉董事長多年以來，秉承他個人極為開放的知識觀念，從事圖書出版，不僅富裕了三民書局經營的基礎，亦正是臺灣社會多元化發展所必需，我對這一經營方針深以為然。不過，以我個人五十餘年濫竽大眾傳播、文化與教育的體驗，對振強先生念茲在茲的對得起既往的時代，對得起多難的國家，以及有關發揚中西文化種種理想，更是由衷的欽敬。

文化固然需要傳承，更需要反哺回饋，期其終能發揚光大。振強先生以文化報國為志，在既往半個世紀期間，早為三民書局奠下深厚基礎，但面對未來半個世紀的挑戰，包括中華文化必須在海峽兩岸深耕，以及科學化及國際化的需要，振強先生勢須展現更遠大的眼光和更恢宏的氣度，充實生產設備，革新經營方針，使三民書局成為兩岸最成功之知識傳播事業，使世人皆蒙其利。敢以此文，為三民書局創業五十週年賀。

【王洪鈞先生在本公司的著作】

不疑不懼

# 我所認識的劉振強先生

逯耀東

我與劉振強兄相識，算來已有四十多年。想起當年，振強兄以僅弱冠之年，與志同道合的好友三人，創立三民書局於臺北市衡陽路，店面雖較狹小，但在當時的書肆中，頗有規劃與企圖，自有其與眾不同的風格。而後，三民書局則植基於重慶南路，在林立的書店群中，興建十一層樓廈，巍然聳立，已隱然為臺灣出版界之巨擘，令人刮目相看。又後，於復興北路，再新建大廈為本店，規模尤為宏偉。然其間之篳路藍縷，艱苦奮鬥踏上成功之路，當非偶然，是為朋儕所齊聲稱讚欽佩。

振強兄曾對我說過，促成他在出版業發展成功，第一位最要感謝的人，是先師鄒文海先生，鄒師曾指示他應從事大學用書方面的開展，並舉過去在大陸上海的商務印書館，即是成功的一例。振強兄果遵其所示，多年來致力於大學用書的印行，最初偏重於法、商各科系用書，而逐漸及於各種科系。振強兄自己，亦得以藉機遍讀諸學術界名家著作，及拜晤諸大師學者，親炙聆教，增進學養，擴大視野，歷經數十年之經之營之，業績斐然，造福學界，影響深遠，亦是為三民書局在出版界一枝獨秀之特色。

我曾於民國五十四年，為應教學所需，編印《西洋政治思想史》一書，當時即商請由三民書局總經銷，借重其發行專長，至民國八十三年，共刊行八版，印銷萬冊。及至前年，已早無存書，我也已自教界退休多年，年邁力衰，乃不再續印，但仍有教界友好及學子，時相詢問，盼能續刊，乃商之振強兄，即蒙其慨允臂助，於是重新整理修編，於去年十月即由三民書局新版發行。再者我在民國七十一年至七十四年間，曾為國立政治大學附設空中行政專科學校所聘請，在中華電視臺教學部，主講「西洋政治哲學」一課，共二十五講次，每講三十分鐘，並編有簡略講義教材。乃於去年同時重新修編，以《西洋政治思想簡史》為名，亦由三民書局印行。此兩書之得以重刊發行，實得之於振強兄之鼓勵贊助，得使積聚多年之教學心得，及當年廢寢忘食之撰寫心力，不至湮滅無跡，言念及此，實不勝感激之忱。

經多年與振強兄交往，已深知其為人。他雖長年活躍於商界，卻絲毫無一般商界習氣，而是一恂恂君子，彬彬儒者，此是最難能可貴者。其個人生活嚴謹規律，不菸不酒，家庭美滿，子女均留學深造，學有專長，業有專攻。其個性爽朗謙和，待人誠摯，與人交，講信義，重然諾，遇友人有危難，必慨然相助，而不求報償。他以二十歲的一個青年，白手創業，必然歷經艱辛奮鬥，努力不懈，才能創造成功一番事業，也一定具有過人才識，果斷魄力，及圓融親和、卓越領導的能力，此亦應是他成功的因素。最可稱道者，展視他所出版書目，達六千餘種，都屬於正面有益於國家社會者，其中除集中於大學用書外，而其最致力者，是對我中華民族固有文化之發揚與維護，如對於古籍之彙編釋義，尤其對於我國文字之徹底通盤整理研編，必然是為出版界最大成功與貢獻。

三民書局於民國四十二年七月創立，迄今已五十週年，振強兄當時年僅二十出頭，今則已屆古稀，值此雙慶之辰，謹為之賀！為之祝！

**【逯扶東先生在本公司的著作】**

西洋政治思想簡史

西洋政治思想史

# 我所認識的劉振強先生

陸以正

民國五十二年，我奉派去紐約，以駐美大使館參事名義，兼駐紐約新聞處主任，一待就是十六年。此後東奔西走，任所遍歷歐洲、中南美洲與非洲，直至民國八十七年初返國退休，幾乎有三十五年時間久居國外。因此，不但錯過了臺灣經濟蓬勃發展的黃金年代，也失掉許多結識各方俊彥的機緣。

在國外住久了，經年累月耳濡目染的結果，對先進民主國家的典章制度、歷史起源、乃至民主政治的制衡設計，多少有點認識與領悟。正好遇上臺灣這幾年變遷迅速，亂象叢生，基於恨鐵不成鋼的心理，對有些現象不免看不順眼。友輩閒談，有人說：與其坐著發牢騷，不如寫下來投給報社，至少把你的意見讓多一些人知道。那年兩大報紙的負責人——聯合報張社長作錦與中國時報黃社長肇松——恰巧都已相識多年。於是我又重新拾起在南京與臺北早年的舊業，開始向報社投稿。唯一不同之處，是當年爬在桌上填方格子，而現在卻坐在電腦前，用漢語拼音法輸入並修改文稿而已。

八十九年底，正中書局石董事長永貴打電話來說，要介紹一位朋友和我認識。在紅爐牛排館見面後，才知道他是三民書局的劉董事長振強。說老實話，因為去國多年，我對國內出版界的情形真正一無所悉，既不知道三民已經出版了六千幾百種書籍，更不曉得它在大專教科書中的領袖地位，幾乎可與英國的龍門書局 (Longman's) 或美國的麥克勞希 (McGraw-Hill) 相提並論，可見我當時的愚昧。

席間閒談，我們倆都操江浙口音，又有許多共同的朋友，可謂一見如故。談了半天，石董事長才說，劉先生的意思是假如我在寫回憶錄，三民書局願意替我出書。我笑著感謝他的美意，但不得不承認，五年前我還在南非任內的時候，就被天下文化的高董事長希均下了訂；回國不到幾天，他設宴歡迎，就這麼糊裡糊塗地「簽下了賣身契」，目前正在趕寫，已經快有十萬字了。劉先生趕快說，不要緊，我如有其他計畫，他也願意替我出版。

這就是我與三民書局結緣的開始。我把八十七到八十九這三年間在各報章雜誌發表的三十五篇文章，加上時期更早的五篇結集在一起，作為「三民叢刊」第二二七種，九十年二月問世。要替這些雜七雜八的文章取個能籠罩內容的書名，還真不容易，幾經思考，只好把它叫做《如果這是美國——一位退休外交官看台灣》。我在自序裡也坦承，這是不得已的第二選擇，因為第一從缺，只好湊付著算了。直至今日，我仍然想不出一個更恰當些的總題。

九十一年四月，天下文化出版了《微臣無力可回天——陸以正的外交生涯》。這兩年間，劉先生與我成了好友，常常相約吃飯，並無任何目的，只是隨便聊聊，或縱論天下大勢，更多時候則因為兩人年齡相差無幾，談的都是早年臺灣的學者教授與他們的遺聞軼事。偶然講起從第一本書以後，九十與九十一這兩年裡，我在各報又發表了六十幾篇文章，三民書局因此又替我出版了《橘子、蘋果與其它——新世紀看台灣舊問題》，列為第二六四種「三民叢刊」。九十二年二月十日中午，我才把初稿校完；十四日居然收到剛從印刷廠裝訂好的新書，真使我大吃一驚。我想世界上除臺灣而外，恐怕沒有第二個地方能夠做到這樣的高效率。

真正領悟到三民書局對教育文化事業的堅持執著，是九十一年夏初，劉先生要我主持《三民簡明英漢辭典》的編譯工作。我起先甚為躊躇，倒不為別的原因，而是耽心辭典是件曠日持久的大工程，恐非三五年不能竟其功。他解釋說，三民早與日本最著名的出版社「三省堂」簽訂契約取得版權，將釋義的部分譯成中文後，變成英漢辭典在臺發行。編輯部外文組同仁已經工作了兩年多，只需要一個人從頭到底審閱一遍，修正錯誤，補入缺漏，以副讀者期望，因此我才敢接下這件差使。

我自幼讀教會學校，學ＡＢＣ至今已逾七十年；其間住在國外的年頭超過半數，說英語比說中國話的時間至少相等，可能還多一些。英文早已成為世界語言，容納了數以萬計的外來語，更隨時加入創造出的新字，兼收並蓄的結果，任何英文辭典每兩三年必須重加修訂，才能趕上時代的腳步。九個多月來，我每天大半時間都花在看辭典原稿上，對外文組編輯同仁的工作成績深為讚賞，對劉先生為人做事的態度，又加深了一層認識。他對同仁期望很高，但從不給他們工作壓力。他對細微小節都很清楚，但從不橫加干涉。尤其難得的是，他對書局每位同仁都信任有加，才有這麼多人肯死心塌地在三民書局奉獻了自己的青春，也為臺灣學術文化打造出一個美好的未來。

【陸以正先生在本公司的著作】

如果這是美國——一位退休外交官看台灣

橘子蘋果與其它——新世紀看台灣舊問題

最新簡明英漢辭典（主編）

# 文化巨子劉振強先生

陳祖耀

我第一次和三民書局的劉董事長振強兄見面，是在民國四十八年的夏天。那時我在北投政工幹部學校（民國五十二年改為政治作戰學校）革命理論系任教官，講授「理則學」，並先後受聘到國立政治大學、中正理工學院、中央警官學校及中國文化學院兼課。我一直覺得讀書、教書、寫書，乃人生一大樂事。因此我一面教課，一面將研究所得寫成專著，送請同系的賈宗復教授審閱。賈教授真是一位可敬可愛的老師，他竟冒著溽暑、流著汗珠，很快即看完了，且很愉悅的對我說：

「你寫得很好，可以出版！」

我因受到他的鼓勵，一時興趣，便請他為我寫序。我想左思花了十年功夫，寫成〈三都賦〉，剛出版時卻沒沒無聞，及至他請望重士林的皇甫謐作序，竟造成洛陽為之紙貴。因此我想如果能請賈宗復老師和牟宗三老師幫忙寫序，可能也會引起人們的注意。孰知賈老師卻立刻很嚴肅的說：

「你以後要養成習慣，寫書千萬不要請人寫序！」

當時我多少有點失望，後來卻越想越有道理。因為隨著年齡的增長，接觸的範圍較廣，方知請人寫序，裡面竟也有一些可笑的祕密。

為了將此書出版，賈老師引我到三民書局去看劉董事長振強兄，希望他能幫忙。那時的三民書局創業未久，位於衡陽路的四十六號，只有三分之一的店面，上架的書籍也不多，承振強兄的盛意，惠允代為總發行。至於出版問題，我則去找系主任周世輔教授。周主任學識淵博，親切熱忱，對中國文化與國父遺教甚有研究，且有許多著作，其後轉任國立政治大學的訓導長，可以說桃李滿天下。其哲嗣南山、玉山、陽山諸先生均極優秀，早已成為國內知名的學人與政論家。周主任了解我的情況後，當即慨允以其夫人闞淑卿女士所創設之陽明出版社的名義，代為報請內政部登記出版。剩下來的印刷問題，我央請政工幹部學校的印刷所幫忙，分期付給他們印刷費。這樣印刷、出版、發行三個問題，才算得以解決。有人說出書好像生孩子一樣痛苦，我想對那些有才華有財富的人，應是輕而易舉的事，但像我這樣兩者俱無，確實是煞費周章。然而想不到出版以後，反應還真不錯。像這種冷門的書，不到一年，兩千本即已銷售一空，且榮獲總統蔣公中正頒發績學獎章一座，政工幹部學校並用作教材。國立臺灣大學教授虞君質老師曾來信說：

「大著說理精當，文詞詳明，誠屬當代此類教本中之白眉，當大有益於有志研究此學之青年學子。」

名作家亮軒（馬國光教授）還將拙著列為他精讀的著作之一，他在其大著《一個讀書的故事》中寫道：

「我把要讀的書分為三類：雜讀、選讀、精讀。……精讀書則指世人奉為經典的一些名山巨論，中國古典文、哲、史作品概在此列。但我精讀的書極少，……只有四本：高瀨武次郎著《中國哲學史》、陳祖耀著《理則學》、中華版《中國文學發達史》、王國維著《人間詞話》。」

這些都給我極大的鼓勵。及至民國五十二年，振強兄要我將版權賣給他，並開出價錢。當時我因宇兒誕生，需錢買奶粉，同時再度奉派赴越工作，無暇處理印務校對等工作，而且我想由三民書局出版，可能也較易推廣，因此就同意了。截至九十一年四月，三民對該書已經「初版十五刷」了，甚願它對讀者能有一些幫助。

民國八十三年十月，我自中華電視公司退休，有一天和振強兄約好，偕同內子去看他。這是三民書局局本部喬遷復興北路新廈後，我第一次去拜訪。平時因工作繁忙，疏於和他連繫，那天一進大門，就感到新廈氣勢不凡，好像當年第一次踏進介壽館一樣，難怪有人稱之為「三民王國」。振強兄熱誠接待，詳為介紹書局的經營與發展情形，並引導到各部門參觀。該大廈為地下三層，地上十一層，自地下一樓至地上四樓為門市部，五樓以上為各部門的辦公室，他們現有工作同仁四百餘人，每天都在公司餐廳用餐，每一張坐椅幾乎都是量身打造，且可以調整，坐著非常舒適。他對同仁的愛護照顧，同仁們對他的向心感謝，從他們的眼神中可以看得到。在談話中，振強兄要我將經歷的事情寫出來，好幫忙出版。我說像我這樣一個無名小卒，有什麼好寫的？他卻說他覺得我所經歷的許多事情，很值得寫。大概隔了一年多，看我沒有動靜，又給我電話催促，為了不辜負他的盛意，乃將從小在戰亂中成長的經過，及爾後學書不成，學劍又不成的種種遭遇與感受，寫了二十多萬字，以《孤蓬寫真》為書名，送請指教，他即交編輯部於九十一年一月出版，並列入「三民叢刊」。

《孤蓬寫真》出版後，得到許多尊長和朋友們的稱許和鼓勵。尤其分隔四十多年的海峽對岸，竟有許多讀者輾轉傳閱，熱烈討論。有一位山東的丁先生，賢伉儷都是上海復旦大學畢業，曾擔任過很重要的職務，他們說對我所經歷的各種困境感同身受，而對我對世局演變的看法亦頗能認同。由於是從教會中借閱，時間受限制，他們的公子也要看，所以他們兩人就常分段朗誦，並交換意見，最後以「真、準、才、情」四字作為總評，實令人愧不敢當。尤其令我欣慰的，是小學時的校長汪憲五先生於民國三十四年在四川萬縣因公殉職，他的女公子家芬女士當時還很小，對父親沒有什麼印象，及至讀了拙著後，方知父親是一位高風亮節、才華橫溢、親切和善、熱愛國家、極受尊敬的好校長。她乃帶領兒孫和親友們由宜昌返回家鄉，前往父親的墓前祭拜，並鳩工修墓立碑，以作永久紀念。憲五先生是我的恩師，他的靈柩即是我在宜昌讀高中時，設法從四川運回來的。接到家芬師妹的來信，看她對父親心理與態度轉變的描述，內心萬分感動。

振強兄不僅是一位成功的企業家，且以發揚中華文化為己任。三民書局在他卓越的領導下，經過半個世紀的克勤克儉、慘澹經營，現已出書六千餘種，展書二十餘萬冊，為社會大眾提供了最佳的讀物與服務，且曾敦請一百多位專家學者，花了十四年功夫，編纂成《大辭典》，分為上、中、下三巨冊精印出版。接著又聘請八十位優秀的美術人員，徹底整理中國文字，分正楷、明體、長仿宋、方仿宋、黑體、小篆等六種，由美術人員一筆一劃細心認真的寫出來，現已寫了十多年，仍在繼續努力中。他這種不計工本，不顧盈虧，一心只以整理中國文字、發揚中華文化為職司的精神與氣魄，實在令人敬佩。

欣逢三民書局創立五十週年慶，在這大喜的日子，我以誠摯的心，祝願三民書局日新月異，繼續蓬勃發展；更祝福振強兄健康喜樂，多福多壽，再領導三民書局奮鬥五十年，創造更輝煌的業績！

【陳祖耀先生在本公司的著作】
理則學
孫蓬寫真

# 認真的工作：為三民五十週年

我第一次知道三民書局的遠大計畫，是為了出版《大辭典》而重鑄中文銅模。這是一種很花錢的工作，從重寫中文的每個字，到刻字、鑄字，這種工作相當繁瑣，不只是費錢而已。但是，當這個工作完成時，印書的方式卻起了革命性的改變，印書不必進排字房，坐在電腦前敲打鍵盤就可以了。我不知道這種轉變，對三民的銅模計畫產生過什麼樣的影響，只是後來我又知道，他們對坊間的印刷字體不滿意，雇了幾十個人，從事「寫字」的工作。這件工作，所花的心力和經費，可能超過前一計畫，但想法是一致的，就是希望所使用的排版字體的筆劃是標準的，印出來的書更漂亮、更完美。我不知道他們究竟花了多少錢，也不知道是否達到了當初的目標，但這種工作精神，是值得推許與讚揚的。

也許有人會問，這跟書的本質有什麼關係？這是一種工作態度。態度認真的人，不會只重形式，不求實質。當初我們在執行研究計畫時，不免要雇請一些研究助理，所要求的第一件事就是認真與負責。我們認為，每個人的學習過程不盡相同，聰明才智也有差異，無法要求一致，但認真是每個人都應該有的工作態度。只要能夠認真去做，假以時日，就有成功的機會。從這裡可以推論，三民在出版時的選書，應該也相當慎重和認真，否則，聲譽便不容易維持。

認真是一種普遍價值，就像平等、自由、愛一樣，只有認真而努力的工作，才有可能發現新的事物，或創造新的機會。只是目前我們這個社會，似乎普遍欠缺這種認真的精神，凡事只求取巧與速成。經濟上如此，政治上也如此，形成一種速食文化現象，這對整個社會發展，有相當程度的傷害。我們算看看，一些有成就的企業，莫不建立在認真與努力的工作條件上。

由於選民不懂得認真去挑選候選人的能力和道德，而以意識形態上的族群或統獨觀念為標準，結果選出來的人，自然沒有能力來釐訂或執行政策，搞得社會大亂，民不聊生。這種不認真的後果，選民應該由自己去負擔，最少在下次選舉時，學會怎樣認真去選擇合適的候選人。現階段民主政治的最大毛病，就是常常選錯了人，接著便是幾年的惡運，不是被金主出賣，就是被惡勢力謠欺。選舉前他們弄些怪招，要選民的票，當選後就反過來，騎在選民頭上，胡作非為。這是一種真正的無奈，除了選民認真的去選擇，別無他法。

事實上，做研究也一樣，不認真絕對沒有好結果，更不必說創造性的發現。有的人有了點名望，便到處插一腳，在會場上跑來跑去，結果什麼也做不成。人的時間有限，精力有限，能力也有限，事情多了，自然就無法認真去做，何況有些人根本就好高騖遠，不打算認真去做。這些都是等而下之的行為，不足為法。

我並不知道三民在管理企業時，究竟認真到什麼程度，或在哪些方面做得比較認真或不認真？我只是從它在處理銅模和電腦軟體上的認真態度，認為這是從事工作的一種積極精神，一種行為的基本原則，也是人類行為的一種普遍價值。我不記得什麼時候開始與三民接觸，但自從與葉啟政兄為三民編「現代社會學叢書」，以及幾本拙著在三民出版時，就有比較多的了解。值此三民五十週年，創業維艱，特為此短文以誌慶。野人獻曝，亦不失為朋友之道。

【文崇一先生在本公司的著作】

楚文化研究
中國古文化
中國人的價值觀
歷史社會學——從歷史中尋找模式
臺灣社會的變遷與秩序（社會文化篇）
臺灣社會的變遷與秩序（政治篇）
臺灣的社區權力結構
臺灣的工業化與社會變遷
臺灣居民的休閒生活

# 三民書局的貢獻

易君博

五十多年前，政府倉促播遷來臺，整個國家的經濟狀況十分艱困，出版界更是貧乏得可憐，甚至被國際人士譏為「文化沙漠」，國人莫不引以為恥。可是，到了今天，你若在臺北市逛逛書店，一定會看到各式各樣的出版機構，其規模之大，出版品之多，擁有各類不同的讀者之眾，你就不能不承認：出版事業的欣欣向榮完全否定了「文化沙漠」的汙名。出版事業其所以有如此驚人的躍進，原因固然不止一端，但我們可以肯定的說，傑出的出版人士與許多的出版機構長期辛苦耕耘，必是更為重要的原因。在這些眾多的出版機構中，三民書局似乎應居最卓越的地位。三民書局的貢獻是多方面的，其中有三個方面最值得我們進一步來談一談。這三個方面即是：發行大學用書、出版經典名著及正視文化危機。

一九五〇年代的臺灣，大學教科書或指定參考書非常缺乏。大學的教室裡，絕大部分採取教授口頭講授及學生記筆記的方式，偶爾也散發一些以劣質油墨所印成的講義，或者指定一本盜印版的西文參考書，師生雙方都有不堪其苦的感覺。三民書局看到這種情況，於是廣泛邀請各個不同學門的教授分別撰寫大學用書，有的可作教材，有的可供參考。所邀請的對象，包括了臺灣各大學的教授，涵蓋了海內外的著名學人，達數百人之多。經數十年的不斷累積，已發行的大學用書不下千餘種，並且多為海峽兩岸的大學所採用，對大學教育的幫助不可謂不大，給大學數代師生所帶來的印象不可謂不深。

幾十年來的臺灣，最早是忙於軍事上的對抗、國際上的生存，繼而是把重心放在經濟方面的發展、科技方面的進步。也由於經濟與科技有了某些成就，很自然的就更醉心於科技文明，當然容易忽略了中國文化。當新加坡與日本這些重要的東亞國家都重視中國儒家思想，美國軍中也講授孫子兵法，而我們自身卻沒有看到中國文化的某些寶藏，便不能不令人慚愧。學習西方文化的優點固然是我們必須要走的路，但是不重視自身的文化也必然是錯誤的，因為這樣的思考方式乃是違背了「本立而道生」的基本定律。在這四十多年中，三民書局投下大量資金，整理重印中國古典文學名著、中國哲學巨著，以及經史方面的諸多選集。我想三民的決策者絕不是為了商業上的利益，而是有一個遠大的文化目標；一個書局有如此深遠的文化抱負，的確是中國出版史上不可多見的。相比之下，層級至高，預算龐大，人力眾多的中華文化復興總會也頗有遜色。

由於內戰，國家陷入分裂達半世紀以上，海峽兩岸因政治歧見，逐漸形成文化政策的巨大差異。最近此種現象似乎愈演愈烈。比如，大陸推行簡體字，臺灣搞方言化；大陸曾批孔以圖掃除儒家思想的影響力（現在已有改變），臺灣亦以海洋文化而自詡企圖忘掉中國文化而後快；更有甚者，為了政治動機或意識形態的偏見，不惜隱瞞歷史真相或歪曲歷史事實，來編造歷史教科書，遺害及諸無窮的後代。兩岸政權夾擊中國文化的趨勢，似乎形成了另一類型的文化危機。三民書局也有見於此，並正視這一惡劣形勢，特別邀請了不少大陸學人為他們出書，以促進兩岸在意見上及學術上的溝通，並把三民的某些出版品授權在大陸出版，又將具有代表性的史學家及思想家，如錢穆及李澤厚的著作加以重印，希望廣為流傳，以矯正兩岸某些具有政治偏見人士的思維方式。換句話說，三民書局的這些作為，乃在淡化兩岸的政治衝突，並引導兩岸的中國人走向文化整合的道路。一個書商具有如此高瞻遠矚的眼光與氣魄，怎不令人佩服？

三民書局的貢獻，當然不只我所說的三個方面。但就這三個方面而言，不僅顯現了三民的特色，而且也是其他出版機構難於比擬的。在近代中國出版史上若要找另一個出版機構來與它比一比，似乎只有一九三〇年代的商務印書館，有些方面與它很類似。二者都是以發行大學用書而聞名全國，都曾選擇了大量中外名著重新排版，以追求「萬有文庫」的理想。更值得一提的是商務印書館的主持人王雲五與三民書局的主持人劉振強皆是學徒出身，憑著一己的智慧及才幹，經過長期辛苦經營，把一個小小書店變成了遠近聞名的大出版機構，他們自身當然也因之成為中國的大出版家。他們的故事必將成為傳奇性的美談，傳之久遠。

**【易君博先生在本公司的著作】**

政治理論與研究方法

# 三民書局與「新聞學叢書」

李瞻

三民書局創業五十週年紀念　敬賀劉董事長振強兄

文化本位　尊重學人　規劃周詳　全力貫徹
厚待部屬　分層負責　熱心公益　推廣學術
謙和待人　首重道義　穩健經營　建立典範
三民書局　五十寒暑　卓越成就　永垂青史

## 壹、五十年代臺灣尚無新聞學術著作

一九五四年國立政治大學在臺復校，首先設立新聞研究所，翌年增設新聞學系，但當時臺灣有關新聞書籍，僅有從業新聞人員之雜記、經驗談與回憶錄，並無新聞學術著作，因此新聞所系同學，面臨無書可讀的困境。

一九五五年，本人應邀訪問日本，在東京新華書店買到大陸戈公振之《中國報學史》，如獲至寶。但當時為「禁書」，乃將封面撕掉，將全書撕成十二部分，分夾於行李中帶回臺北，並由臺灣學生書局翻印為新聞系之教本。後發現該書係於一九二六年在上海出版，而記述資料僅至一九一七年；四十年以前之著作，實難配合當時新聞教育之需要。

## 貳、國科會與傅爾布萊特基金會獎助新聞學術研究

政大新聞研究所為臺灣最高新聞教育學府，理應擔負新聞學術研究的重任。一九五八年行政院國科會成立，由胡適博士為主任委員，獎助本人以八年時間完成《世界新聞史》，計一百萬言；又以四年時間完成《比較新聞學》，計三十萬言。其間國科會與傅爾布萊特基金會(Fulbright Foundation)曾兩次獎助本人赴國外研究與搜集資料。兩書前者於一九六七年獲教育部最高文科學術獎金與金質學術獎章；後者於一九七二年獲中山文化學術獎，同時亞洲學會(Asia Foundation)獎助曾虛白老師、朱傳譽教授與本人共同完成《中國新聞史》，計八十萬言，均獲社會好評。

## 參、三民書局出版「新聞學叢書」

一個學門的學術研究，絕非少數人所能成完；同時圖書之出版行銷，亦非教育工作人員所能勝任。

一九八〇年，劉董事長振強兄邀約政大新聞所系同仁，共同編寫「新聞學叢書」。當時本人負責籌設政大新聞所博士班，正延聘多位具有博士學位之學人前來新聞所講學，故與所內同仁洽商後，對劉董事長之盛意欣然同意。

當時同仁同意簽約者，三民即付稿費十萬元，完稿後一字一元結算，在當時可說

十分優厚。

三民「新聞學叢書」是臺灣新聞教育最豐富、最重要的參考教材，也是臺灣今日新聞教育蓬勃發展的主要動力。

## 肆、三民「新聞學叢書」已由世界主要圖書館典藏

三民「新聞學叢書」學術水準很高，現世界主要圖書館中文部均有典藏。

由於三民「新聞學叢書」的成功，臺北正中、商務、五南、遠流、亞太、智庫、黎明、揚智、學富、韋伯與風雲論壇等圖書公司，亦紛紛效法，出版新聞叢書，目前臺灣新聞學術著作（包括譯著）約計已有四百餘種。在短短四十年中，臺灣新聞學術研究，從無到有，並有如此豐碩成果，三民劉董事長之最初建議與周詳規劃應居首功，於此特致崇高敬意！（二○○三年三月二十八日）

**【李瞻先生在本公司的著作】**

新聞學　新聞採訪學
國際傳播　新聞道德
電視制度　世界新聞史

# 孤翔誌識

民國五十八年四月五日發行的《書和人》週刊上，名作家蘇雪林談她治《屈賦研究》的成果，提到治學之道，認為有皓首窮經的「陳陳相因」，與視同另類的「自闢蹊徑」兩種方式。她說：「我國又有『直通』『橫通』之說，大概都把橫通作為譏嘲對象。我則不以為然。我曾設有一喻：今有寶物藏於竹竿中，蟲蛀始得。直通者自竹竿下端，節節上蛀，窮老盡氣尚不能達到藏寶的那一節。或已達矣，而對寶物竟熟視無睹，更向上鑽研；橫通者則像一隻鐵喙蜂，翩然飛來，端詳竹竿一下；即知寶藏何節，鐵喙一鑽，便直取寶物而歸了。」

蘇雪林的夫子自道，於我心有戚戚焉，我原是一個以軍事為專業的人，半世紀前，無意中踏上翻譯這條文學邊陲的偏僻路，未蒙名師指點，宛同一隻盤旋在書林譯海上空的孤鷹，縱翼橫通，掠地下攫，雖然不曾取得寶物歸，翅疾如風，也頗能「擒狡兔於平原，截鴻雁於河渚」，得到不少經驗與教訓。其所以樂此不疲，只緣「新徑」竟有一個「趣」字在，青年時啟發了「興趣」，能從茲專務此學，不稍旁顧，雖五十年而不倦；中年竟成為「志趣」所向，更是盛年「樂趣」之所由了。

因此，我在民國七十八年，由三民書局出版了一個翻譯理論集子《翻譯新語》，娓娓道出多年獨學無友的「單飛」經驗，提出了一些前人所未曾有的新見解與新主張。

首先，我揭櫫「翻譯的民族精神」，認為光是「信達雅」的理論並不夠，還得要有平等精神擔綱，來檢定許許多多翻譯理論向外文一面倒的真假，也提供探討翻譯理論可破可立的基礎。

真正的民族精神不是自大，而是平等，以翻譯來說，中外文地位平等，沒有雙重標準，這也是一種反向思考的方法，可以解決很多翻譯上的問題；否則光憑信達雅，他舉出一個「信」就毫無辦法破他，更沒法立己了。要以平等的民族精神，以反向思考的辦法，「外文翻中文要照這個條件，中文翻外文用這個原則可以不可以？」

因此，翻譯中的民族精神，既可奠「立」自己的理論基礎，更可以用這種反向的平等思考，來「破」一些假翻譯理論。

其次，我提出名詞翻譯的原則有四：

一、依主不依客。

二、依義不依音（人名與地名另論）。

三、依簡不依繁。

四、依新不依舊。

多年的翻譯經驗，使我領略了嚴復「一名之立，旬月踟躕」的苦痛；因而創立這項依重要性排列的四項原則作準據，不徒為自己，也希望能為譯界同好建立一項可供遵循的定則。近四分之一個世紀來，這些原則正接受普遍考驗，當然還會繼續接受新理論的挑戰，「實踐是檢驗真理的唯一標準」，名詞翻譯的原則也不會例外。

八十一年六月三十日，我國實施了尊重智慧財產權的「著作權法」，為翻譯界千年所未有的大變，從茲以後，翻譯並不是一種可以隨意為之的工作，而必須取得原著作人的同意。此外，面對二十一世紀世界村日趨榮景，唯有快速量多的「機器翻譯」，才能適應這種新需求；然而優異的翻譯電腦，卻要有優秀的翻譯家群才能設計出來。

面對「專業」與「電腦」的雙重挑戰，又遭遇了百年以來不注重翻譯人才的培育，以致形成了人才斷層，目前還投身於這項工作的人，就有了實質上與精神上的沉重負荷——翻譯理論的建立。

因之，我在八十二年七月，在三民書局繼續出版了姊妹篇《翻譯偶語》，以呼應翻譯界面臨的新局面，鼓吹翻譯家多多提供自己的經驗公諸譯眾，使翻譯做得更好。

翻譯理論為「知」，翻譯實作為「行」，兩者不能偏廢。做一個專業譯人，既要能「行其所知」，一步一步，本著翻譯理論踏踏實實的做；也要「知所能行」，把自己的心得與試誤後的實驗成果公諸於世。這原本是學術界的常態，學者必須經常提出有新見地的論文，以開拓視界，創建新知，提升學術水準，作為他學術地位的基石。翻譯界過去把「知」「行」分開，從事理論的專事理論，無暇以實譯來親自驗證；做翻譯的專事譯述，不肯將自己的金針度人。但而今以後，我們對從事翻譯工作的人，不但要以翻譯的「質」與「量」，作為衡文的玉尺，而且也要求以他的「論」作評斷的依歸；促使知行合一，翻譯工作者有更多的翻譯理論問世。

翻譯家蕭乾便說過「翻譯四成靠原文的理解，六成靠表達能力。」這是行家話，一般人很少說得這麼透徹。因此我在《翻譯偶語》中，特別論及翻譯文字的修飾，納入〈姓名的翻譯〉與〈疊詞的翻譯〉兩篇發表過的論文，著重譯文的修辭與表達。

至於翻譯理論的建立，固然可以吸收前人與外人學說的精華，取精用宏，廣為我用；然而這些理論的「可行性」，則有待實務的磨鍊、體會與證實。

五十餘年的孤翼獨翔，使我領悟從事翻譯，需要具備兩種文字的知識底子極為龐大，譽之者稱為「君子之學也博」，藐之者稱為「士人之識也雜」，實則是胡適所說的「為學當如金字塔，要能博大要能高」的一個「廣」字。這也就是朱子勉士人讀書：「律曆刑法天文地理軍旅官職之事，都要理會，會得熟時，道理便在上面。」有了這種底子，治譯自會「嚴密理會，銖分毫析」，才能使建立的翻譯理論臻致最高水平：「愈細密，愈廣大，愈謹確，愈高明。」

【黃文範先生在本公司的著作】

翻譯新語
翻譯偶語
領養一株雲杉
效顰五十年
繪畫色彩學（譯著）
靜物畫（譯著）

# 文字交　知音情

## ——祝三民書局創業五十週年

彭歌

### 1

遙想當年——

臺灣只是蕞爾一島，外人視為「孤島」，我們自稱「寶島」，但在內心深處，感覺是如傅斯年先生所說的「田橫埋骨之所」。五百田橫不帝秦，這是民族史上壯烈的一頁，這是我們為什麼來到臺灣。

臺北市像一座噩夢初醒的小城，除了總統府，沒有高樓大廈。大學只有一所，臺灣大學。師大還是師範學院，其他的學府，當時有的仍是專科；大陸上的名校，像清華、政大、中央、交大等，還沒來得及復校。除了幾家報社、雜誌社、電影院之外，幾乎談不上什麼文化設施。難怪有外國學者在訪問之後說，「臺灣是一片文化沙漠」。

然而，臺北還有一條重慶南路一段，有名的書店街。

自朝至暮，書店街擠滿了人潮。每家書店都是門庭若市，從黃口孺子到白髮老人，男女老幼，形形色色，都是以讀書為樂的愛書人。有些人節省了衣食之資，要買心愛的讀物。有些人口袋空空，寧願餓著肚子站在書架旁，把一本書讀完。有人說，臺灣的希望就在書店街。

書店街上有曾經名傳遐邇的老店，中華、商務、正中、世界，更多的許多「初生之犢不怕虎」的年輕人在此創業，一家接一家，猶如星光閃耀。

起初，三民書局只是眾星中的一顆；創業至今半個世紀，它不僅是一顆耀眼奪目的明星，而似是長空萬里，日月光華。

三民書局創立於民國四十二年七月十日，當時韓戰剛剛結束，亞太局面稍見穩定，臺灣也已轉危為安，正是開始埋頭苦幹，毋忘在莒的時候。

五十年後的今天，三民書局由一間小小的門面，擴充到兩座大廈與書城，出版的圖書六千餘種，展架的書籍二十餘萬種，艱難締造，備歷曲折。三民能有今天的成就，是許許多多參與工作者投注心血和辛勞的結果；然而，成為事業原動力，自始至今，奮鬥不懈的，則是創業者劉振強兄。三民書局是他一心一德、貫注精力的最重要的事業。

## 2

三民書局由經營書店到致力出版，不斷嘗試，不斷創新，不斷克服困難，也不斷贏得社會的讚許支持。最難得的是，在「利潤取向」盛極一時，任何行業都把「賺錢」當作第一考慮時，三民一貫堅持復興文化、弘揚新知的原則，以學術、思想、知識為重。我不敢說三民的每一本書都是盡善盡美，但可以說三民從來沒有只是為「某種書可以賺錢」就去出版。有所為，有所不為。這是很多大資本家、大財團也不容易做到的。振強兄能堅守這一點，而且不以此自鳴清高，求之當世，曷可多得。

民國五十年代，振強兄針對知識界的需要，出版「三民文庫」。日本出版界有「岩波文庫」、「角川文庫」，英國的「企鵝叢書」，都是以四十開小型版本，便於隨身攜帶，隨處瀏覽。「三民文庫」就是採取這種型式，每本約二百頁。形式輕巧，內容卻是很沉實。

雖然版本甚小，篇幅無多，「文庫」裡選了多位大師級的著作，薩孟武、錢穆、方東美……像《中國史學名著》、《西遊記與中國古代政治》、《弘一大師傳》等，令我受益良多。

我與振強兄原無深交，我在《聯合報》上寫「三三草」專欄，每週三篇，每篇不逾千字。這些短文皆以介紹新書、陶冶性情為主。結集之後由三民出版。「三民文庫」共出書二百種，歷年來拙作入選者占了十二本之多。從最早的《書中滋味》到最後一本《致被放逐者》。對我個人而言，這是極大的鼓勵與榮譽。我們從文字之交，進而為知音之友。

後來還有《追不回的永恆》、《釣魚臺畔過客》、《說故事的人》等，以及今年即將出版的《在心集》，列入「三民叢刊」。

在隔了若干年之後，我曾請教振強兄，書局對拙作似有偏愛，「何獨厚我」？振強兄為我講了一段往事。

三民創業未久，有一段時期經營十分困難。有一天，振強兄踽踽獨行，散步到新公園，坐在水池邊的椅上默想沉思。他覺得書局難有發展，壓力太大，他要斷然決定，就此歇手，另謀其他出路。就在這時，他無意中打開隨手帶來的報紙，讀到我寫的一篇小文(他沒有講是哪一篇，我也沒有多問)。總之給他的印象是有如陸放翁詩中所說：「山重水複疑無路，柳暗花明又一村」，不管眼前景況如何困難，都不要放棄希望，勇敢地走下去，總可以找到更好的明天。

振強兄說，那一念之間，就是三民書局仆而再起的轉捩點。

我的理解是，振強兄本來就有堅毅苦幹的性格。小文只是一時湊巧，適逢其會，幫助他作了重要的決定。他講這小故事，對我倒有很重要的啟發。所謂為文當溫柔敦厚，樂觀進取，是我多年來信守不渝的原則。自是而後，每當下筆為文時都不禁想到，我的讀者群中，可能有另一個劉振強，有勇氣、有識略、有幹勁，遭遇一時的困難，他需要的只是出諸肺腑的、誠懇的勉勵和祝福。

經營大規模的出版機構，和伏案獨坐、振筆直書寫文章，都有同樣的心願，希望對讀者有益，對世道有益。

三民出版了幾千種圖書，從少年讀物到大學用書，林林總總，有美皆備。其中有一件事我特別佩服的，是振強兄以極大力量支持，完成了三民《大辭典》的編印工作。自民國六十年開始，至七十四年出版，前後歷經十四年，投入巨大的人力、物力、財力，成此盛業，為臺灣出版界增光。我退休後卜居海外，這部三卷頭的《大辭典》，仍是我不時參閱的工具書。

昔年在美讀書時，對於國外的各類參考工具，曾略加研究。深知其編纂工作，是「少數專家吃苦受累，使大多數人享福。」如《大英百科全書》之類，已是讀書人不可少的良伴。

前兩年回到臺北，振強兄招宴之餘，更約我去參觀他為了排版用中文字體，聘專人恭寫字體的工作場所。這是「慢工出細活」的過程，單是一個字一個字寫出標準字體，就不知花了多少年才告初步完成，完成之後，他對於不滿意的字，則不惜廢棄已寫好的字，重新一筆一劃的再寫，如此，一次又一次，只為了「中國人應該要有自己所寫的，標準且經得起考驗的排版字體，如此規模，如許周折，絕非尋常廠商所能為」。振強兄誠足以自豪。

可是，他對我說，這部《大辭典》，他仍有未足之意。「譬如說，像你們新聞傳播學，有許多重要的新名詞，有待補入」。

我說，人類知識與時俱進，自古至今，從來沒有一部參考書是十全十美的。通常每隔十年修編一次，也就差強人意。而且，《大辭典》是一般工具；如有餘力，仍可致力編纂不同的專題辭典。如法律、醫學、經濟、文藝等，範圍較小，就可作得更精更專。像航太工程、電子科技，都是日新月異，一日千里，《大辭典》要樣樣求全，那就太難了。人文部分，變化也很大。一九四〇年代，非洲只有兩個獨立國家，現在有五十多國。又如一九九〇年代初期，「蘇東波」之變，蘇聯和東歐附庸解體，歐洲的結構大變，這些都是需要「大修」的重點。

振強兄說，他已有一番策劃。當然這又是一項大工程。

欣逢三民書局創業五十週年吉期，略記個人觀感，以代祝賀之詞。謹祝三民的事業發皇，風行天下，振強兄身心康泰，再創新猷，為中華民族文化之發揚光大，盡其最大的貢獻。（二〇〇三年三月二十六日）

## 【彭歌先生在本公司的著作】

書中滋味
青年的心聲
取者和予者
暢銷書
從香檳來的
祝善集
筆之會
書的光華
回春詞
讀書與行路
自信與自知
致被放逐者
追不回的永恆
釣魚臺畔過客
說故事的人
在心集

# 我的第一本書在三民

陸民仁

民國四十五年筆者三十歲時應聘省立法商學院任教，四十六年應臺灣大學法學院之聘，在經濟系兼課，四十七年轉入母校政治大學任教，四十九年出國進修，返國後，一方面在中央銀行服務，一方面在各大專院校兼課。至五十五年，在大專院校教書已達十年，當時即有一心願，滿四十歲時，應準備寫書，蓋滿四十歲，且已教書十年，學術基礎已立，思想已成熟，寫書應無大過。但是在當時一切尚屬落後的環境下，如何能完成此一心願？書寫成後能否付之出版？則覺茫無頭緒。

五十五年的某一天休假在家，忽有一年輕人來訪，接談之後自我介紹，是三民書局董事長劉振強先生，經政治大學教務長鄒文海先生推薦，想約請我為三民書局寫一本《經濟學》。我與劉先生過去並無一面之緣，但鄒先生為學術界前輩，鄒先生推薦，劉先生絕對信任，因此登門造訪，希望我能接受。當時事出突然，我心理上一無準備，但鑒於鄒先生的一番美意及劉先生對我的信任，略事考慮之後，遂決定接受，唯提出一點要求，全書估計三十萬字，但出版時要橫排。當時國內所出版的社會及人文科學的書籍，傳統均採直排，經濟學亦不例外。然而經濟學不同於其他社會科學，要大量應用圖形及數學公式幫助分析，若採直排，閱讀至為不便，故提出橫排的要求。劉先生對此完全接受，此事遂告敲定。

一年半以後全書告成，兩年以後全書出版，我自己的心願已了，劉先生的希望也達成。此書出版後，因內容新穎，結構嚴謹，文字流暢，易於學習，立刻為讀者所接受，銷路頗佳。由於此書之橫式版面，刺激其他陸續出版的，及當時已流行早已出版的經濟學，都改成橫式版面，我的書亦可說開風氣之先。不僅此也，因我每年均擔任高特考之典試委員，為經濟學命題，而預備軍官之甄試，亦指定其為主要參考書，更有助其銷路增加。大學及專科有關科系之學生，雖任課老師未指定為參考書，亦紛紛主動購買參考，是以以後多年，我在外旅行，不論銀行、海關、飯店、旅行社，多有不識者，在知道我的名字後，紛紛稱呼我為老師，詢問之下我多未教過，乃是因讀過我的書，而私淑為弟子也，聽來不勝欣慰。

因書結識以後，我與劉先生一直保持友誼至今，而其出版事業，亦復蒸蒸日上，以至於今日之輝煌。劉先生初來臺時，因既無學歷，年紀又輕，僅謀得書店店員，服完兵役後，乃以借來之五千元新臺幣為創業資本。最初僅在衡陽路租半間店面，開一書店。由於其勤懇努力，腳踏實地，獲得讀者信任，業務遂漸漸擴充，由衡陽路轉至重慶南路，由租用店面而興建大樓，重慶南路大樓完成後，又興建復興北路大樓。兩座大樓不僅空間廣闊，且內部設備新穎，在臺灣出版界完全是後來居上的局面。如今不但在國內發展，且向國外發展，開拓國際空間。

劉先生能有今天的成就，不是偶然，亦非幸運，乃是有他所以能成功的條件，就我對劉先生的了解，他超出於旁人的特質有下列幾點。

劉先生有崇高的孝悌美德。民國三十八年，當中共軍隊渡江時，劉先生離家流亡，以一尚未弱冠的少年，竟攜同他年幼的弟弟，一同逃難。可惜他弟弟不幸中途病逝，此一友愛之情，令人讚佩。劉先生離家後，家中尚有母親，但因兩岸阻斷，一直未有聯繫，待大陸逐漸開放，漸有迎養的希望，劉先生乃全心力準備頤養場所，希望母親晚年能享愛子事業有成之福。但一切準備就緒前往迎接時，才知母親已去世，真是「子欲養而親不待」，人子遺恨莫此為甚，然先生的孝心，值得稱道。

劉先生刻苦用功，自學有成。他少年流亡，無甚學歷，當主持出版事業而規模日益擴大時，常遭遇到有關會計、稅務、法律等問題，雖可請教專家，終不如自行處理，為此劉先生決心自修苦讀，利用夜晚時間，自修會計、法律等典籍。因用功過度，一度且影響身體健康，但終於學而有成，此類問題皆瞭如指掌，稱之為專家亦不為過。

劉先生對待學者專家及作者，不僅有禮貌且誠懇親切。每年三節，無不親持禮物，登門拜訪，幾十年如一日，僅近幾年因動大手術，體力較差，始間由同仁代勞者。

劉先生有遠見，有魄力，有膽識。他事業有成後，鑒於我國印刷業所用字型多受日本影響，深為不滿，乃決定籌集巨額資金，自行設計並鑄造字模，其工程之浩大及艱巨，為其他出版業所不敢問津者。可惜當此一浩大工程接近完成時，電腦排版之方法發明亦被廣泛應用，再不用鑄字排版之傳統方法了，遂使之功虧一簣。但劉先生並不因此而氣餒，又另斥巨資，設計並創造電腦字型，今此一工程亦接近完成，劉先生對出版及印刷業之貢獻，可說無人能及。

當此慶祝三民書局五十年之時，為使劉先生對文化事業能有更大貢獻，筆者基於個人友誼，建議劉先生能創設大型私人圖書館，如過去上海之東方圖書館。此圖書館以社會及人文科學為重點，特別著重中國文化之傳承與發揚，使將來研究中國文化者，視之為重鎮，而能在世界占一席地。如此不但三民書局前途無量，劉先生亦將不朽也！

**【陸民仁先生在本公司的著作】**

經濟學（上）（下）

經濟學概論

高職經濟學（上）（下）

# 君子

## ——以生命見證的一本好書

韋世間

這正是我對劉先生最深刻的感受、最鮮活的印象！

生長於顛沛流離的年代，求學已是萬般艱難，遑論離鄉背井而能白手創業，造福萬千學子，使眾多為人師者同蒙其惠，且以其出書之豐與展書之富，於西洋文明落實中土，融合中西文化之貢獻，堪稱空前，亦屬海峽兩岸文化出版界之第一人！

在我隨軍來臺數年後，因緣際會而參加聯考，進入臺大商學系就讀會計，並以最佳成績畢業，負笈美國，且於完成學業後，在當地實際參與會計師事務所之審計業務。正當由生而熟漸入佳境之際，因念及父母年老，而母校亦有作育英才之機會，遂毅然歸國，投身教育工作，也因而有幸結識劉先生，彼此真誠相待，迄今不覺已數十年矣！

初識劉先生，執教臺大未久，既無著作等身，亦乏盛名在外，斯時劉先生已是成功之企業家，卻對學界人士至為尊重，凡是著作者之要求，莫不全力配合，服務周至，且禮遇優渥，出版界實無出其右者。若非修養深厚，境界崇高，實難數十年如一日，表裡如一，以至如此！若謂凡百元首，莫不殷憂而道著，功成而德衰，於創業初始，禮賢下士，斯無足怪；然觀其執業界牛耳以來之諸般作為，恰印證其理念崇高，力行不輟，實非一般創業致富之企業人士所能及；或謂富而好禮，亦不乏能行之人，然反觀其成功前之歷程，勤奮篤實，堅忍不拔，身先士卒，且能體恤部屬，重視員工福利，而自奉儉約，其嚴於律己而寬以待人，實不待致富即已素行如常。

猶憶初蒙劉先生邀稿之始，會計界已多有前輩先進著作，亦不乏具盛名富人脈者，新人新作殊難立足，然劉先生以臺大素為學界之首，任何強勢均無足慮，秉持優質競爭，擇善固執，終有成功之時，積極鼓勵我盡心力撰寫對教學雙方均有更大助益之好書，供有心人採用，必更能有效提升教育品質，加速社會之進步。其理念之崇正、情意之深摯，數十年後之今日，仍令我感念於心。亦正因此之故，才有機會廁身作者之林，略盡報効國家、回饋社會之薄力。若非劉先生發心濟世，且身體力行，奔走四方，不辭辛勞，今日學子焉得享有如此豐富而優質之教材！就耳目聽聞所及，不論學子因應升學、考試、就業之需或教學者選擇基本與輔助教材，莫不以三民為首選，而迄今成功人士亦絕大多數受惠於茲，不論從造福民有、民治、民享，或從振興民族、民權、民生之貢獻而論，以「三民」為名，實已當之無愧矣！

大學由菁英教育變革為普及教育，是最近的轉變，在此之前未能擠進高等教育窄門者，遠超過少數不及兩成之大專生。當時高職成為社會上絕大多數未能升學普通高中者之受教育機會，但也幾乎是其進入職場前最後之學習機會。在升學主義風氣下，高職體系所受重視及所獲教育資源均處劣勢，當時劉先生明知許多學校採用自編教材且沿習已久，對於優質教科書未必領情，但為實現創業初衷，在十餘年前特為邀集大學院校相關各科名師，以撰寫高水準而深入淺出之高職教科書一事，鄭重請託眾名家鼎力相助，眾感其誠，雖願共襄盛舉，但不免提醒風險甚高，他人未必體認其苦心，恐宜三思。然基於使命感，劉先生仍堅毅誠請，終使系列新書問世，其「喻於義」而不「喻於利」的君子之風，應是今日三民能有此空前格局之原動力所在。迄今雖高職教育之比重因教育政策之更迭而漸下降，然劉先生重義輕利，寧助弱勢之情懷，顯現無遺。

資訊時代來臨，網路化、電子化趨勢下，三民亦不落人後，在劉先生領導下，迅速完成經營管理電子化之體質更新，再度展現其日新又新之活力。然不止於此，鑒於全球使用中文人口之眾，中文電子化之重要性及其商機，亦成為必爭之地，然放眼未來，就中文生命之延續及發揚光大，願耗巨資於中文大辭典之編纂及中文電腦字體之研發者，實屬僅有，若非「計利當計天下利，求名應求萬世名」者，孰能為之？當前一般經營管理者，皆競逐於短期營運績效以及展店擴點策略結盟以張聲勢，能直視文化出版事業之本質，且具雄厚實力，及高度經營管理能力，真正能實現高瞻遠矚、宏大格局之理念，除了劉先生，恐不作第二人想。

自有「害人就勸他辦雜誌」之說以來，文化出版事業界浮沉中，迭見興衰，立功者鮮，三民在劉先生帶領下，沉穩邁進，以龍蟠虎踞之姿，布局通衢，跨足出版、發行、經銷、物流、文化諸領域，展現精緻文化之優質服務，其成功史就是一部絕佳的經營寶典。回顧與劉先生數十年來細水長流般的交往，深覺其能履踐孔子所說「君子義以為質，禮以行之，遜以出之，信以成之，君子哉」的優美境界，其自身經歷，正是一部君子之書，薰陶出三民獨特之經營本質。五十年是人生中不短的里程，但相較於世界級動輒百歲以上的文化出版事業，正值青春可為之時，後起者繼志述事，發揚光大，眾所共期。積善之家，必有餘慶，謹以此文，為三民邁向華人世界領先地位，獻上最深摯的祝福。

**【幸世間先生在本公司的著作】**

會計學（上）（下）

會計學題解

高職會計學

# 三民書局創業五十年感言

林瑞翰

今年七月十日，欣逢三民書局創業五十週年，擬出版《三民書局五十年》一書作為紀念，邀約學者著文共襄盛舉，我忝在受邀之列，因撰此文以附驥尾。

劉董事長與我相悉三十餘年，相知甚深。他最大的長處是勤勉、誠摯、仗義與疏財，故能在短短五十年中，由一草創的書局，迅速發展為我國最大的書局，而執出版界的牛耳。

據我所知，劉董事長最欽佩的前輩學者是薩孟武教授。薩教授是政府遷臺初期最負盛名的法政學者。薩教授為先父的好友，他的叔父薩君陸先生即先父的業師。民國二年，薩教授與先父同為政府選派赴日留學，入成城中學就讀，又同考入第一高等學校。其後先父入東京帝大攻讀經濟，薩教授則入京都帝大攻讀法政。抗戰勝利後，薩教授來臺，出任首任臺大法學院院長。當時公教人員收入微薄，生活艱困，薩教授每有匱乏，劉董事長輒奉金為助，約以撰書為報，而不計其字數多寡，其仗義疏財如此。

我與劉董事長初識於民國五十七年，我為三民書局撰寫《中國通史》。在撰寫期間，與劉董事長接觸甚頻，交誼雖淡而歷久彌堅。當時，三民書局出版的書籍多屬法政財經及社會思想方面，史學多屬近代史，通史此為第一部。

民國五十九年，全書撰寫完成，分上下二冊出版。但此書的出版並不順利，緣因書中在〈宋金對峙〉一章言及岳飛之死，引用宋儒馬端臨《文獻通考》及李心傳《建炎以來繫年要錄》的記載，說明岳飛得罪被殺的原因。我的目的，原想糾正世俗對古人的盲目崇拜，根據原始史料，探討歷史真象，不意因此惹來麻煩。一位陳姓退伍軍人，分別向警備總部、教育部、內政部及監察院上書檢舉及陳情，指控我歪曲史實，誣衊民族英雄，申請將此書查禁。劉董事長得到消息，建議我將書修改再版。我接受劉董事長的建議，將《文獻通考》及《繫年要錄》的二段文字刪去，增列若干岳飛的忠貞史料，然後再版。

警備總部接到檢舉，即將《中國通史》分別送請中央研究院史語所、政治大學審查，將審查結果作成七點結論，主旨云書中論述有歷史資料的依據，並非有意誣衊，然岳飛為民族英雄已成定論，應於再版時修正，並將審查意見函送教育部。教育部以此書業已修正再版，乃函達內政部，予以結案。

監察院接到陳情書，由該院教育、內政二委員會各派委員一人進行調查。調查報告主張大學用書應由教育部事先審定，始得出版，提交教育、內政二委員會聯席會議討論。陶百川委員以為憲法規定人民有講學自由，若大學用書須事先審查，有違憲法賦予人民的權利。會中有監察委員以調查報告未對我個人有所追究，指出我思想有問題，應請警備總部注意查究。陶委員說，監察權僅對公務人員行之，並不能以學術人士為對象，如果其思想有問題，也是警備總部等機構的權責。根據警備總部的結論，其思想並無問題，且該書在警備總部作成結論之前，即已修正，因此並無追究的必要。

岳飛事件的風波至是平息。在整個事件的過程中，我並未受到警備總部或教育部的訪談，未曾感受到所謂「白色恐怖」的壓力。我之所以不厭煩瑣寫出這些不愉快的回憶，一方面說明我與劉董事長的友誼是建立在如此坎坷的過程中，一方面欲使年輕的讀者了解三十餘年前臺灣的政治，在蔣家執政時代，政治是清明而平和的。

民國八十三年，三民書局又為我出版《中國史》一書。此書與《中國通史》內容不同處有三：一、《中國通史》記述內容較廣，舉凡政治、制度、學術、文學等皆各立篇章，《中國史》則以政治為主，將重要的制度附述於各篇之中。二、《中國通史》於近代史部分記述較略，《中國史》則加詳。三、《中國通史》記事止於政府遷臺，《中國史》則延續至蔣經國總統主政時代。

我年近八十年，疾病纏身，今後恐怕難有機會為三民書局服務，謹藉此三民書局創立五十週年紀念，祝劉董事長福壽綿長，三民書局業務日益擴展，永執我國出版業的牛耳。

【林瑞翰先生在本公司的著作】

中國史

中國通史（上）（下）

# 桃花潭水深千尺

## ——賀三民書局光輝的五十年

李雲漢

十多年前，我曾對一位外籍學者說過：

「臺北市的三民書局，是規模最大，信用最佳的一家書店，在重慶南路和復興北路都建有大樓，有極寬敞而設備完善的門市部。董事長劉振強先生是位艱苦奮鬥獲得成功的文化企業家，行政院新聞局曾經頒獎獎勵。」

我這一段話，是對三民書局的客觀評述。七年前撰述自敘傳《史學圈裏四十年》，曾將這段話引在書內。這看法，迄今未曾改變。

很高興，早在民國五十年代，我就成為三民書局的基本讀者。當時的「三民文庫」，成了我的基本讀物。錢穆、薩孟武、陶百川、吳鐵城、楊肇嘉、鄭通和、王覺源、姜超嶽、易君左、秋燦芝、毛子水、洪炎秋、毛振翔、吳相湘、謝冰瑩等人的傳記及回憶錄，都未曾放過。〈編刊序言〉中所談「書是人人必讀的；我們出版界的責任，就是要提供好書。」尤深獲我心。心理上的共鳴，已經隱然成形了。

初識劉先生並開始為三民書局寫書，則是民國六十九年（一九八〇）以後的事。

記得是民國六十九年夏天，劉先生突然來訪，希望我聯絡幾位史學界朋友，為三民書局寫幾部史學專著，自上古史直到近代史。劉先生很直率的說，和我並不相識，曾到商務印書館去翻閱我的著作，覺得內容、文筆都符合他所希望的標準，因而很冒昧的來找我一談。計畫中的近代史，一定要我親自來執筆。說起來，劉先生也是流亡學生出身，和我有相同的遭遇，他有心為歷史學界出版系列叢書，我當然欽佩他，感謝他，也願意為他做點聯繫工作。我曾與王仲孚、王壽南、逯耀東、宋晞、李符桐、陳捷先等先生接洽過，結果卻不理想，只王壽南、宋晞、李符桐三位先生一口應允，其餘諸先生則因時間不允許，無法立即承諾。李符桐先生書稿未完成，不幸於民國七十三年逝世，留下了無可彌補的遺憾！

我承諾寫的《中國近代史》，係大學用書。我的想法是：將學術專著與大學教科書融為一體，學術性與可讀性並重，而在體例、文字，都能表現出新的風格。花了近四年時間，於民國七十四年（一九八五）五月完稿，同年九月出版，是三民書局為我出版的第一部書。由於係大學用書，適用於大學歷史所、系，其他科系已感難以消化，專科學校就更無法消受了。劉先生因此與我洽商，將此書酌加刪節為另一版本，供專科學校採用。於是有了《中國近代史》的第二種版本，於民國七十五年（一九八六）三月出版。這冊書，似乎受到普遍的歡迎，已兩度增訂為新版本，迄今仍為一部分專科學校所採用。

《中國近代史》的兩種版本，係以三民書局名義出版；我的另外兩種著作，則係以東大圖書公司名義印行。一種是《盧溝橋事變》，於民國七十六年（一九八七）九月出版，係中國現代史學界，第一部論述盧溝橋事變的學術專著。另一種是我那冊《史學圈裏四十年》，於民國八十五年（一九九六）三月出版，是我從事中國近、現代研究四十年來經歷的自述。還記得，當我將這冊書稿送至劉先生辦公室後，他立即要祕書送交編輯部門，限期精印出版，對我的幾點不太符合「滄海叢刊」定例的要求，絲毫未有遲疑的全部應諾。

多年來，也不時收到三民書局的贈書。有的是應著作人的請託，如郭恒鈺先生的幾種著作即係託由三民直接寄來；有的則是劉先生親自送贈者，最有價值的一部書是三民書局編纂印行的《大辭典》。《大辭典》邀集了學者一百八十餘人，歷時一十四年（民國六十年至七十四年），始完成了這一巨大工程，為目前最完備、最確實、最精美的中文辭典。其完備與精確度，實超越商務印書館編纂的《辭源》多多。例如「一」字，《辭源》收辭目三五六條，《大辭典》則集有五五七條，成五與三之比。劉先生於《大辭典》篇首撰有〈敬告讀者〉一文，提到他決定編纂此一巨構的心意：

「際茲尖端科技，突飛猛進，新生事物，逼人而來，抱殘守缺，已無法適應。本人有鑒於此，願本區區報國之誠，與積年體驗之所得，為我文化復興大業，略效微勞，冀盡國民天職於萬一。」

劉先生乃一熱心愛國的文化人，以維護並弘揚民族文化為己任。此一「區區報國之誠」，自可以震聾發聵，立懦廉頑。我和他不常見面；但他每於歲末均親臨舍下，彼此抵掌傾談，於世變國是，所見略同，引為同調，正所謂知人知面更知心也。

臺北各大書店中，商務、正中、幼獅、聯經、臺灣五家，均曾出版我的著作，與負責人亦稱熟稔。中華、世界接觸較少，然曾與中華故總經理熊鈍生先生，世界今總經理閻初女士，均有文字約，寫過短稿與書序，故對之亦非完全陌生。這幾家書店的主持人，自也各有其專業修養與經營才華，然以眼光、氣魄、毅力，以及與學界人士間的融洽關係言之，較之劉先生，似覺略遜。此乃個人一己淺見，自無任何褒貶之意在也。最後亦願以由衷感佩之心情，為三民書局鼓掌致賀，並切盼其來日：

如日之升，如月之恆；

長執出版界牛耳，永為中華文化干城！（民國九十二年四月二十二日，臺北）

【李雲漢先生在本公司的著作】

中國近代史

中國近代史（簡史）

盧溝橋事變

史學圈裏四十年

# 為三民書局創業五十週年賀

李鍌

三民書局劉董事長振強先生，人如其名，是一位目光遠大，個性堅毅，深愛中華文化的文化人。我說他是文化人，因為他能用心於民族文化的傳揚。以他個人的力量，要刊印「古籍今注新譯叢書」，這種胸襟，這種抱負，只有熱愛傳統文化的文化人才有。三民書局在他主持下，能有今天的成就，出書六千餘種，展書二十餘萬冊，絕不是幸致的。

我認識劉振強先生，是從《新譯四書讀本》始，說起來已經快近四十年了。這本書是三民書局刊印「古籍今注新譯叢書」的首冊，由謝冰瑩先生主持，我和邱燮友、劉正浩三人聯合執筆。當時我們都很年輕，而且都在師大國文系任教，聽說劉先生計畫要編譯一系列文化叢書，想將中國古代典籍予以解凍，譯成白話，讓年輕的一代以及社會大眾都能閱讀，以提升人文素養，增進文化氣息，使民族生命的文化大動脈得以延續跳動。這份熱誠，讓我們感動，便毫不考慮地一頭栽進去，利用暑期三個月時間，夜以繼日，揮汗溽暑，分工合作，終於完成《新譯四書讀本》。

為了要使這本書能秀出於其他坊間的四書讀本，我們在義理上博采眾說，融會貫通；在文字上力求深入淺出，曉暢明白；並且附以國語注音，俾便於誦讀。結果原本只有三十萬字的稿約，我們卻寫到四十五萬言，讓書局增加了二分之一的篇幅。所幸這本書一炮而紅，深獲社會的迴響，也增強了書局刊印古籍今注新譯的信心。不過也因此而引起不肖書商的覬覦，竟然把本書改頭換面，抄襲出版。這事雖然令人生氣，但也感到欣慰。

嗣後又根據高中課程標準，以及國立編譯館的版本，選輯《新譯四書》的精華和合於時代精神的章節，編為《中國文化基本教材》，提供高中及五專學生使用。

《中國文化概論》是我應劉振強先生之邀，為三民書局寫的另一本書。這本書原來是劉先生託我，恭請我的老師陳泮藻教授執筆。陳老師是師大國文系資深教授，劉師培先生的高弟，學問淵博，由他來寫，那是非常合適的。可惜陳老師後來患上嚴重眼疾，遵醫囑必須長時間休息，不能看書，不能寫字，當然也就無法寫書了；可是這本書卻是各專科學校新學年開學時要用的教科書，不能耽誤。最後只好由我接手，又邀約了邱燮友、應裕康、周何三位教授，再次合作；大家宵衣旰食，焚膏繼晷，總算趕在暑假前交稿，沒有誤事。這本書雖然寫得匆忙，但是絕不含糊，我們從文化演進、家庭制度、政治制度、學術思想、教育設施、科學藝術、經濟情況、宗教信仰等各方面作全盤的析論，使讀者對中國文化有一整體的概念。

我對劉先生最感欽佩的，是他的勇氣和魄力，能取之於社會，用之於社會。民國六十年，三民書局創業不過十八年，根基甫定之時，即以復興文化大業為己任，網羅國內各領域的專家學者近兩百位，鳩資從事《大辭典》的編纂，歷經十四載，乃底於成。當時臺灣經濟尚未起飛，圖書市場又如此狹小，若非有大勇氣、大魄力和懷著一顆報國之熱心，孰敢如此放膽獨力而為？

編字典難，編辭典更難，編一部收字一萬五千字，收辭十二萬條以上的《大辭典》，其難度之高是可以想見的。而劉先生卻能發揮其堅毅的力量，衝破難關，完成這部輝映海內外的巨著，數十年來在臺灣的出版事業上無出其右者，唯有大陸的《漢語大字典》、《漢語大辭典》差可比擬。無論內容的選詞、釋義、注音、標點、書證，無不力求精到，即版面設計、排印、油墨、用紙、裝訂，亦唯完美是問。最難能可貴的，為了字體的美觀準確，完全摒棄一般坊間所使用的日本進口鉛字字模，另購製模機具，請人恭寫字體，重新鑄造銅模。迨教育部公布標準字體，又不惜毀棄已鑄好的數千個銅模，另行刻製。這種精益求精，力求完美，不計成本的精神，恐怕亦非一般從事出版事業者所能及。

三民書局創業五十年了。五十年的時光，在悠悠歲月中不算長；但在人生過客中也不算短；相信劉先生眼看他自己半世紀來奮鬥的成果，竟是如此輝煌，應該可以感到自慰與自豪。在此，我要為三民書局賀，我也要為劉先生賀。

## 【李鍌先生在本公司的著作】

新譯四書讀本（合注譯）

中國文化概論（合著）

# 「世界哲學家叢書」出書經過

韋政通

在臺灣過去的五十多年中，儘管曾經歷政治獨裁、言論不自由、特務橫行的白色恐怖年代，但整體看來，國民黨政權畢竟使這個缺乏資源的小島，做到百業繁盛、教育普及，一般人民的生活水平和文明程度，為中國數千年來所未有。臺灣之所以能有如此成就，當然有賴於許多條件的配合，其中一項重要的因素，我認為是：各行各業的人，只要有才幹、有遠見、肯吃苦，不去碰觸政治禁忌，都有很大的機會發揮長才，獲得事業上的成功。主持三民書局達五十年之久的劉振強先生，就是這眾多成功範例中很突出的一位。

三民書局創辦於一九五三年，從當年在衡陽路上的一間小門面，如今已發展成規模宏大的兩家門市部，陳列書籍逾二十萬種，三民書局及其子公司東大圖書，前後已出版各類叢書達六千餘種，對全世界的華人社會的知識提升有巨大影響，在中國近代出版史上，已奠定了不朽的地位。

我與劉振強先生相識較晚。一九八四年初，劉先生得知傅偉勳先生赴美十八年後要回臺灣的消息，他到新店家中來看我，除了要我安排他們見面吃個飯，並表示他很想出版一套哲學方面的叢書，希望我與偉勳共同負責主編的工作。其實偉勳與三民書局結緣很早，一九六五年就已出版過《西洋哲學史》，當時偉勳是臺灣大學哲學系的講師，還沒有赴美讀博士。偉勳離開臺灣後，除了一九七三年在臺灣發表〈美國近年來的哲學研究與中國哲學重建問題〉一文之外，幾乎和臺灣學術界沒有任何聯繫。

因主編「世界哲學家叢書」，我與劉先生有了較多的往來，親身感受到他這個人處事果斷，要言不繁，並能信守承諾。這套叢書根本無利潤可言，原先我們預計最多在十年之內可以完成，想不到一拖十九年，最近幾年臺灣書市景況日差，仍堅持總共出版了一百四十四種，如不是由於劉先生對學術文化奉獻的熱忱，以及對主編者進行過程中的諸多寬容，絕難獲得如此成果。

有人說，這套叢書的水準參差不齊，這是事實。但其中至少有三分之一的作者，在華人世界是一流的，對所寫的哲學家有長期的專研，足以代表華人在這一領域的學術水平。有少數年輕學者的作品，雖不夠成熟，只要他有朝學術方面努力的意願，我們為了在「萬事向錢看」的大潮之下，為保留少數讀書種子，基於鼓勵其不斷上進的考慮，也接納了這類作品。在對年輕學者的約稿過程中，我總是和他們反覆討論，提供一些意見。

這套叢書的作者，除了臺灣、大陸、香港，還包括新加坡、北美、澳洲、西德和加拿大的華人學者，日本、南韓的哲學家是由他們自己提供中文稿子。叢書雖號稱「世界」，但兩千多年來的世界上足以傳世的哲學家何止數百人？我們已約稿的對象中，至少有二十多人，因個別的因素未能交稿。在約稿上因偉勳交友廣闊，一九八六年後他到中國大陸四次講學，走遍大江南北，認識許多學者，如沒有這種機緣，叢書也不可能有此成果。

叢書的計畫，恰好趕上臺灣向大陸開放的時機。最初幾年我們約稿的對象，因無法包括大陸的學者，深以此為憾。豈料世事變化難測，一九八七年臺灣開放大陸探親後，兩岸之間學術文化的交流不但可能，且日漸頻繁，於是我和偉勳運用直接或間接的關係，廣邀大陸學者參與撰稿，最後大陸的撰稿人，占總數約三分之一。曾有臺灣學者向我提出，如此大量出版大陸學者的書，可能使臺灣喪失哲學上的發言權，我的想法是，如果我們真有這種危機感，就讓我們努力競爭吧！

約稿容易催稿難。偉勳四處約稿，催稿的工作多半落在我身上，有的作者拿了定金，然後不知去向，有的收了定金，十年也不交稿，基於對劉先生的責任感，我有時候一天要打幾十通國際電話，大陸上沒有電話的就寫信。在此過程中，因定金和稿費支付，皆由劉先生的祕書王韻芬小姐經手，她任勞任怨，自始至終。還有編輯部的幾位先生，他們付出的心血和耐心，對叢書計畫的實現，皆功不可沒。

這套叢書的內容雖不盡理想，但畢竟是中西文化交流以來的創舉。哲學和哲學史的寫作，必須在不斷累進的基礎上，才能提升寫作水平。當年我寫《中國思想史》時，歷史上有不少哲學家，乏人專門研究，叢書出版後，相信對這方面繼起的作者，可以節省一些精力，加強研究的深度。中國人研究西洋哲學，談何容易，這套叢書至少呈現出目前華人學者對西洋哲學理解的水平。

我與偉勳負責主編這套叢書，在約稿對象上，彼此尊重，在其他瑣事上，從未發生爭執，唯一發生的小爭執，是主編排名的順序，偉勳認為我年長，依照中國「長幼有序」的老規矩，我的名字應在前。我的考慮是偉勳的哲學專業和成就都在我之上，他應在先。因我人在國內，方便做決定，最後印出來的是他在前。偉勳的老師陳榮捷教授看到後，寫信給我，讚美我不依主編姓氏筆劃次序排名，以為是我謙虛，同時把這封信也複印寄給偉勳，使偉勳感到很委屈。從這些小地方可看出，偉勳雖在美國生活多年，依舊保有中國人的禮數，令人追懷不已。

【韋政通先生在本公司的著作】

孔子　　儒家與現代中國
董仲舒　　立足臺灣，關懷大陸
思想的貧困　　中國十九世紀思想史（上）（下）
歷史轉捩點上的反思

# 三民書局與學術研究

杜維運

中外歷史上學術研究重鎮，往往是藏書最多的所在地。石室金匱之書，是《史記》所以寫成的主要憑藉；蘭臺東觀的珍藏，促使《漢書》、《東觀漢記》問世。兩漢京師，祕籍薈萃，所以班、馬能「奮鴻筆於西京，騁直詞於東觀。」降及唐代，京師弘文館的藏書，已達二十萬卷以上，唐初八部正史（《晉書》、《梁書》、《陳書》、《北齊書》、《周書》、《隋書》、《南史》、《北史》）修成於京師，弘文館的藏書，應居首功。宋元以後，私人藏書漸多，學術研究重鎮逐漸由京師轉移地方。清代的江南，私人藏書遍佈，吳學與皖學並起，浙西之學與浙東之學互峙，遂非偶然。藏書關係於學術研究，在中國如此。

西方的歐洲，到十九世紀以後，學術研究到了巔峰。以史學而論，一般史學家醉心於史料的徵存，殫力於史事的考訂，隱藏極多祕密的檔案，在史學家的奮力爭取下開放了；藏書百萬卷的巨型圖書館，紛紛問世了。遠離囂塵的大學，也逐漸變成史學家及所有其他學者從事學術研究的重鎮，著名的大學，都有藏書最豐富的圖書館。以英國劍橋大學的圖書館而言，有 Copy Library 之稱，所有的圖書都有一本，學術研究，自然左右逢源，而不慮文獻的難徵了。

藏書豐富，靠源源不絕的出版。西方第一流的大學，都有水準極高的大學出版部；清代江南地區，大藏書家往往兼為大出版家，黃丕烈、鮑廷博、顧廣圻等，都是醉心刻書的大出版家，雕板鏤刻，曾無間息，佳篇巨製，琳琅於目，學術盛事，孰過於此！

我國自民國三十八年（一九四九年）大陸局勢逆轉以後，政府播遷來臺，動盪之中，百廢待興，書籍尤為缺乏。一般學人缺書，讀書大學中，只能從圖書館借書閱讀。無錢買書，亦無書可買。待局勢稍定後，出版家競出，五十年來，成績斐然，學術研究，遂得發展。出版家關係學術研究又如此，視之為商業家，又豈公平？

五十年來，三民書局異軍突起，像是傳奇。歷史的神祕每如此。

民國四十二年（一九五三年），一位自大陸飄流來臺的年輕人，憑著堅強無比的毅力，創辦了一個小型的書店，名字就叫「三民書局」，這位年輕人，就是一直主持三民書局的董事長劉振強先生。創辦伊始，只是零星賣書，逐漸擴及到編纂、出版、收藏、批發銷售。到今天，三民書局已出書六千餘種，收藏各類書二十餘萬冊。以賣書為名的書局，實際上已變成了圖書館、研究室，學術研究與之息息相關，三民之名，應垂青史不朽。

三民書局有一個人數達百人的編輯部，負責編纂、設計、校勘、印刷等事宜。遇到編纂特殊的類書，則另請專家負責。像耗資一億六千萬元，歷時十四年編成的《大辭典》，則敦請了一百名以上的學者參與，另外投入了二百名專業人員，其規模之大，令人讚歎！有計畫的出版各類叢書，如「三民文庫」、「滄海叢刊」、「宗教文庫」等，則直接促進了學術研究。因為有些博學的學者，沉醉於教書生涯，課堂之上，侃侃而談，下課之後，則不執筆，其學必與之俱埋九泉而後已。振強先生有鑒於此，數十年以「三顧茅廬」的精神，走訪學者，請其執筆，於是極為珍貴的學術研究成果，就被保留下來了。博學的學者，執筆不懶者極少，振強先生之勤，醫治了學者之懶，這不但功在學術，也應是學術上的佳話了。

我與振強先生已有將近四十年的交情。猶憶民國五十四年（一九六五年）夏天，與三民書局簽了一張寫四十萬字《中國通史》的合約，當時正值盛年，凡事樂觀，欣然執筆，寒暑不輟。寫到民國五十六年（一九六七年）春天，交稿時限已到，漢室猶在中興階段，何日民國肇造，不敢預期。於是頹然與三民解約，退還預支的稿費。振強先生極開明，不加刁難，不收預支稿費的利息，商業氣氛一絲不存。自此以後，變成好友。民國六十六年（一九七七年），我應聘到香港大學中文系教書，振強先生到香港，必來相訪，內子孫雅明設宴款待，振強先生每婉拒。拙著《與西方史家論中國史學》、《清代史學與史家》列入「滄海叢刊」，皆在此時。以後拙著《中西古代史學比較》、《憂患與史學》、《歷史的兩個境界》皆榮列「滄海叢刊」之中。一得之見，得以存留，出版家之功，筆墨難述。

值三民五十大慶之日，謹寫此文，聊表祝賀微意。

**【杜維運先生在本公司的著作】**

憂患與史學
歷史的兩個境界
清代史學與史家
中西古代史學比較
與西方史家論中國史學
史學方法論（經銷）
中國通史（上）（下）（經銷）
中國史學史第一冊、第二冊（經銷）

# 從三民想到胡適

黃守誠

民國九十一年，全世界及臺灣經濟最不景氣時，人人均在憂慮股市的蕭條、外匯的動盪。而我憂慮並傷感的，卻是重慶南路幾家書店的淒清和沒落。我童年時代便經常閱讀中華書局的出版物，沒想到前年門市部竟然不見了，代之的卻是一家餐飲店。黨國經營了七十年左右的大出版機構正中書局，原本最繁華地帶的六層建築大樓，出版品琳琅滿目，營業廳居然愈來愈小，最後只剩下小小的半層樓，且與一間咖啡店為鄰了。最體面的第一樓，取而代之也是一間餐館。我怎能想像，文化事業竟然只能以「日暮途窮」形容了。將來我到那裡去買書？去那裡尋找古今學術與新知呢？

其時，三民書局仍照常營業。那全臺北市書店中唯一擁有的手扶型電梯依然運轉；不過，看來有些少氣沒力了，顧客顯然相對的已然減少。又過了一段日子，有位朋友告訴我：「三民似乎將縮小營業面積了。」我有點吃驚。他再告訴我：「曾看到三民正在改裝，似乎在縮減門面。」我想，各家書店都在不景氣之下日趨蕭條，三民之受影響，應也是預料中事。

雖然如此，我還是親自到三民的重慶南路門市部跑了一趟。果然不差，一樓、二樓及三樓均有工人在拆拆、打打，各樓的書架、櫃檯等也大搬家。究竟是縮小局面，還是改弦更張，完全看不出來。問店中的員工、正在忙碌的工人，也得不到答案，似乎並不樂觀。工商業，特別是出版方面，歇業者已不在少數；此時此地，不關門便是大幸了，我想。

三民書局是我時常「光顧」的地方，也是常常替國外友人尋找典籍的地方。尤其是最近幾年，它出版及寄售的圖書，幾乎是應有盡有。很多稀有的科技著作、藝術孤本、文哲佳構，都可如願以償，各類新書又源源不絕，頗能滿足我的需求，使我對於書局的創辦和經營者，暗暗產生無限的敬佩。要知道，書是智慧、情思、靈感和博雅的產物，是人類最大的財富、最能不朽的資源。如果世上沒人在書的田野上持續耕耘、灌溉，我們的世界將是何等荒涼、貧瘠、淒涼呢？人類還有什麼希望呢？

讓我特別欣然的是，三民的人員對顧客的親切和友善。雖然它是營利的企業，但三、四個營業廳中，卻感覺不出一般的市儈味。有些書店裡竟然將「本店有監視器」等警告字詞，懸於許多醒目之處，視顧客為宵小之輩，也許是曾受到一些竊取之害，但在眾多聖經賢傳及絕代風華的作品環繞下，竟有如此刺目煞風景文字，可真有傷大體了。清人朱錫綬於其《幽夢續影》中說：「善賈無市井氣，善文無迂腐氣。」旨哉是言也。購物原應是件富有樂趣的事，在被視為宵小之下，還有什麼樂趣可言呢？

可是，如今這些樂趣，似乎愈來愈少了。像開明書店以前在大陸，青少年誰不知道？我在它的《活葉文選》中，便讀了不少名家大作；胡適之先生的〈差不多先生傳〉、徐志摩的〈我所知道的康橋〉、魯迅的〈故鄉〉等，我在小學時代，便已親近而咀嚼過了。不幸，它到了臺灣，一直僻居在早期的中山北路、中山市場的對面，冷冷清清，完全像沒落的子弟。三、四年前，中華書局也消失了，現在，連十年前尚是體面、壯大的「正中」，目前也躲到鄉間見不到了。出版、文化將伊于胡底啊？

不景氣，自民國八十九年起，我這不知經濟的人，也感到它之可怕了。而這種感覺，卻多半來自逛書店的觀察。現在，親眼發現常去「光顧」的三民書局，各樓的「變故」，遂更加重了我這書生獨有的感傷。經濟，它是什麼怪獸呢？竟然有如此大的殺傷力，人人難逃於其侵掠之外？另外有幾家大的出版公司，我雖沒常去，但聞知也受創甚大，只求支撐罷了。

就以這般踽踽涼涼的心情，有一天經過三民書局，突然感到眼睛一亮，發現它一樓的營業廳完全改變得煥然一新。這「煥然一新」是常見的名詞，但我竟找不出可以取代的用語了。從地板到四周，從書架到櫃檯，從光線到空間，從隔間到分類，從步道到電梯，全都讓人耳目有軒敞之感。原來經營一間書店，竟也似我們文學或學術探究者一樣，沒有止境。對於天才或英雄人物而言，困難和危境是限制不了他們的。在大多數人們、大多數行業，被不景氣這隻怪獸衝擊得難以逃生之際，三民書局卻表現了它的不凡的毅力，使我極感欣慰。我是個一直沉迷於書海的書生，對於一個堅持文化遠見、學術良心的事業，始終懷有無限的景慕，例如雖然主持及推動者均為國民黨，但卻出之以廣博、遠大精神的《文訊》雜誌；又如僅憑一所私立中學的力量，居然出版一份發揮教學功能的月刊——《明道文藝》，達二十八、九年之久；還有推動語文教育的《中國語文》月刊，從不間斷的出版了半個世紀以上，不能賺錢不說，甚且一直在賠錢的邊緣上，我怎能不常懷敬重之心？

而我偏偏又素有「尋根究柢」的呆氣，對於多年來常常接觸的三民書局之成長，特別是它在不景氣的災難下，反而更見壯碩，至為好奇。也沒多考慮，即撥電話給書局董事長劉振強先生，是祕書小姐接的，她立即安排了相晤的時間。

約晤的地點在復興北路的三民書局本部，比其重慶南路的更體面得多。「我的一切員工，都是考試進來的，沒有任何私人情分，一切公平。」這是劉董事長對我的總答覆，使我了解事業成功的基本原則。是的，有「不公平」這個小人在，企求偉大事業，烏乎可！

在告別後的回家路上，我想起胡適之先生與商務印書館的一段往事。民國十年四月，當時中國最大的出版家——商務主持人高夢旦到北平訪問胡先生，懇請他辭去北大教授職位，到商務擔任編輯主任，望胡先生千萬不要看不起商務的重要性。胡適當時回答：「我絕不會看不起商務印書館的工作。一個支配幾千萬兒童的知識思想的機關，當然比北京大學重要得多了。我所慮的只是怕我自己幹不了這件事。」

現在，八十個年頭已經消逝了。胡大師地下有知，對於他當年關心且重視的出版事業，起落興衰之狀，當更多感懷吧！而我，已將三民列為知友之一，祝福它年年月月，更見茁壯。因為劉董事長大中至正的領導精神，會克服一切險難，走向成功之嶺上的。

【黃守誠先生在本公司的著作】

劉真傳

# 一枝筆寫兩個人對三民的印象

馬驥伸

最早注意到三民書局，約在二十多年以前；任教新聞科系的我，對相關領域的出版動態特別關懷，發現三民書局不斷推出供大專程度學生參考的新聞傳播類譯著，是當時少數的先驅者之一。

民國六十年代初期，臺灣大專學校的新聞科系寥寥可數，學生人數不多，相關的專業譯著銷路有限，不是以耕耘為本、不計收穫的出版人，未必肯在新聞傳播這一領域投資。

多年後，我自己所作的《新聞倫理》，由三民書局出版；脫稿不久，收足全部稿酬，卻未見到三民書局有何推廣促銷動作。前後對照，印證我對三民書局在學術圖書出版方面不以計利為先的評估是確實的。我一向不指定學生「必購書」，三民書局不加給作者的連帶壓力，我極表讚賞。

在《新聞倫理》排印過程中，三民書局的作業流程與工作效率，使我印象深刻。總編輯自己拜會作者、簽約取稿，完稿到成書時間很短，送校稿錯漏極少，這一切顯現書局工作同仁素質甚高，品質控管嚴謹。

我和三民書局董事長劉振強先生正式聚談只有兩次，都是應他邀宴作陪，主客是我的另一半黃肇珩女士。

黃肇珩於民國七十年代初期，由新聞界轉入出版界。如她自己所形容：「出乎意料，更非出自本願，出任正中書局總經理。」雖曾在中華日報社長任內，也轄有出版部門，但對出版專業，她自覺是「生硬的挑戰」。她以新進的姿態，向出版界幾位重量級先進請益。和劉振強先生晤談，感覺他是毫無保留地誠摯傳授經營心得。她形容劉董事長是她跨入出版界的「啟蒙師」。

黃肇珩以正中書局總經理的身分，被推選為中華民國圖書出版事業協會理事長，六年任期中，這位被黃肇珩視為在出版界很「獨特」的劉先生，一反過去不參加協會活動的慣例，對黃肇珩及協會給予很多的支持，黃肇珩說：「我主持協會期間，只要伸出手，他一定全力『回應』。」

有「國際身分證」之稱的ISBN，在國外行之有年，黃肇珩就圖書出版事業協會立場全力推展這一「國際標準書號」，以促進臺灣圖書出版品走向國際化、自動化。在同業尚未充分了解ISBN的前瞻意義之下，不同兩派相爭持中，劉先生支持最力。黃肇珩在一篇文章中記述：「劉振強董事長對事情的判斷，總是既快速又準確，他有魄力、講義氣、重效率。他堅持採行國際標準書號，率先參與，他的堅定、積極，給了我極大的鼓勵和信心。」終於，在更多出版界和圖書資訊界有力人士加入支持之下，ISBN制度於一九八九年七月在中華民國出版界建立。

黃肇珩接任正中書局總經理初期，有人建議把過去門市業績不佳的衡陽路與重慶南路交叉口的正中大樓全部出租，以增收益，書局總部則遷往郊區。劉振強先生聽到傳說，向黃肇珩探問，他說，三民書局在重慶南路「書店街」的門市，原本計畫重新裝修，如果正中搬家，他也要另作考量了。

劉先生的話，使黃肇珩感受到「正中在出版界仍有它的影響力和權威性」，也深覺對重慶南路同業圈的共存共榮有一份責任，決定擴大門市營業，重整正中書局新形象。不久，重慶南路上，兩家老字號，相繼亮起新金字招牌。

幾年後，正中書局規劃在新店市建築書庫大樓，她又向這位同業先進就教，劉先生讚賞這項計畫，提醒儲存大量圖書，負載量重，建築結構和樓層地板的承重標準一定要高。黃肇珩接納忠告，督導建成了一座堅固而現代化的「正中復興大樓」。

今年七月十日，三民書局創業五十週年，我以一枝筆寫出兩個「三民之友」的記憶和印象。我們兩人共同的感覺，可以黃肇珩的一句話凸顯。雖然我們都深知一個龐大事業是由許多人努力合作推展起來；但是，她還是要說：「想到三民書局，先想到劉振強。」

## 【馬驥伸先生在本公司的著作】

新聞倫理

# 《新譯四書讀本》二三事

劉正浩

《新譯四書讀本》是三民書局「古籍今注新譯叢書」的第一種，民國五十五年九月初版。它那淺藍的封面，上方繪著三角形金色似祥雲又似浪花的圖案，雖說不出其中的含意，但看起來端莊典雅，令人喜愛。於是這一套叢書，就以相同的面貌，在振強先生鍥而不捨、多方訪求下，編譯的學者群漸由臺灣而擴及兩岸，把重要古籍分作哲學、文學、軍事、教育、政事、地志、歷史、宗教八類，注譯出一百多種。雖然在三民創業五十週年、出書六千餘種的輝煌成績之中，只占少數；但對發皇中華文化，促進兩岸學術交流，卻是最為宏觀而具體的貢獻。

注譯「四書」，是冰瑩老師與振強先生商定的。

瑩師民國前五年九月五日誕生於湖南省新化縣謝鐸山，那兒有一幢太師母辛勤積蓄了四十多年才蓋起來的兩層樓房，大門口掛著太老師親筆寫的「守園」門牓，門聯則寫著：「平生崇孔孟，守拙歸田園。」所以瑩師幼承庭訓，長而不衰，雖身為譽滿天下的新文學大家，當振強先生登門邀稿時，卻不急於發表自己的作品，而以弘揚孔孟思想為先務。

此議既決，瑩師就命李鎏、邱燮友學兄與我助成其事。當時我們雖在師大講授「四書」學科，並未作專精的研究，所以膽敢應允，除了師命難違，並為振強先生普及固有文化的宏願所感，只能用「初生之犢不怕虎」一語聊以解嘲了！

滿懷的忐忑不安，不懈地查考注譯，書出版後，意外受到師友的嘉勉，讀者的接納，一顆懸在九天之上的心，總算平安落地。最令我感動的，是瑩師年底交給我一冊讀本，扉頁上有幾行題字：

「舉我所知」云爾，非敢「必」也。

呈

冰瑩大姊教正

弟所不敬校 55、12、2

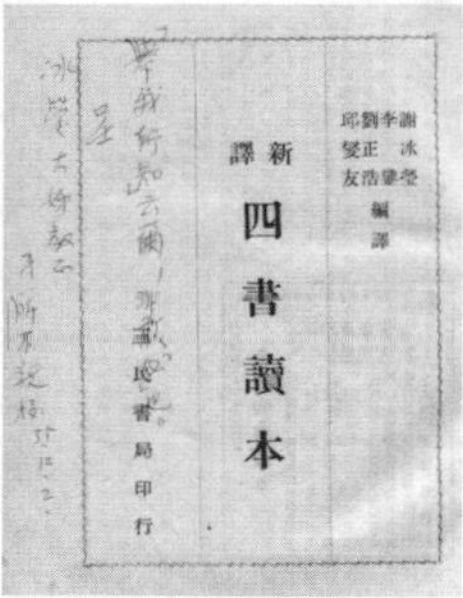


向瑩師請問之下，原來「所不」是何容教授的別號。他老先生竟悶聲不響，花費了三個月的時間，把《四書》本文旁細小的注音，從頭到尾、巨細靡遺地替我們義務校正一過！糾正得最多的，是把注成語音的字一律改作讀音，如「我」音「ㄜˇ」、「車」音「ㄐㄩ」、「六」音「ㄌㄨˋ」、「白」與「百」俱音「ㄅㄛˊ」等，這些字能全按讀音唸的，恐怕鳳毛麟角，百不得一。經他老人家不憚其煩地一一糾正，我才徹底了解國音字典所以區分讀音和語音，就是盼我們絕對不可混淆的道理。這使我受益無窮，日後朗讀課文時，也力求明辨，以免貽笑大方。音讀方面的缺失，再版時已盡量加以彌補；但何先生為此書所作的奉獻，身後尚不為讀者所知，卻成為我們永遠的遺憾。

讀本發行屆二十年，再版多次，振強先生基於精益求精的理念，決意重新修訂，並聘請賴炎元、陳滿銘二教授共襄盛舉。修訂本於七十六年八月問世，至今仍在一版一版地發行，滿足讀者不斷的需求，實在是始料所不及的。

日月逾邁，三民書局五十週年慶即將來臨，謹拉雜憶往，並試譯《詩・小雅・天保》之卒章，以表祝賀之忱：

如月之恆，如日之升。　像上弦月漸漸隆起，像旭日冉冉上昇。

如南山之壽，不騫不崩。　像南山一樣的長壽，永遠不缺損也不坍崩。

如松柏之茂，無不爾或承。　像松柏一樣的茂盛，舊葉尚在新葉已茁壯相承。

**【劉正浩先生在本公司的著作】**

新譯四書讀本（合注譯）　另校閱新譯養性延命錄

新譯千家詩（合注譯）

新譯世說新語（合注譯）

左海鉤沈

# 向三民書局致敬

李克讓

臺灣經濟奇蹟之締造，人民生活素質之提升，三民書局貢獻卓著。

想當年，五十年前吧！社會尚屬農業型態，工業沒有基礎，有的也僅只是修理業，像臺機、臺電修理廠等等，專門替泊來機械做安裝、保養和修理；其後民間工業有所謂「北大同，南唐榮」，中部有家從大陸來的天源鐵工廠，算是大工廠了，但工作依然是修理多於製造。及至如今，我們已可以自己造汽車、飛機、輪船……，甚至工業已突破傳統而邁入高科技，人家要幾百年的發展才達到的境域，我們幾十年就完成。

記得當年我們經濟正興盛時刻，英國首相柴契爾夫人來訪，稱讚說我們是教育成功的緣故，站在長時間從事教育，特別是工程教育者之立場，多麼高興聽到這樣的讚美。臺灣社會之有今天進步，自然是經濟發展之成果，而經濟發展，怎麼能忽略社會自農業，而工業，而高科技轉型之成功。

教育——特別是工程教育，是經濟進步之主力。想當年，有所謂克難時期，大學上課，教材除了幾門基礎課程有翻版書外，其他科目多是靠學生記筆記和老師發講義，不論老師和學生，都花太多時間在刻鋼版和書寫筆記上。市面有的是經營翻版書的不合法書局，合法的出版商稀少。縱然教授們靠自己努力，融會貫通學識、知識、常識與經驗的智慧結晶，但也只能用講義和手繪圖來教學生。大學工程教育太需要出版商的支援了，學生們太需要整本的書來學習了。

這時候三民書局創立，劉振強先生出現，他要肩負起為臺灣大專理工科系學生出版教材和專書的任務。記得當年我在成大機械系任教，和我的老師馬承九先生共處一室，坐在馬先生對面，經常會見到劉先生的身影，他來邀約馬先生寫書，也請馬先生幫忙介紹成大其他老師寫書，包括我在內。看到劉先生那麼熱情、真誠，大家都受感動，記得成大一度同時有數十位老師在為三民著述。

光陰似箭，日月如梭，轉眼間三民書局成立已五十年，僅出版不計其數的大專理工科系教材及專書一項，即已對臺灣工業發展做出了貢獻。所以說，三民書局是臺灣經濟進步的一重要功臣，該是實至名歸。

欣逢三民書局成立五十週年，敬祝

三民書局局運昌隆

劉董事長福壽康寧（二〇〇三年四月十一日）

## 【李克讓先生在本公司的著作】

磨潤工程——潤滑概論

## 創業難

毛共亂中原
群英聚海東
三民風被臺灣島
福爾摩沙啟華東

百業建　少年行
精神食糧奏神功
訪碩彥　覓俊英
刊叢書　印普本　編辭典
勤慎誠和以文會友事業與
共世紀老號　中華正中商務印書館
書店街上門芳豔

張存武

重慶南路老店成連棟
復興捷運站邊起高樓
三民風被臺灣島
福爾摩沙啟華東
用盡心血苦樂無窮
我亦流亡漢
數十年間友朋相聚
談世局述往事天上人間
如水友誼半生緣
雜言曼歌福祝
振強兄人壽事業雙全（民國九十二年五月二十九日於南港中研院近史所）

張存武先生，中研院近史所研究員。

# 鏤金刻玉的事業

## ——賀三民書局成立五十週年慶

姜穆

建設臺灣成為經濟奇蹟，知識扮演極重的角色。出版業在傳輸知識的過程中是供應站，鏤金刻玉，兢兢業業，是無法抹煞的一大功勞。三民書局初期以出版政治、經濟、社會、法律書籍為主要業務，但也旁及文學與主要經書，如口袋書曾出版過洪炎秋、謝冰瑩等的隨筆。我國主要經典古籍，三民書局出版者，無論編校、裝幀，都是最完善的，可以放心的閱讀與引用，不致有譌誤。

我國歷代出版，有官刻與坊刻（私刻）之分。當時官刻，主要是民間資金不發達，刻書困難，所以有崇文院（指宋代而言）到路、府、州、郡縣都有刻書的情況（歷代不一定相同）；私刻也一樣，除了忌諱，出版基本上是自由的。但不可否認，被禁的書也不少，自秦至清都有禁書的事實，清代在編《四庫全書》時，趁機銷毀的書籍更是不少。

歷代的刻版，以宋代最精緻，一向受到藏書家與版本學者、讀者所重視，現存的宋版已成為骨董，一般讀者很難看到真正的實物，只能從討論版本的書上看到部分宋刻書，形格的確是精湛無倫。宋版不僅重視雕版，墨色更為講究，據說，到滿清仍可聞到墨香。岳珂、福建建安余仲仁的雕版，受到專家學者的重視。官刻與坊刻當然不止這些，但流傳至今者非常有限，我們查到的資料，還能看到「五代兩宋監本考卷」與「註東坡先生詩卷」等刻本。至於裝幀，有冊葉、八眼、六眼等區分，也有巾箱本。巾箱本仿如今天的口袋書，便能攜帶，有此是為考試作弊之用。宋本雖無緣接觸，但《圖書集成》的武英殿版經手過，那種版本已夠精美了。眾多的出版業中，重視版本、認真編輯、注意裝幀、可以與宋版比美的，三民書局應是一家。

三民書局出版的書，至少有以下幾點特色：

一、絕少錯誤，作者、編者、校者都值得信賴。

二、經籍精準的白話翻譯、注釋現代化，且極詳盡，附有注音。古書會因讀音不同而有不一樣的意義，注音可以避免此一錯誤。

三、天無標點，雖然不是三民創的新例，但堅持到底實屬不易。

四、線裝既牢，且便於閱讀，無論多厚的書，都可攤平，減少閱讀者的疲勞。

五、天地留白夠多，便於註記。

六、後注就在當頁中縫，或當頁之後，便於了解作者引用書籍及所言的意義。

此六端只是個人的小小發現，看似小事，影響甚大。即以第六項來說，給讀者便利，大別於列在章節之後的注釋，一旦翻檢，中斷思維，則了無情趣再讀。所以注在中縫或當頁之後，實在是一大便利，這些都是三民在管理上的成功。

得拜識劉董事長振強先生，記得是民國六十年代在歷史博物館的一次書展，當局規定大型出版機構須布置一間示範性書房，以作參考。三民盡其巧思，只以最少經費，搭一間有詩情畫意的書房，給人極深刻的印象。幾枝竹子，背景用畫布，燈光襯托日出景象，一個讀書環境就這樣形成。劉先生是位企業家，為人和善，氣定神閒的看工人施工，沒有老闆的架子，對任何人都很友善。

三民書局門市工作人員受到完善的訓練，只要說得出書名、作者、出版者，幾分鐘就能把書送到你手裡，如何能將工作人員訓練到這種程度？令人敬佩又驚奇。這種熟悉書目的情形（甚至內容），從經理到櫃檯工作人員都一律如此。

出版業更需要重視管理，這是企業成功的重要因素，三民書局門市的工作人員，如有三、五年的歷練，雖未讀圖書館系，起碼也是半個圖書館學士，可以出任任何書局門市的主管。一家百貨公司最多上萬種貨物，一家普通的書店就不止此，何況三民書局重慶南路與復興北路兩門市各有五個樓面的賣場，書的種類何止二十萬。不過書店門市多數已電腦化，管理較前更有效率。

政府遷臺已五十四年，對出版以外的行業有融資、減稅、紓困種種支持與鼓勵，出版業則任其自生自滅。三民書局於民國六十四年復成立東大圖書公司吸納前述的著作以外的書籍，筆者也在東大和三民出版過三本書，都不暢銷。三民書局未把資金回收列入考慮，真是出版家的風範。

三民書局資金、人力漸告穩固後，民國六十年即著手編印《大辭典》，七十四年《大辭典》終於面世。筆者為什麼單獨提起這本《大辭典》？因為這是繼《說文解字》以來第五部大詞書的出版，更是政府遷臺以來的第一部巨獻。據《中國字典史略》載，《說文解字》收九三五三字、《玉篇》原有一六〇〇〇字，後增至二九七〇〇字、《類篇》收三一三〇〇字，《康熙字典》收四七〇〇〇字、《中華大字典》比《康熙字典》更多（不完全的統計），《辭源》收入一萬多字，《辭海》收一三〇〇〇字、《大辭典》收一五一〇六字。以收字論，《大辭典》名列第五。字書和辭書分別不大，除詞頭字，音義大致相同，不同的是所收複合詞的多寡與收新生詞的區別。詞典具有百科全書的雛形，在這學術日新月異的文化積淀中，《大辭典》收入新生詞較多，故適用範圍較廣，查法也較便利，附錄更廣泛，一目了然。

《大辭典》動用學者、專家、編輯近二百位，新寫新刻銅模六萬餘，工程浩大，為五十幾年來最大規模的投資，光參考書的購買、圖書館的使用就是空前了。對一位企業家而言，這的確需要魄力與能力。

如知識果真是財富，出版界已經適當的扮演供應者，三民書局是出版界的重鎮，劉振強董事長已展現其才華與魄力。以上不過略舉三民書局巨獻之一二，實在未能完全描繪三民的成就與貢獻。耕耘是辛苦的，收穫是甜美的，五十年來三民是以計天下利的襟懷，去經營這不朽的事業。

【姜穆先生在本公司的著作】

烟塵

三十年代作家論

三十年代作家論續集

# 做傻事的人

郭恒鈺

一九八八年底至一九八九年初，我在臺灣大學擔任客座教授，在一次飯局上結識三民書局董事長劉振強先生，同時談及我有一門課是講授「德國近現代史」。劉先生邀我第二天參觀三民書局的現代化設備，其實這是「引子」；當時劉先生表示，他有意出版有關歐洲各國文史叢書，因為在這方面，臺灣的出版業還要急起直追，三民書局願為開路先鋒，因此要我寫一部「德國通史」。劉先生劍及履及，馬上簽約，預付稿酬。當時我因為工作關係，沒有時間撰寫中文書稿，但是劉先生的敬業精神，給我留下了深刻的印象，還是接下了這個「寫作任務」。

三年後，一九九二年，三民書局出版了第一本《德意志帝國史話》，從日耳曼人的大遷徙談到一九一八年德意志帝國的崩潰。一九九九年，接著發表了第二本《德意志共和國史話》，討論威瑪共和十四年的內政與外交。今年三月，我交出原稿《希特勒與「第三帝國」史話》，扼要地敘述在希特勒世界觀的主導思想下，「第三帝國」的興亡。沒有劉先生的一再鼓勵與鞭策，這部「德國通史」不會如期完成，當然欠下了「筆債」

也是原因之一。

在與劉振強先生的多次長談中，知道他在這五十年的出版生涯中，「做了很多傻事」。其中之一就是出版三冊《大辭典》。幾十年來，我們能夠使用、參考的辭書只有《辭源》、《辭海》這些過時的東西。「因受戰亂之累」，是一個因素，但不是唯一的原因。誠如劉先生所說：「於此類巨籍，大都捨重就輕，補苴罅漏而已足。」換句話說，在這個現代化的功利社會中，沒有人願意做這種傻事。

在「區區報國之誠」和「復興文化大業」的理念下，劉振強先生領導三民書局同仁，出資出力，嘔心瀝血，歷時十有四年，完成《大辭典》三冊巨著，這是中國出版事業史上的一件大事。從事文化工作的人，可以以劉振強先生為楷模，做點「傻事」。

**【郭恒鈺先生在本公司的著作】**

德意志帝國史話
德意志共和國史話 1918–1933
希特勒與「第三帝國史話」
德國在那裡（政治・經濟）
德國在那裡（文化・統一）
統一後的德國（主編）
共產國際與中國革命
俄共中國革命祕檔（1920–1925）
俄共中國革命祕檔（1926）

# 我所認識的三民書局

余英時

我知道有三民書局是很早的事，因為先師錢賓四先生晚年的專書和論文集幾乎都是三民出版的。錢先生的著作我一向收集得相當完備，包括他隨時贈給我的專冊。在上世紀七十年代，因為研究和教學的需要，我感到最困難的是無法搜尋錢先生歷年來在各學報和一般刊物上所發表的論文，特別是關於學術思想史的部分。不料正在這個期間，錢先生將他的散篇文字收集了起來，依照時代先後，輯成《中國學術思想史論叢》，一共八冊，出版者是東大圖書公司，其實即三民的一個分號。我當時的高興真非筆墨所能形容。從此我不用再到圖書館去遍翻陳舊期刊，更加上一道影印的麻煩。我先後不知多少次向我的美國同事和研究生，推薦過這套《論叢》。

但是我自己和三民直接發生聯繫，則在錢先生去世之後。劉振強先生最先通過友人傳達，後來又直接通信，希望為我刊行一冊有關紀念錢先生的文集。這便是《猶記風吹水上鱗》，出版於一九九一年。這第一次的經驗給我留下極好的印象。編輯人員認真，校對精細，錯誤已減少到最小的限度。事實上，如果還不免於有誤植，那也是我自己的最後校讀不夠謹慎所致。不過此書確有一個通體皆錯的有趣例子，讓我借這個機會指出來，也許有再版的機會時可以改正過來。本書出版後，有朋友問我：為什麼把「著作」、「名著」、「專著」的「著」字幾乎一律都寫成了「着」字？這個笑話是這樣造成的：我在行文中凡是「看着」、「有着」之類，用的都是「着」字，編輯部同仁很認真，依今天臺灣流行的慣例，改為「著」字。這是約定俗成，本應從眾。大概我當時受心理習慣的支配，對「看著」、「有著」的「著」字不大能適應。所以在校樣中我建議一概改回「着」字。由於我的「一概」兩字的指示不清楚，而編輯人又執法如山，其結果則是書中所有的「著」字都改成了「着」字。這個校勘史上的新例當然必須由我負完全的責任。特指出以博讀者一粲。

自《猶記風吹水上鱗》出版之後，我和劉振強先生逐漸熟識了起來。他為人熱情，我每次回臺北，必先約定相聚一次；相聚則必以他創辦三民書局的文化理想見告。有一次他還領我參觀進行了多年的把各體漢字輸入電腦的龐大計畫，真令人歎為觀止。這一設計，為用無窮，確是一項重要的文化貢獻。由於他的關照，多年來我得到三民的種種照顧也是屈指難數。以我在三民先後出版的幾本書而言，其中有一、二冊，常為大陸學人索取的對象。東大印行的《陳寅恪晚年詩文釋證》是最後定本，大陸學人知有其書而無緣得見。早在一九八六年大陸官方所指定一位寫手出版了一冊《陳寅恪晚年詩文及其他》。這位寫手寫了四十多頁的大字批判，卻將我的原文五篇，共一百六十多頁，放在「批判」的後面，作為「附錄」。廣州花城出版社印行此書之前，連招呼一聲也沒有過，更不必說取得我的同意了。但大陸學人能讀到我這幾篇早期文字，倒是得力於這部變相的「盜版」。所以，我在美國遇見大陸來的文史學者，他們往往向我索取原書，先後已不下百冊。我每次向三民求援，並聲明願意照作者的折扣付書費，但三民都堅不肯收。贈書之外，有時還要貼上郵費；這件事使我十分愧疚。關於《釋證》，還有一個插曲值得記下來。東大「滄海叢刊」的《釋證》定本是一九九八年一月出版的，而同年三月廣州花城竟又重印了一九八六年的「盜版」。我不知道其中是不是有「銅山西崩，洛鐘東應」的效應。無論如何，這至少是一個值得玩味的「巧合」。我舉此一例，以見三民對我的厚待和慷慨。其他類似的事情還多得很，我只有銘記於心，不一一縷述了。

但最後我還要特別感謝三民書局對於大陸流亡學人的支援。一九八九年六月以後，大陸許多專家、作家、詩人流落在美國，幾年之後，美國的支援逐漸減少，他們的生活不免發生困難。我往往推薦他們將書稿寄給三民書局，也許有機會出版，以稿酬貼補生活費用。事前我曾和劉振強先生談過，希望他儘可能在一切規章允許的範圍內，給予優先考慮，他慨然一諾無辭。通過這個方式，三民實在積了不少「雪中送炭」的功德。當然，這些學者和作家之中，很多都是大陸上第一流的人才，出版他們的作品是完全合理的。但問題在於出版業畢竟逃不了市場供求律的支配。三民不計盈虧，接受了許多流亡作者的書稿，這是和劉先生的文化理想分不開的。其中還有一個最特殊的例子，感我最深。九十年代中期，我有一位大陸研究生，在最後一年已沒有任何獎學金的支持，生活陷於極端困難的狀態。在萬不得已之餘，我向劉先生求救，問他肯不肯接受一個寫書的合約，先付給這位研究生一筆稿費，使他可以度過目前的難關。劉先生連問也不問，便一口答應了下來。後來這位研究生完成了學位，回到大陸任教，一兩年後也履行了交稿的諾言。今天這位青年學者在大陸上已建立了堅實的學術地位，成為各大學爭聘的對象了。我個人固然感到安慰，劉先生的文化理想也沒有落空。讓我借此最後一個事例，慶祝三民書局創業五十週年的成功。（二〇〇三年五月十五日）

【余英時先生在本公司的著作】

猶記風吹水上鱗——錢穆與現代中國學術
中國文化與現代變遷
民主與兩岸動向
陳寅恪晚年詩文釋證
論戴震與章學誠——清代中期學術思想史研究
歷史人物與文化危機

# 臺灣文化的推手「三民書局」

孫得雄

我和三民書局的結緣，當回溯到一九八五年，三民書局出版了我所寫的《人口教育》一書。雖然以前，在臺大做研究期間（一九五○年代），也常常到重慶南路的三民書局找資料，但一直到寫該書的時候，才和劉振強董事長有比較密切的接觸。劉董事長為人誠實，熱心文化事業，在我撰寫該書的時候，就給予充分的支持和鼓勵，出書後更不遺餘力地推廣；透過電話或寄來的卡片，處處能感受到他的為人誠懇，實難能可貴，令人感佩。三民書局出版的書已達六千多種，為我出版這麼一本書，本來是區區小事，但劉董事長從不小看此事，使我非常感動。

另一件令我感佩的是他對政府出版品推廣的協助。當我在行政院研考會擔任主任委員的時候，為了推廣政府出版品以促進政府和民眾的溝通，讓民眾多了解政府的作為時，第一位響應的是三民書局的劉董事長。他立即答應在書局增設一區，陳列政府出版品，並和研考會簽約。從此以後，到三民書局就可以買到政府的各種出版品，不但方便學者，也促進民眾對政府的了解。我退休後仍常常到三民書局，買一些政府出版的統計書或專書，覺得非常方便。

三民書局所展出的書多達二十餘萬冊，可說樣樣齊全，連我為空中大學寫的《人口學與家庭計畫》也出現在該書局的書架上。我的孫子們很喜歡到三民書局，一進去就忘記要回家。我想這並不只是這些小朋友，大部分的人都有這種感覺。每次進書局就看到很多人忘我地看某些書，讓我覺得我們的社會是有希望的，下一代青年是有為的。這要一部分歸功於書局的作為。書局把環境整理得那麼地舒適，又有可以坐下來看書的地方。這裡雖然不是圖書館，但已扮演了圖書館一部分的功能。

我最高興的是，三民書局除了重慶南路的老店之外，也在復興北路中山國中捷運站旁開了一家比重慶南路店還大的門市，地下一層、地上四層，舉凡文具、雜誌、教科書、各類專書、政府出版品……樣樣齊全。這書局離我住的地方只有步行十分鐘的距離，出去散步順便逛書局，是人生一件樂事！

值此三民書局創業五十年之際，謹誌此慶賀三民書局的發展與過去的貢獻，並表達對劉董事長愛護的謝意！（民國九十二年四月十日）

【孫得雄先生在本公司的著作】

人口教育

高職社會科學概論——倫理與道德

# 回顧來時路

許倬雲

三民書局是臺灣頗為知名的出版公司。深藍色的封面（編按：指「古籍今注新譯叢書」），是讀者十分熟悉的標誌。許多日常使用的書籍，由四書五經，詩文詞曲，以至通俗讀物，無不可在三民的書單中找到。我的書架上，有一排整齊的藍皮書，即是平日可以隨手檢查的文史讀物。

「三民書局」的名字，不禁令人聯想到「三民主義」。因此，我還曾經誤以為是與國民黨有關的出版事業；當時還認為國民黨文宣工作頗有雅量，居然可以一絲不帶「黨味」，頗為難得。直到有一次，在錢賓四先生府上侍坐，因為賓四先生昔有數種著作由三民出版，遂於閒談中，以此相詢。賓四先生慎重說明：「三民」者，三位創辦人合作的書局也。前年與劉振強先生握晤，提起這段舊事，更得到當事人的證實，而且，承劉先生見告，兩位創業伙伴，均已遷徙美國，三足鼎已成為擎天一柱了。

中國的出版事業，若由隋唐五代算起，應有一千年以上的歷史。唐代雖有雕版刻印，未必是刻印書籍，可能以印刷佛像為主。佛像與佛經同見一版，可謂刻版印刷書籍的濫觴。後蜀毋氏，曾刻印儒家經典及《文選》、《初學記》、《白氏六帖》等書。宋太祖也知道毋氏刻書的名聲，是以宋代開國以後，毋氏仍是刻印學術書籍的著名出版家。五代刻書大家，以江南蜀中為多。畢昇創為活字排印，印刷事業進入新階段。活字印刷，方便迅速，印刷量大為增加。宋代印書種類繁多，數量巨大，全國南北均有著名的書坊，尤以福建建寧的余氏書坊，世代相繼，達五百年之久，傳世之永，長於國祚！五代印刷，除了「教科書」類的書籍及宗教讀物外，又多了大量通俗讀物（例如小說、戲曲……），明代的印刷術進步，既有銅版活字，也有彩色套印，於是出版種類更為周全。自宋至明，以品質與數量論，中文的印刷品，當為舉世之冠。一本好書，字體、墨色、紙質無不精妙，不啻一件藝術品。當時，朝鮮也有相當精良的印刷技術，但在出版數量言，遜於中國。日本則不斷由中國輸入出版品，通華船隻，每每載運書籍。

近世西學東漸，上海曾是現代出版事業的中心。一九二〇及三〇年代，商務印書館為出版界的翹楚。中華、世界、開明……等出版社，也都各有可以稱道的出版品。那一段蓬勃的氣象，實與三〇年代的種種建設互為表裡。日寇侵上海，商務印書館為轟炸目標之一，即是有意毀滅中國文化的再生力量！

八年抗戰，又接著是國共內戰，連年烽火，百姓求死未遑，哪有餘暇讀書？因此，出版事業不絕如縷。一九四九年，海峽一衣帶水，分隔大陸與臺灣。臺灣稍得喘息，出版事業也逐漸復甦。但是，當時甚至沒有自製的字模，必須取給東鄰。五十年來，篳路藍縷，由無到有，由有到好，這一番經驗，當是六、七十歲世代的讀者與出版者共同走過的道路。其中辛苦，如寒天飲水，點滴心頭！

早期在衡陽路與重慶南路的一些老字號：商務、正中、中華……都是大陸事業，在地重起爐灶。在臺灣起家的新字號，如聯經、中時、學生，以至近年崛起的天下文化、城邦、麥田……都各有所長，已儼然取代了當年那些老字號。三民書局創業五十年來，至今出書六千餘種，展書二十餘萬冊，時間跨度及涵蓋範圍，均為同業中所僅見。

我與三民結緣，為時較為晚近；去年始由三民書局出了兩冊《倚杖聽江聲》，收集五、六年來的多篇文字。其實，在此以前，由舍親李楨處，已久聞劉振強先生做事之篤實，待人之誠厚。是以去年與劉先生締交，也是一見如故。今年《倚杖聽江聲》已經問世，能將一些舊文集為二帙，庶幾便於方家通人指教，也是一段文字緣。

我曾兩次拜訪三民書局，親見劉先生企業管理的規模與氣度，為之欽佩。三民書局印書，十分注重字體，為此特設專門單位，研發電腦排字的字體書法。當時參觀這一部門的工作情形，目睹工作同仁們修整字形，一筆不苟，其功夫之細緻，令人遙想宋明刻書高手的雕版藝術。一千餘年來，印刷術由木版而至電腦排版，科技的進步，不可以道里計，然而中文書法字形之美，則千餘年來，能夠一脈相承，中國印書不必借資日本字模，則端因劉先生用心之苦，費力之勤，始得以有此成果。

內人曼麗經常去三民訪書。她最為欽服之處，在於電腦查檢的制度，三下兩下，一本書在哪一個書櫃的哪一段，立刻隨手取得——這是三民企業管理的另一特色。三民能經歷五十年，越走越旺，確實有其所以至此的原故。功不唐捐，三民書局五十年的成功，劉先生的努力，無疑是重要的因素。天行健，君子以自強不息，劉先生的大名，已透露了能成厥功的祕訣。謹以蕪文，祝劉先生仁者長壽，智者無憂，領導三民書局精益求精，日新又新，堂堂進入另一個五十年。（序於南港）

【許倬雲先生在本公司的著作】

倚杖聽江聲（一）（二）

# 最能關照作者的出版商

于宗先

接到逯耀東和周玉山兩位主編的來函，始知今年（民國九十二年）七月十日三民書局創業五十年。為了慶祝其五十年來的發展歷程，將出版《三民書局五十年》。他們希望我能寫點東西，表達我對三民的感受與看法。身為三民書局老闆劉振強先生的老友，面對這個有意義的日子，我豈能漠然視之？

我與三民的關係，主要從認識劉老闆開始。到底始自何時、在何場合，我已記不清楚。大致說來，該是民國七十年代的事。直到最近六、七年，因為一位共同朋友的關係，始有較多的機會接觸。我這位朋友，家住紐約，每年他被邀返臺審查參賽的文學作品時，劉老闆總是作東，宴請五、六位老友，大家在一起，東扯西拉，十分熱鬧。

在認識劉老闆以前，我就常聽人說，三民的劉老闆很夠朋友，非常關照學術界的朋友，並樂意為他們出版教科書和專著。在民國四十年代至六十年代，大學教授的待遇不高，有出版商為其出版書稿，換些稿酬，對他們的生活會有很大的幫忙。在當時，三民是採取一次賣斷的方式，即在成交時，得到一筆稿費以後，不管賣多賣少，不再有其他收益。可是劉老闆並不如此，當他賺了錢，總是還要回饋作者，每屆春節前夕，劉先生再送一筆錢給作者，好讓他們有個豐富的年節，這使作者喜出望外。正因為這個緣故，很多教授願意將自己辛苦撰寫的教科書送給三民出版，有時，劉老闆知道那些教授很有學問，他就先送一筆稿費，鼓勵他們將書寫出來。至於什麼時候交稿，劉老闆很大方，完全憑作者自己決定。這種鼓勵學者出書的方法，在世間倒是少見。據我所知，有些學者直到退休之後才交稿。有些在人文方面有卓越表現的學者，到晚年時，生活比較艱困，劉老闆會自動地幫他們出版那些有學術價值但銷路少的書，從而使他們的生活得到改善，也因此，他交結了很多學術界的朋友。

民國七十九年，老友孫震教授將多年來累積的文稿，集成《邁向已開發國家》書稿，交由三民出版，乃引起我的興趣。於是我也將累積數年的文章，以《經濟發展啟示錄》，請劉老闆考慮是否可出版？劉老闆毫無猶豫，就接受了我的書稿，以「三民叢刊」2號問世；孫震的書稿為該叢刊的1號。到了八十二年，我又累積了些文章，以《蛻變中的臺灣經濟》為書名，請三民出版。劉老闆沒有拒絕，以「三民叢刊」67號問世。對於這兩種書的問世，三民有沒有賺錢？我不便問，也不敢問，怕他的答案是「沒賺錢」。到了八十三年，有些朋友勸我，不妨將我年輕時，在報章雜誌發表的新詩，集成書出版，我接受了他們的建議，彙編成《劫餘低吟》詩集，然後，我懷著矛盾的心情，到設在復興北路的三民書局辦公室去見劉老闆，請教他能否出版，劉老闆面有難色，不便當面拒絕，答應說：三民可以代為出版，不過考慮到銷路，無力再給稿酬了。我自己也想到：這些新詩都是三十年前的創作，現在的年輕人怎會有興趣讀它！對於劉老闆的答覆，我很滿意，也很感激，因為三民出版後，我可購買若干冊，作禮品贈送老友，讓他們再回味一下，當年在艱苦生活下，我還能發表那麼多感情豐富的新詩。其實，我當年發表新詩，一方面是為了興趣，另方面是為了賺稿費，用來彌補我讀臺大時的生活費用。

到了民國八十六年，我又累積了些文章，計畫按其性質出版兩種書：一為《臺灣經濟發展的困境與出路》，一為《大陸經濟臺灣觀》，為怕碰壁，我先將每本書稿的綱要，交給劉老闆看看，是否有出版的價值，劉老闆未置可否。之後，即使有數次見面機會，我也沒勇氣問，他也不好意思開口，至此，我總算領悟到：劉老闆在過去為我出版的幾種書可能是虧本的，但為了面子不得不應付一下，可是他又不能永遠虧本下去。唯礙於面子，他又不敢直接答覆我說：「老兄，饒了我吧！我已無力再為你出版新書了」。如果他這樣說，我會下不了臺，那時，我該多窘！也許，這就是劉老闆保持沉默的原因，這樣，我們再相聚時，仍可嘻嘻哈哈，若無其事。

出版社之出版新書，不完全是為了賺錢，但也不能一直虧本下去。劉老闆為我出版的兩種經濟論著可能歸為「不完全是為了賺錢」。大家都知道，臺灣的學術市場很小，一般讀者對經濟論述的書籍，多不感興趣，因此出版這類的書籍，賺錢機會不大。

無論如何，劉老闆在我心目中，是位最能關照作者的出版商，事實上，他不僅為有意義的書而出版，而他對人文之類的書稿有很深厚的鑑賞力；他也是一個品味高的編輯，本身雖不是書法家，他所主導的中文電腦排版字體的寫字工作，卻為中華民族創造出最優美的字體來，供大家利用。他雖不是學院中人，但對學問之品味卻相當的高。總之，我認為劉老闆不僅是出版界一位篤實的棟樑，也是值得學術界尊敬的一位摯友。

【于宗先先生在本公司的著作】

經濟發展啟示錄

蛻變中的臺灣經濟

# 為仁者壽

白樺

一九八八年以前，我對臺灣出版界一無所知，只聽說臺灣零星出版過我的一些作品，我並不以為那是盜版，因為八十年代之前，兩岸不僅沒有文化交流，連音信也不通。臺灣讀者能讀到我的一點習作很不容易，倒是我應當感謝他們才對，作家寫作的目的之一，不就是爭取讀者的了解嗎？

我正式在臺灣出版的第一本書，就是在三民書局出版的《遠方有個女兒國》了。這是我自己很重視的一本書，故事以大陸一段離奇、慘痛生活為背景展開的（也是一幅純樸的原始母系氏族社會，與扭曲、紛繁而動盪的「現代」社會並行、交織著的奇特圖畫），它注入了我多年來對文化、自然、政治和歷史發展的思考，並權衡了人類的得失。給我印象最為深刻的是，三民書局編輯群的敬業精神，他們竭力做到爭取速度和技術上的盡善盡美。那是一本封面設計既大氣而又典雅、並具有民族特色的書。那年夏天，一個偶然的機會，在美國明尼蘇達的一位朋友家裡，和三民書局的董事長劉振強先生通過一次電話。後來陸陸續續從風塵僕僕來往於兩岸的編輯先生們，以及部分訪臺的大陸作家們那裡知道：三民書局出版文藝作品並不營利，而是具有某種保留文化遺存的目的，為此我很感動。那時，我的結論是：劉振強先生！仁者也！後來，我只要有作品在臺灣出版，就把稿件交給三民書局。

之後，陸續在三民書局出版了《溪水，淚水》、《流水無歸程》、《遠古的鐘聲與今日的迴響》、《哀莫大於心未死》、《沙漠裡的狼》等小說、戲劇。因為我的這些作品都不是供人在茶餘飯後消遣的暢銷書，並不能給三民書局帶來利潤，內心總是有些歉疚。書中的內容一如我自己的經歷，沉重而無奈，但這些又都是大多數尋常中國人的生活歷程。例如我的劇本集《遠古的鐘聲與今日的迴響》，其中含三部話劇。第一個劇本〈吳王金戈越王劍〉寫的是戰國時代的一個歷史教訓，第二個劇本〈槐花曲〉寫的是南宋的一個悲劇，第三個劇本〈走不出的深山〉描繪的是今天的一幅鮮活畫卷。而貫串起來，它們之間又似乎有某些聯繫。是的，那聯繫就是中國人作繭自縛的絲絲縷縷。

一九九二年出版的長篇《哀莫大於心未死》，是我的一本嘔心瀝血之作，實際上也是我們這一代人痛定思痛的反思。追求高尚的革命理想，實現最終點社會公正，解除生民的疾苦。一代、兩代、三代中國人的慷慨赴死，視死如歸……書中主人公像我一樣，是一個倖存者。若干年後，生活告訴他，他遠不如無數倒在戰場上的前驅們幸運。因為前驅們只種下了種子，花朵盛開於想像之中，卻沒有嘗到果實，果實一定是甜美的麼？未必。我相信歷史將證明它只不過像一切嚴肅作品那樣，真誠地、懷著善良願望描繪了二十世紀中國人的一段刻骨銘心的曲折，同時發出一聲長歎，只是我並不知道歎息也有如此響亮的回聲，如此而已。

一九九五年出版的長篇小說《流水無歸程》，寫的是與當今生活幾乎同步的故事，反映了當代中國普通人為了發展所付出得高昂代價。權力與金錢的神奇交易，魔術師一般的發跡，江洋大盜般的掠奪，沒有規則的殘酷遊戲，力量懸殊而又無公平可言的競爭。無權而又無錢的人們，為了出賣或者不出賣尊嚴，在心底裡展開的矛盾。所有這一切都在當時和後來的生活中得到驗證，今天仍舊像濁流那樣繼續在緩緩地流動著。我總在希望讀者能像我一樣貼近生活，看到生活的方方面面，從而變得成熟些。

絕大多數中國人認同這麼一個觀點：臺灣是中國領土的一部分。我這個中國人卻從來都無緣訪問臺灣，所以對臺灣——包括三民書局，沒有任何具體感性的印象。香港朋友吳正先生曾經與劉振強先生見過面，又加上吳先生的前輩中，有人曾經是劉振強先生的朋友，吳先生也就對三民書局創業與發展歷程有了比較多的了解，吳先生的轉述，補充了我對三民書局認識的不足。他所介紹的情況，又和我間接得到的印象完全相同。三民書局不僅是一個堪稱兩岸第一、出版了六千餘種書籍的巨大出版機構，也是一座當代不斷豐富的文化寶藏。

躬逢三民書局五十大慶，謹以此文，為仁者壽。

【白樺先生在本公司的著作】

遠方有個女兒國
遠古的鐘聲與今日的迴響
溪水，淚水
哀莫大於心未死
流水無歸程
沙漠裡的狼
陽雀王國

# 走過半世紀的出版業老店

## ——三民書局

邱燮友

### 一、作者、出版業者、讀者三者是命運共同體

讀書人與書為伍，在周遭的環境中，書必然日益增加，每日坐擁書城，是人生的一大樂事。作者絞盡腦汁製造出一本書，出版業者不斷行銷新書，讀者購買新書來消費，因此作者製造新書，出版業者行銷，讀者消費，三者之間是命運共同體的生命鏈。

魯迅曾說：「牛要不斷地喫青草，才能夠擠得到新鮮的牛乳。」他的意思是把作者比喻為牛，青草是閱讀新知，牛乳是作者寫出來的作品。作者要廣泛的閱讀，才會有好的作品問世。而一般讀者要大量閱讀，獲得新知，以滿足人們的求知欲；同時，努力讀書，可以改變命運，開拓視野，創造事業，展現生命的前程。然而，溝通讀者與作者之間的橋樑，便要仰仗出版業者不斷供應書籍，才得以維繫三者的平衡。

### 二、劉振強先生具有出版家、企業家的風範

我認識三民書局的老闆——劉振強先生，是由謝冰瑩老師介紹的，當時三民書局想出版一些古典書籍，加以整理使它現代化、通俗化，成為人人能閱讀的書籍。於是

謝老師找我和李鍌、劉正浩四人與劉先生見面，策劃《新譯四書讀本》的編寫細則。在以後數十年交往中，劉先生誠懇寬厚、講信用，處理事務從不苟且，是一位守信用、講原則的出版家。他對讀書人非常敬重，維繫讀書人的氣節和風格，在亂世重利的社會，很難得見到一位如此有操守、有風範的企業家。

## 三、三民書局的命名與擴展

在民營書局中，「三民書局」的名稱很特殊，不知道的人以為是黨營的書局，很容易聯想到與「三民主義」有關；其實不然，當初他們成立書局時，是由三人合夥，因此命名為三民書局，在書局成立之初，劉振強先生是從衡陽路上與人共用一個店面做起，他們是一群白手起家的年輕人，有智慧、有理想，用勞力和生命建起的事業。他們的店招「三民書局」是前朝王孫溥心畬所題的字，溫潤堅實而有書香氣，屹立在臺北市重慶南路陽光下、和風中，已走過五十個春秋。不但如此，他們更擴大成立東大圖書公司、弘雅圖書公司，還在臺北市復興北路成立一座圖書館式的大書店——三民書局總公司。今歷數三民書局在出版界的成就與貢獻，略舉大端如下：

## 四、「古籍今注新譯叢書」的出版

三民書局第一部古籍今注新譯的書，是《新譯四書讀本》，對古籍原文作一番音讀、注釋、語譯、文章分析的整理，使其適合現代人閱讀。在民國五十五年九月出版，封面用藍底白字，封底是三民書局的金色標誌。第二部是民國六十年四月出版的《新譯古文觀止》、六十二年的《新譯唐詩三百首》等，至今出版「古籍今注新譯」類的書，已多達一百多種，對古籍的現代化、通俗化的推廣，對中華文化的延續與拓展，影響至大，貢獻至巨。

## 五、《大辭典》的編纂

每一家大書店，都有一部字典或辭典，作為「鎮店之寶」。三民書局從民國六十年便開始策劃完成一部辭典，當時有鑒於商務印書館的《辭源》與中華書局的《辭海》編纂的年代已久，未適合新時代的需求，希望編一部辭典，與時代的脈動配合。從開始到完成，我一直參與這項艱辛的工作，動員編纂委員多達五十六人，分科編纂委員五十八人，編輯及校對人員二十七人，歷十四年始完成，其特色是每個字頭配合教育部所公布的標準字體，每條詞的引文，經校對人員一一核對原文。字和詞的選擇，也經過統計歸納，然後依學科分類，平均分配選詞。這是一部本土經營架構起來的辭典，三民書局動用極大的財力和人力完成的一部工具書，是近半世紀在出版界浩大的工程。親身參與此項編纂工作者，雖勞苦不堪，當書成後，由日本印刷裝訂成品，由貨櫃運回臺灣，開箱展讀，欣奮莫名，溢於言表。

## 六、電腦字體的摹寫

由於三民書局出版《大辭典》，都是由銅模刻字，漢字銅模來自於日本，在筆劃上有很大的出入，因此排《大辭典》的字型，又要配合教育部所公布的標準字體。近十年電腦排版才普遍使用，《大辭典》以及小型的《新辭典》、《學典》，都是用鉛字一字一字排成的。如果用電腦排印，則方便速成多了。由於資訊業的發展，三民書局採用資訊化的科技，將所有書的出版，改由電腦處理。但電腦也有盲點，尤其中文電腦。中文字約五萬字，加上日本、韓國的漢字，以及大陸的簡體字，總數約在七萬字左右，哪家中文字碼能提供七萬字的字碼？幾乎全世界尚無此軟體。三民書局劉董事長有鑒排《大辭典》所吃盡的苦頭，希望從電腦上得到彌補。他發憤寫五、六套排版用字體，每一體寫六、七萬字，分方仿宋體、長仿宋體、明體、楷體、黑體，然後找美工人員來寫，輸入電腦修正。這份工作本應由文建會或教育部來做，結果落在民營出版社負起這種前瞻性又艱巨的大工程，花費十幾年的人力、財力和心力，完成了幾套漢字的標準字體，這是一項偉大的文化事業，在劉董事長的督導下，完成了這項使命。

## 七、結語

日夜如流，歲月易得，猶記得在念研究所時，有一天，經過重慶南路，三民書局正好在開學期間圖書打折，我進去買了一套清代劉寶楠的《論語正義》，那是民國四十七年的秋天。從那時候起，我發現三民書局書的種類很齊全，老闆又和氣。更難得的是我由書局的讀者變成了作者，與劉先生結識了將近五十年，成為莫逆之交的好友。

我在三民書局或東大圖書公司至少編寫了十幾種書，每當一種新書出版時，就滿懷喜悅地如同誕生了一個新生的孩子。現在我們的年歲大了，我該喊劉先生一聲老兄或老弟，多保重身體，希望明年春天，一起去陽明山看櫻花、曬太陽，或者到北海道喫一碗拉麵，然後到札幌喫一雙長腳帝王蟹，這是人生，何等快意的人生。（二〇〇三年四月十日）

**【邱燮友先生在本公司的著作】**

新譯唐詩三百首　　大學國文選（合編）
新譯四書讀本（合注譯）　　階梯作文(1)(2)（合著）
新譯千家詩（合注譯）　　國學常識（合著）
新譯古文觀止（合注譯）　　國學常識精要（合著）
新譯世說新語（合注譯）　　國學導讀（一）～（四）（合著）
中國歷代故事詩（一）（二）　　詩葉新聲
童山詩集　　唐詩朗誦
品詩吟詩　　唐宋詞吟唱
中國文化概論（合著）　　散文美讀

# 我負三民一筆債

黃慶萱

曹操的文治武功，歌行慷慨，我是相當肯定的。但是他說的：「寧使我負天下人，不使天下人負我！」我卻期期以為不可。我的意思是，天下人負我，固然使我痛苦；知道了這痛苦，我就不忍負天下人了。偏偏有時事與願違，我與三民書局簽約撰寫《新譯周易讀本》，三十年來卻不能完稿。心中不免感到虧欠，倒是事先未曾簽約的書，由三民書局陸續出版了五種。

記得一九七四年間，承好友吳怡的推薦，三民書局劉振強董事長來拜訪我，告訴我刊印「古籍今注新譯」的計畫，希望《周易》一書由我執筆，並預付稿費一半，當場簽了約。我想：我學位論文寫的是《周易》，在臺灣師大教的是「周易」，而且教學講義也已寫了不少，〈繫辭傳〉以下，吳怡答應由他來寫，我只負責六十四卦經文和〈彖〉、〈象〉、〈文言〉三傳，三年交卷不會有問題。誰料到，報刊約稿、會議論文、海外講學，連接不斷，《周易讀本》只能時斷時續地寫，寫好的就寄給《孔孟學報》，先後發表了：乾、坤、屯、蒙、需、訟、師、比、小畜、泰、否等卦釋義。一九八〇年，三民書局編輯主動蒐集影印，以《周易讀本》為書名出版。到一九八八年，居然也三刷了。此後又寫了同人、大有、謙、豫、隨、蠱、臨、觀、噬嗑、賁、坎、離、震、艮、巽、兌。一九九二年，三民書局出了「增訂初版」。後來，雖還寫了幾卦，但漸覺釋義體例不善，連在學報發表的興趣都沒有了，要寫就得從頭重來。好在吳怡《易經繫辭傳解義》已單行出版。《新譯易經讀本》也由三民書局另請郭建勳教授撰寫完成。我預收的稿費，曾面還劉董，但是劉董不肯收，還說：「你繼續寫，什麼時候寫成，什麼時候交稿，我不催你！」就這樣，讓我一直覺得負約負人，愧疚在心！

就在《新譯周易讀本》簽約那天，我把撰寫中的升教授論文《漢語修辭格之研究》清稿請劉董過目。劉董問：「大學有沒有相關的課程？」我答：「有，修辭學。」劉董把稿快翻一遍，大約有五來分鐘，說：「三民可以出，但書名要叫『修辭學』。」就這樣，一九七五年元月，我的《修辭學》由三民書局初版發行，同時以《漢語修辭格之研究》為名加印了一百本，作為申請升等的著作。此書初版本分由「表意方法的調整」、「優美形式的設計」討論了三十種修辭格，前有前言而後無結論。承臺灣師大與教育部學審會先生們牽成，升等通過了。蒙讀者諸君厚愛，到二〇〇〇年，此書初版五刷，二版十刷，好像滿受歡迎的樣子。還有，雖然版權一次賣斷，過年時劉董經常兩萬、五萬地留下紅包，推也推不掉，更使我過意不去。新世紀之初，我著手增訂，前立《緒論》，後補《餘論》，中間討論辭格，在定義、舉例方面，都有些改動與增補。微末的心意，乃在使以辭格為中心的修辭學，能更具體系地呈現，算是對前賢、讀者和劉董的一種報答。

《中國文學鑑賞舉隅》，是我和許家鸞合著的。其中《古文新探》、《小說析評》、《新詩測試》由我執筆；《散文欣賞》則出於家鸞之手。一九七九年由三民書局關係企業東大圖書公司初版。一九九二年，國家文藝基金會曾向臺灣大專院校師生作問卷調查，此書經票選為一百本適合大專學生閱讀的中外古今文藝作品之一。三民書局出版的書，入選於百本中的，還有《新譯唐詩三百首》、《三國演義》、《紅樓夢》、《新譯古文觀止》、《泰戈爾詩集》六本。本書到一九九二年，已經四刷。

《新譯周易讀本》雖然尚未完稿，但《易》學方面的文章，卻寫了一些：有談《周易》名義、內容、大義、要籍的，有論《周易》數象與義理的，有探討《周易》時觀的，有析論「元、亨、利、貞」的。還談到《周易》與孔子的關係，《易》言「乾道變化」與宋儒「理一分殊」說的比較。此外，討論了《周易》中的神話傳說，以及其文學價值。結集後取名《周易縱橫談》，一九九五年承東大圖書公司惠予出版。

在學術園林中，我像一個永不悔改的老頑童！時而逛到語言文字的園區，對漢字特質、虛詞詞性指指點點，還發現孤立的漢語竟然也有屈折的現象。時而闖入義理的聖壇，探視人性的善惡，格物致知的奧義，且對飄零在朝鮮的花果，品評微笑。流連於文學的山麓水濱，拜訪《詩經》中的象徵；探視《易經》中的模稜語；還企圖從歷史、現象和理論的整合中，為文學園地畫出界線，並討論形象思維與文學的關係。這此文章結集成書，取名為《學林尋幽》，同樣在一九九五年由東大圖書公司出版。

《與君細論文》的書名，當然脫胎於杜工部〈春日憶李白〉一詩。書名頗費思量，本來想以「樽酒論文」為名，可惜我不能酒。其實用「相與細論文」也不錯，或本「重與」有作「相與」的。這樣在作者、評者、讀者間，暗示著一種溝通的期盼。此書內容大致屬實際批評，包括了〈小說天地〉、〈散文世界〉、〈詩與戲劇〉、〈文學批評的批評〉、〈學術評論〉，共四十篇評論文章，一九九九年承東大圖書公司出版。

《周易縱橫談》、《學林尋幽》、《與君細論文》三書，初版至今仍有存書，可見銷售有限。暢銷與否當然不是三民與東大印書的唯一考量，就此而言，個人雖感歉負，書局出書方針卻令人敬佩。

「信者不約，約者不信。」我就以這兩句《老子》上並沒有的話，向三民書局致上「信者不約」，為我出版了五本書的謝意；與我「約者不信」，《新譯周易讀本》未能完稿的歉意。

【黃慶萱先生在本公司的著作】

修辭學
周易讀本
中國文學鑑賞舉隅（合著）
周易縱橫談
學林尋幽——見南山居論學集
與君細論文

# 與劉振強先生所結的文字緣

胡佛

我廁身學術界已四十多年，在一九七〇年代初即進入臺大教學，算是政府遷臺後，早期由國外返臺的年輕學術工作者。當時的臺灣社會確實有如「文化沙漠」，不但學術研究的風氣不盛，出版界更是一片荒蕪。學者縱有佳著也不易出版，我現時仍可清晰回憶：很多教授的講課教材，不管內容如何豐贍與精湛，也都是交由學校專設的講義組人員刻寫鋼版，油印少數，散發學生了事。這不僅對學術研究無多激勵，且影響到知識的普及與整體文化的發展。但要如何突破這一困局，使「文化沙漠」逐漸變成「文化綠洲」，既需學術界的振作，也需出版界的努力。兩者之間，出版界尤其重要，因除掉主事者須具備學術文化的識見與願景外，還要兼備經營與管理的長才。也就是要集理念與實務於一身，這就大不易了。我時常有一個感觸，即作為一個學者，只要專心一志地鑽研學問，其功總不會唐捐，而要出現一位大有成的出版家，則非常難得。實際上，自我國文化受到西方衝擊以來，百餘年間，具有現代觀念而大有成的出版家，真是屈指可數。我的業師王雲五岫廬先生是早年五四文化運動時代推動現代出版事業的佼佼者。岫廬師自修苦讀，學識淵博，從政後也饒有事功，但我卻認為岫廬師的最大貢獻還是在出版事業，一時開啟讀書求知風氣，提振了學術文化，而且為現代化的科學管理，作出卓越的示範。回看五十年前的臺灣，文化環境較早年大陸五四時代更為艱困，但在這樣的困境下，步武王雲五先生，以一人之力，披荊斬棘，為出版事業開闢另一片新天地的，不能不首推劉振強先生。劉先生隻身來臺，創建三民書局，數十年來，胼手胝足，苦心經營出版與行銷，不斷灌溉學術文化，大有益於臺灣知識綠洲的建立。現已出書六千餘種，展書二十餘萬冊，在兩岸皆列前茅。劉先生成功的故事是一部傳奇，我只能將多年來與劉先生的交往作一些記述。

我在大學就讀時代，即對當時的威權體制頗有意見，後來在大學任教，基於知識分子的良知，常在報章雜誌發表有關的議論文字，這在某些當權人士眼中是大逆不道的。不過我也受到不少關心人士的鼓勵，其中最令我感動的則是前監察委員陶百川先生。陶先生為人正直，老成謀國，是我一向所敬仰的長者。他見我的文章已積有不少，累促我編印成集，好讓社會更多的人士可以看到。一日我忽接到劉振強先生的電話，說要前來相訪。我當時並不識劉先生，且我的住所僻處郊區大湖的一座小山坡上，不易尋覓。我乃一再擋駕，但隔日劉先生仍提了一盒禮品來到寒舍。在接談之下，才知陶先生遇到劉先生，談起促我編印文集的事，劉先生聽後一口承擔由他促成其事，交三民書局編印出版。感於劉先生的善意，我不得不告訴他：我的文章很具爭議性，不要為他招來麻煩。他說只要有益社會，有何不可？劉先生的熱忱與擔當，今我十分感佩。但我的政論文集終因我忙於學術研究及其他雜務一直未能編成，很辜負陶先生與劉先生的期許。

我與劉先生一見如故，每談到陶百川先生的道德、文章，劉先生即推崇備至，認為是現代中國知識分子難得的典範。有一次在劉先生邀宴的文酒之會上，他告訴我陶先生已八十餘高齡，他要出版一部陶先生著作的全集作為祝壽，也可讓陶先生將畢生的事蹟及思想作一全盤的整理，以啟迪後世。我說陶先生的著作甚豐，一部全集不下二、三十冊，能出版問世，實在是一大手筆，也是知識界一大盛事。不久陶先生即來電說，劉先生有此盛意，他不可卻，將勉力收集各項著述編一全集，但要請陳立夫先生與我作序。我答我是後生小子，何敢為這一巨著作序，只能恭寫一讀後感。既是讀後感，就要細讀陶先生的所有大作。我乃商請劉先生協助，由三民書局的編輯先生多次送來樣稿，便我參閱寫作。後來我的讀後感仍被作為序言，放在集前，使我既慚且感。

劉先生不僅推崇陶先生，也對許多前輩學者尊重有加。我的另一業師薩孟武先生是我國政治學的巨擘，對憲政體制尤有精闢而獨到的見解。劉先生特商請薩先生撰寫了一本有關中華民國憲法的專書，而成為憲法學的名著。但薩先生過世後，我國憲法經過一再的修改，面目大變。劉先生非常憂心憲政的前途，在數年前，特邀我商談，望我將薩先生的名著加以修訂增補，並強調此事非我莫屬。我也覺得當時社會流傳有關憲政的若干訛說，實有加以澄清的必要，於是答應一試。但正在構思時，當政者又再度推動修憲，且另有廢憲之議。在如此浮囂的政局下，我對憲政的前途十分失望，且覺孟武師如仍在世一定也會痛心疾首，我只得擱筆。再辜負劉先生的錯愛，很感疚歉。

我雖研究憲法，但多年來致力最勤的則是發展以權力關係為核心觀念的整體理論及分析架構，而從行為的觀察至文化，再至體制，憲政只是其中的一個部分。我根據這一架構進行了若干經驗性的研究及體系解析，窮年累月，發表了許多篇論文，自覺尚富創意及學術理論上的意義。但要將這些論文編印成集，必得好幾冊才能容納得下，而且相當專門，也不若一般書籍能夠普銷。因而在六年前當我的研究室同仁望我編印論文集，方便教學及推展經驗研究的參考時，我就有點躊躇。後來想到劉先生推動學術的熱忱與遠見，以及對出版事業的投注，乃決定先探詢劉先生的意見。果然劉先生答允全力支持。學術論文很重視規格，特別是我的研究更多統計圖表，不能有絲毫出錯，乃與劉先生相約，由我研究室的同仁參與打字編排，我自己校訂，終於圓滿完成。文集的總名是《政治學的科學探究》，共包括五冊，分別是：《方法與理論》，《政治文化與政治生活》，《政治參與與選舉行為》，《政治變遷與民主化》，《憲政結構與政府體制》。我常覺得國內政治學的研究要達到國際水準，首須科學化。我的這些研究不過是拋磚引玉，但也是較完整的嘗試。我想，劉先生與我一樣高興這部著作的問世。

自劉先生來寒舍相訪，從此以文字結緣二十餘年。時光一瞬即逝，但從中可以看出劉先生對學術文化的非凡貢獻。現所創建的三民書局已達五十年，我特以這一短文為慶，並為劉先生壽。

**【胡佛先生在本公司的著作】**

中華民國憲法與立國精神（合著）
政治學的科學探究（一）——方法與理論
政治學的科學探究（二）——政治文化與政治生活
政治學的科學探究（三）——政治參與與選舉行為
政治學的科學探究（四）——政治變遷與民主化
政治學的科學探究（五）——憲政結構與政府體制

# 與三民一起走過五十年

張錦源

回顧五十一前（民國四十一年），為了求學，甫從窮鄉僻壤的苗栗鄉下來到臺北，在當時無異是土包子下江南，劉姥姥進大觀園。因正值光復後的幾年，學校（臺大法學院）圖書館圖書十分貧乏，尤其中文書籍更是闕如。求知若渴的青年學子，多前往當時的書店街——衡陽路逛書店。記憶所及，當時的衡陽路有三省、東方、正中、虹橋、提拔等書店。至民國四十二年七月，忽然發現衡陽路又多了一家書店——三民書局。初遇三民書局劉老闆時，我心裡猜想此人可能是伙計或小開吧！印象所及，劉老闆看來一點都不老，雙目炯炯有神，說起話來中氣十足，頗具老總架勢。

## 偷看書的年代

當時我們鄉下來的學子阮囊羞澀，無多餘的錢買書，只好以打游擊方式，將書店當成圖書館，在書店「偷」看書蔚為風潮。所幸書店的伙計們尚能原諒我們此番行徑，未把我們趕出去。爾後將近二、三年都這樣「偷」看書過日子，藉此得以準備國家高普考試功課。很幸運，我在這三年間先後通過普考及高考，在當時就業很困難的時代，由於有高考及格證書，就業問題就迎刃而解了。

在此期間，臺北的書店街漸漸地移轉站前重慶南路一段。三民書局也移轉重慶南路一段六十一號，不論在當時或目前，都是一家規模相當大的書局。

預官訓練結束後，即前往武昌街中山堂附近的中信局服務，因距重慶南路不到二百公尺，得地利之便，幾乎每天中午休息時段便前往重慶南路逛書店，一家一家地逛，其樂無窮。到了民國四十八年左右，三民書局開始推出甚受歡迎的一系列大專用書，記憶所及，其中有鄭玉波教授的大作如《民法總則》，是膾炙人口的名著，法商科的學子幾乎人手一冊，三民書局藉此奠定大專用書牛耳。

## 購書階段

民國五十年代，臺灣經濟起飛，努力拓展外銷，諸如紡織品、運動鞋、香蕉等輸出旺盛，賺取不少外匯，同期間出版業亦欣欣向榮，紛紛出版高品質書籍。三民書局所出版一系列的法商大專用書、袖珍型的文學叢書等等，皆頗受好評。

我因已就業，口袋稍豐，所以有能力購買不少新書，以充實自己，蓋因知識就是力量，有知識才有不倒的優勢也。至於學生時代的「偷看書」行徑，則已大大收斂。

總之，在民國五十年代，我國企業努力拓展外銷，把臺灣的產品輸往國外之際，我則在公務之餘，努力從事知識的輸入，遍讀有關經貿法律的書籍及期刊。

## 整編出書階段

到了六十年代，我因輸入的知識已相當多，對輸入的知識加工後予以輸出蠢蠢欲動——即將學習所得予以消化，整理出書。民國六十年代，雖遭遇第一次能源危機，但在我國企業的大力拓展對外貿易下，創匯甚多。時勢所趨下，企業界人士都熱心學習經營貿易，我則在多所大專院校兼授國貿實務，也在企管顧問公司及大企業的內部訓練班教授國貿實務，久而久之累積不少講義、筆記。記憶猶新的是，某日忽然異想天開，抱著一大堆講義去拜訪劉老闆，探詢是否有意代為出版。我既非教授也非名人，講義印起來起碼也有八百頁，三民書局是否肯冒險為一無名小卒出書？心懷疑慮。未料，劉老闆僅以精明的眼光翻一下講義後即爽快地說：「好，願意出版。」並破例要為我出版精裝本，劉老闆的爽快允諾，令我受寵若驚，心存感激（這也就是為什麼我以後的著作十多本都交由三民書局出版的緣由）。第一本書《國際貿易實務》（現已改名為《國際貿易實務詳論》）在三民書局努力下終於出版了，其排版精良，封面美觀，媲美藝術品，令人愛不釋手。我在序文中引用 Charles Molley 的話說：「『如果沒有對外貿易，本島將會是個怎麼樣子？對百姓來說，那是個閉鎖之地，而他們將只不過是與世隔絕的隱士罷了；對外貿易給我們帶來了財富、榮耀和偉大，它使我們名揚四海，舉世尊崇。』這句話印證於今日的臺灣，仍然是至理名言。」出人意表的是，這本既厚又貴的書居然銷路還不錯，前後已再版二十次以上，最近一次是於九十一年八月修訂的，可說是一部長銷的書呢！

民國六十年代，正值臺灣對外貿易起飛，致力外銷事業之際，大專國際貿易科系則成為最熱門科系，因此，有關國貿的書籍銷路都很好，我則趁機於民國六十五、六年間再度完成「巨」著（約一千頁）《英文貿易契約實務》（民國七十二年改名為《貿易契約理論與實務》）草稿，詳介英文貿易契約的撰寫實務，劉老闆獲悉此事，即力邀由三民書局出版，亦以精裝本問世。我在序文中寫到：「國際貿易上的任何一筆交易，其開始、進行及完成，都須經過複雜的手續，因此，我們從事貿易，訂定貿易契約時，必須以慎審的態度，將交易當事人間有關的權利與義務，作正確、清楚、詳細、完整的規定。讀者如能仔細研讀，詳加體會，靈活運用，相信可訂立穩妥的各種貿易契約書，防範無謂的貿易糾紛事件，進而開展貿易業務。」此書印刷精美，封面設計高雅，頗為讀者欣賞。據悉不少企業界的中高層人士、律師界、會計界及顧問師等購讀此書。由於此書具實用性，因而前後再版多次，最近一版預定將於九十二年八月左右出書（書名再更改為《英文貿易契約撰寫實務》）。

劉老闆可謂白手起家，是一位帶領三民書局一步一步走向頂峰的人，他經常邀請教授、老師、作家、文化界人士撰寫各種受歡迎的書籍。前面已提及，六十年代我國對外貿易擴展甚快，有關經貿書籍需要孔急。由於對外貿易的共同語言為英文，唯坊間有關對外貿易的英文書籍並不多。劉老闆有一天問及，不知有誰可以寫一本關於「貿易英文」的書？我當時即毛遂自薦，願將手邊的筆記資料加以整理後成書。劉老闆表示：「希望越快越好！」我則以「慢工出細活」回應，於是耗費將近兩年的時間，終於在民國六十七年間又完成了另一部「巨」著《貿易英文實務》（約九五〇頁）。我在序裡說「在撰寫方法上，我根據實務上的經驗，以『學英文做貿易，談貿易學英文』的方式，一邊談貿易英文的寫作要領，一邊講解做貿易的方法。」本書內容豐富，講解淺顯，出版至今，已再版多次，至目前為止，仍為從事國際商務的人士樂於購讀。

## 經濟繁榮時代

到了民國七十年代，中大型的出版商如雨後春筍，三民書局也遭遇空前的競爭，有競爭才有進步，因此三民書局的新書出版不僅越來越多，書籍品質也越來越講究，讀者受惠良多。我則因擔任單位主管，公務繁忙，無法天天逛書店，甚為可惜，但仍舊密切注意出版消息。直到民國七十五年卸下主管工作，再度有時間看書。民國七十年代後半時期，是臺灣股市瘋狂、房地產飛漲，「臺灣錢淹腳目」的時代。大家都忙著賺錢，但買書看書的風氣卻未成比例的提升。我則利用公餘時間在交大、政大兼任研究所教職，講授「國際貿易法專題研究」課程，看了不少中外期刊，搜集了很多資料，也做了不少筆記。於是再興起出書念頭。此後二、三年間，在劉老闆鼓勵下，先後出版了《國際貿易法》及《貿易慣例》（現已改名為《貿易條件詳論——FOB,CIF,FCA,CIP,etc.》）兩本書（此二本書也夠驚人的，前者約一〇〇〇頁，後者則有七〇〇頁左右）。老實說，若非像劉老闆這樣高瞻遠矚的出版家，我想一般的出版商不敢輕易接受這種書的。這兩本書出版迄今已十多年，先後修訂再版多次，迄今仍為貿易界人士所爭相購讀。

## 高原時期

到了民國八十年代，臺灣經濟已走到高原地帶，經貿成長減緩，「臺灣錢淹腳目」的情形已漸漸褪色。到了後半期，又遭遇金融風暴，於是有關理財、金融操作的書籍成了新寵兒。三民書局也不落人後，出版了一些高水準的理財、金融操作書籍。可惜的是，這些書已非屬我們這些年過六旬者所能研讀的了。

我認識三民老闆——振強兄已有五十年，但真正有往來的是在民國六十年代以後，迄今亦已逾三十年了。我對振強兄的整體印象為：

苦心經營、為人客氣、具前瞻性，是紳士型的領導者。

有格調、有氣質、有理想、有使命感的企業家。

正派經營、永續發展，尊重作者智慧的出版家。

富有文人氣息，回饋社會不遺餘力。

欣逢三民書局創業五十年，祝福劉老闆身體健康，三民書局鴻圖大展。

（本篇為張錦源口述，林砡年記錄）

## 【張錦源先生在本公司的著作】

國際貿易實務（合著）
國際貿易實務詳論
國際貿易實務新論（合著）
國際貿易實務新論題解（合著）
貿易法規（合著）
國際貿易法
商用英文
實用商業美語I～III（校譯）
貿易英文實務
貿易英文實務題解
信用狀理論與實務
貿易契約理論與實務
貿易實務辭典
貿易條件詳論——FOB,CIF,FCA,CIP,ETC.
高職國際貿易實務I～IV
高職國際貿易實務（上）（下）

# 一件小事

張放

那天下雨，我背著一只帆布袋在重慶南路買書。走進一家老書店，翻檢了十多冊書，其中一種買了四冊，那個店員小姐熱心地用衛生紙揩拭書上的灰塵，其實書很乾淨，她只是熱心幫忙而已。我和她把書拿到櫃檯結帳。她低聲問我：「先生，你這本書為什麼買四本？」我紅著臉說：「沒人買，只有我買了送人。」她不解地問：「我不懂您的話。」我忍不住笑起來：「這本書是我寫的。」這位店員馬上囑咐會計，給作者打折，而且幫我把書分別包好，裝進帆布袋。我懷著雀躍的心情，走出了三民書局門市部。

我從少年起便愛逛書店，因為家境清寒，穿著破舊，而且瘦若乾雞，許多店員瞧不起我，甚至把我看成魯迅筆下的孔乙己，趁人不注意時偷書。民國三十八年五月，我隨山東煙臺聯中抵達廣州，那時傷寒病甫癒，面色憔悴，真像一個乞丐。有一次逛書店，瞧見書櫥上陳列的剛出版的《魯迅全集》，饞得我直淌口水。我站在書櫥前翻閱了半天，一個店員攏著晚娘面孔，不客氣地問我：「你買麼？」廣東味的普通話，聽起來滑稽可笑。

「我考慮考慮……再說。」

「這一套書很貴喲。」她冷漠地瞅了我一眼，那意思是說：「你買得起麼？」

憑良心講，我當時確實買不起，除非回去賣毯子，那時正候船來臺，聽說臺灣四季如春，根本不需要蓋毛毯，一床棉被足矣。但是，那位店員的態度，引起我的反感，我臉不變色心不跳，掉過臉昂步走出了書店。我十二歲沒有母親，家庭教養不好，在嘴裡偷罵那個女店員。

大抵逛書店的皆為知識分子。知識分子清苦，但卻敏感、自重，絕不會順手牽羊，摸走兩本書。魯迅描寫孔乙己偷書，為的批判不合理的科舉制度，表達了作者對封建時代知識分子的同情。

其實我應該感激廣州書店那個女店員，若是她像臺北三民書局那位店員彬彬有禮，不以貌取人，我會賣掉毛毯，買回那套《魯迅全集》，最後一定被解送火燒島去唱「綠島小夜曲」。這不是玩笑話，而是歷史的悲劇。

我年輕時，因為手頭緊，寅吃卯糧，沒有多餘的錢買書，走過書店，只是貪婪地瞄上一眼，不敢進去。進去有啥用？只有泡圖書館。後來，環境逐漸好轉，我改變了讀書習慣。愛逛書店、書攤，買回來屬於自己的書，看起來才過癮，而借來的書看不進去，心中彷彿有一種無形的壓力。不過，我藏書極多、極雜，真正讀過的僅有三分之一而已。我曾在馬尼拉參觀過伊美黛的鞋子，足有三千雙以上。據說她穿過的鞋也只不過一百多雙。別人笑她，我卻不敢笑，因為我的藏書跟她的藏鞋一樣。

我做過報紙、出版社編輯，拿起一冊書，從內容到形式，我可以揣摩出編輯的文化水平。這種經驗不是三兩句話講得清楚的。三民書局發行的書，錯別字少，油墨清晰美觀，裝幀也很講究，這是眾所周知的事實。

作家和出版家不同，直白地說，作家是不能成為偉大出版家的。因為他有偏見、有喜好，有局限性。即使偶然僥倖贏利，那還是靠不住的。

我曾做過出版社總編輯，對於編輯的意見，我總是盡量採納，因為他們接近讀者、接近青年，在文學商品化大潮中，故步自封是不行的。一個傑出的出版家，要有宏觀遠大的視野，網羅五湖四海的優良作品，要和時代接軌，應與廣大的讀者相結合。若是沒有犧牲服務的精神，是難以走上成功之路的。

劉振強先生將半世紀心血投入出版業，相信歷史會記錄他的功績。

【張放先生在本公司的著作】

是我們改變了世界

天譴

大陸新時期小說論

# 貢獻文化半世紀，領導業界一龍頭

陳聽安

提起臺灣的三民書局，不僅本地人盡皆知，且早已聲名遠播，享譽海外。常云：創業維艱。在中央政府遷臺之初，除少數幾家由政府或政黨支持的，像臺灣書店、正中書局、中華書局，以及於中國大陸即有根基在臺復業的商務印書館外，經由民間出資經營的書局，鳳毛麟角，三民書局則是少數的例外，且是其中的佼佼者。凡老臺北人都知道，這家原座落於重慶南路上——臺北書街，占地面積不大的圖書小店鋪，店裡終日擠滿了人群，站著瀏覽書籍。

三民書局的興起，與臺灣文化出版事業的成長同步；和臺灣的經濟發展息息相關。在政府遷臺之後，經濟起飛與持續快速發展，平均國民所得大幅上升，使得一般國民的購買力為之增加，大家求知欲望跟著提高。此種發展趨勢，助長了圖書出版事業的蓬勃發展，各類書刊如同雨後春筍般一一問市。三民書局在臺灣這波文化出版事業發展中，扮演了相當重要的角色。回顧三民書局過去五十年中，已出版書籍達六千餘種，展書二十餘萬冊，由此可見其對文化出版事業方面的貢獻之巨大。

三民書局的成長與茁壯，並非一蹴而幾，初期限於資金與人力，三民書局只請了少數臺灣知名的學者，開始編撰一些大專院校用書，且大多為法律、政治、經濟、企管、社會等方面的教材，對於當時專門知識的傳播曾起了一定的作用。之後，擴及到文學、語言、歷史與哲學等類別的出版，接著更拓展到資訊、電腦、科技、工程等方面的書籍之印製。因三民書局的出版計畫，與臺灣市場的需求與社會的脈動相當吻合，故其出版品十分暢銷。

三民書局初期只是一間傳統買賣圖書的商店，繼之發展成為有組織、具規模的文化企業。在經營有成後，於交通樞紐的復興北路上，投資興建了一座現代化的大樓，原來的老店設有門市部，現在則除有兩處門市部之外，更有編輯部、出版部、祕書室與倉儲等單位，既分工又合作。多年來網羅了大批國內各大學教授及專家學者，負責編寫各種類書籍，復聘國內外大學、研究所畢業生，負責嚴格把關編審校對事宜。在印製方面，從封面的設計、內容的編排，到印刷的完成，莫不做到盡善盡美。現在的三民書局出版品，已非單調的文字編排，而是內容充實、版面美觀，推群獨步的讀物。故三民書局對知識的傳播、文化的遞延已更上一層樓，跟國際出版品相比較，毫不遜色。

三民書局在資訊方面，已展開新猷，出版邁向資訊化，為服務讀者，率先架設網站，對於出版品介紹、圖書訂購，皆提供完美便捷的服務，使讀者、作者與出版者之間產生良好的互動效果。

事在人為，任何事業的成功，人的因素最為重要。在教育、文化與出版界皆知，三民書局經營的成功，與主持人劉董事長振強先生密不可分。外界將三民書局與劉先生劃上等號，因為沒有劉先生的苦心和前瞻性經營就沒有今日的三民書局。

就個人所知，三民書局能有今日之成就，劉先生確是一步一腳印，凡早年到過重慶南路門市部的人都可見證，劉先生從早到晚，終日坐鎮，生活簡儉，作息有致。若不是劉先生做事負責，生活節儉，待人和藹熱誠與知人善任，不可能在書局林立、競爭又激烈中，占一席重要的地位。試看近來古老的東方書局，歷史悠久的正中書局，靠獨占中小學教科書市場的臺灣書店，或轉型，或結束營業，可見出版事業的經營是何等艱辛。三民書局能夠磐石屹立，而且精益求精，生意鼎盛，若沒有劉董事長過人的毅力，充沛的精力，與禮賢下士的魅力，絕不可能做到。

眾所周知，知識分子十之八九具有傲骨，非常人所能左右，更非容易指使。然而劉先生真誠感召下，各方俊彥能為三民書局出力，貢獻智慧，允諾撰寫各類書籍，編輯各種刊物，誠非易事。不少早年將著作賣斷的學者，劉先生總不忘在逢年過節表示敬意，由此可見劉先生對讀書人真誠之一般。三民書局在圖書文化出版界的地位，的的確確是劉先生嘔盡心血灌溉而成，劉先生作為同儕事業的典範，當之無愧。

回憶筆者民國五十八年自德國返臺，投入政治大學財政研究所執教，經張師可皆的介紹認識劉先生已有三十餘年。劉先生幾度專程至政大，當面邀約撰稿，後來又因緣際會，受邀到三民書局新址參訪懇談，有機會更進一步體察到劉先生的誠心、細心、用心與耐心，常人實在難以望其項背。更了解到他對書籍出版品的要求，鉅細靡遺與不計成本，但求品質的提升。從文字的形體，到編排的錯落精緻，以及封面外觀的重視，在在都力求完美和質感。

時值三民書局創立五十週年，忝為作者、讀者與友人，藉本文對劉先生在文化出版事業卓越的貢獻，表達由衷的敬意，也對三民書局五十週年慶敬表祝賀之忱。（民國九十二年四月二十三日於中華財政學會）

【陳聽安先生在本公司的著作】

國民年金制度

健康保險財務與體制

# 為民請命，日正當中

莊因

昨天接獲臺大歷史教授逯耀東兄的信札，稱說三民書局創業五十週年，「對文化之貢獻至巨」，邀約我寫一篇與三民書局有關的文稿「共襄盛舉」，向該局祝壽。耀東兄與我於民國四十二年（一九五三年）同入臺大。他攻歷史，我讀法律。我們不但是同校同屆同庚（民國二十二年）的同學，而且同「趣」，在同年參加了由臺大同學主編的《臺大思潮》大型月刊，變成了「同志」的「同仁」了。我於「玩法」（連一本《六法全書》的法典都付闕如）三年後，投奔文學院，本來尚存有與耀東兄「重續前緣」的機會，卻未想到他已先我玩完四載（英文的 university 一字我譯為「由你玩四載」），畢業跨入社會去了。我至今不知耀東兄「八字」中的月份及日時，但僅憑他比我早三年插翅畢業的事實，我尊他為「學長」，似並無欠妥之處。

耀東學長實學富碩雄厚，且性情儒達，文字佳勝，向素是我敬佩心儀的對象。他在臺大退休前講授的文化史，以飲食為宗，耕耘播撒文化種子，極得學生喜愛。朋友稱說他在臺大文學院歷史系的課班上，創造了選課學生「破紀錄」的人數，由此可知。

當年的臺大文學院中文、歷史、哲學、考古人類諸系，除了大一的一些必修課的大班外，大二以上，選修某課倘若達二十名以上生徒者，已屬「光耀門楣」，而像耀東兄這等麾下有兵勇半百一班的，就「不同凡響」了。

我當年在臺大求學時，是值「反共抗俄」期。對於「精神食糧」的書報雜誌，能入眼入口啖享者實在不多。那時的《文星》雜誌，似乎是公認的文化翹楚。該社出版的小巧、典雅、攜帶方便的「文星叢書」，人人喜愛，以小見大，器度不凡。之所以如此，是因為「文星叢書」的內容，對於「泛政治」的流風起了濾篩作用，全以「文化」為依歸。「文星時代」可惜不長久，到了二十世紀的六十年代，便雲散星隱；而取而代之者，就是三民書局的「三民文庫」了。在「三民文庫」所出的書冊首頁，有〈三民文庫編刊序言〉，說：「書是知識的匯集，知識是人人必備的，因而書是人人必讀的；我們出版界的責任，就是要提供好書……知識是多方面的，社會科學、自然科學的知識，文學、藝術、哲學、歷史的知識，莫不為人所必需，推而至於山川人物的記載，個人經歷的回憶，也都包括在知識的範圍以內；這樣廣博知識的匯集，就是我們所要出版的三民文庫陸續提供的讀物。」請注意，在此「自我介紹」之中，所謂知識，獨缺「政治」一環，而以「文化綜合」代之，頗讓我有振聾發聵之感。但我對三民書局何以以「三民」那樣的政治意味深濃的訴說為其招牌，很是不解，且也不喜。但是，稍後當我翻閱了「三民文庫」書冊中所列已刊書目，竟然真的找不著一本刺眼的政治著述時，我的強烈的偏見便慢慢淡消了。於是再讀〈三民文庫編刊序言〉，覺得該局編輯委員會「煞有介事」的宣言，絕非「唱高調」，自忖是抱持了對於「文化」的「為民請命」的旨意為之的。所謂「文化」，不正是指民治、民有、民享的嗎？

自從我的「成見」改觀以後，一九九五年，我給三民書局的第一本雜文集《詩情與俠骨》面世，六年以還，居然總共有七冊先後在該局出版。從事出版事業的人，自「利」的角度去看，也許我們認為都是經「商」的生意人。但是，搞文化出版事業的人，除了「商」的行業特徵以外，我們也可認為他們是文化的推手。而三民書局的創業人身兼董事長的劉振強先生，正是一個經商的高手，更是一個推廣文化的能手。三民書局在他的領導之下，一定會似江流大海，波濤萬頃的。五十週年局壽，乃是百歲長壽的 highnoon，說它是「日正當中」，孰云不是。（二〇〇三年三月十八日）

【莊因先生在本公司的著作】

詩情與俠骨　　莊因詩畫
飄泊的雲　　過客
大話小說
海天漫筆
八千里路雲和月

# 糊塗齋裡〈糊塗吟〉

逯耀東

過去，我對三民、三民的劉先生並不熟，而且覺得其名過於雅馴，還以為是中央的文化單位。我和那個中央，有幾次合作的經驗，結果都非常不愉快，甚至於不歡而散，究其原因是我不聽話。因此，對這個三民和三民的劉先生都保持一定距離。

最近，和劉先生飯於欣園。欣園是家江浙的小館，能治劉先生家鄉俚味，我們幾次小聚，都選在這裡。他一面剝弄著蔥燒鯽魚，一面閒話當年艱辛，他說三民是當年三個合夥人起的名字，因為三個人都是一介平民，故稱三民。後來三民走了二民，剩下劉先生一民獨撐，到現在已經半個世紀了。

半個世紀五十年，不是個短的時間，幾經滄桑，三民已經從一個小小的書店，變成一個龐大的文化事業機構。劉先生也從當年橫衝直撞的毛頭小伙子，進入古稀之年了。但他還是一介平民，不菸，不酒，喝白開水，律己甚嚴，他的心都放在書店。即使到美國度假，或重病臥床，（劉先生曾動過兩次大手術，最近更嚴重，手術進行十六個小時，現在完全康復了。）念茲在茲的是三民，過去念《大辭典》，現在念他的字庫。

這是個浩大的工程，經歷多年，動員數十人，投資數億，現在接近完成了。完成的字比《康熙字典》還要多。

我和劉先生接近，還是最近幾年的事，原因是出書。過去我也出過幾本書，但卻沒有正正經經出過書。所謂沒有正正經經出過書，因為這些書都是朋友出版社的催促，臨時湊成。因為我懶散，雖然偶爾塗鴉，卻沒有剪貼的習慣，有些是出版的朋友從報刊尋找來的，書出版就算了，自己也沒有從頭到尾看過一遍，更別提版稅了。有的書也曾十多刷，那是我從版權頁看到的。不過能有書出版，而且印刷得不錯，看看封面也高興。就像剛剛收到一本韓國釜山大學金曾俊教授寄來的書，其名《漢香》，是本當代中國散文選，其中選了我一篇文章，但除了文章的題目和我的名字外，一個字也看不懂，真是天書。就像那年到韓國想吃罐人參雞，但滿街市招如滿天星斗，不知何處是售人參雞的。但這本書印得十分精美，精裝紅色燙金封面，摸在手裡很有分量。

退休以後，倒有時間在糊塗齋閒坐，摸摸索索的或整理舊稿，又或另寫新篇。想想過去幾十年除了教書糊口外，也寫了些東西，雖然在寫的時候，覺得有些散漫，但現在穿成串後倒也覺得自成體系。不過，還有些問題留滯胸中，日久天長結成了繭，現在也該化蝶而出了。的確有些想寫卻沒有寫的，現在該動筆了。一次劉先生請吃春酒，他很客氣向我約稿，我就把自己的想法告訴他，他欣然同意。於是我的「糊塗齋史學論稿」與「糊塗齋文稿」，就在東大的「滄海叢刊」之下，相繼出版了。

幾年下來，前後出版了「糊塗齋史學論稿」有《魏晉史學及其他》、《胡適與當代史學家》、《從平城到洛陽——拓跋魏文化轉變的歷程》、《魏晉史學的思想與社會基礎》四種，與準備出版的《抑制與超越——司馬遷與漢武帝時代》。「糊塗齋文稿」有《窗外有棵相思》、《那年初一》、《出門訪古早》、《似是閒雲》和《肚大能容——中國飲食文化散記》等五種。四、五年來賓主合作非常愉快，劉先生從不過問，派了兩位青年編輯朋友與我聯繫，甚至連封面也由我自己設計，雖然不合時宜，倒也清雅可喜，校對的朋友負責認真，有時連一個標點也不放過。他們工作的態度，使我也跟著嚴肅起來。所以，出一本書，累人又累己。不過，也有愉快的時候。《肚大能容》出版後，北京的三聯和我聯繫，有意將此書在大陸發行。關於出版的事，我請他們和三民接洽，我只負責內文的勘誤，去年十月在北京出版，沒有想到在這裡不顯眼，在那邊竟列入暢銷書。一連十四週都列在排行榜中，每週讀《亞洲周刊》所載世界各地華文暢銷書排行榜，頗似沉浮在游泳池中，非常暢心。後來有家韓國出版公司，有意翻譯此書，我也請他們和三民談談，我覺得寫書的只管寫書，其他瑣事就不必過問了。

有時，三民青年編輯朋友來糊塗齋聊天，談到三民快五十週年。我覺得一個文化機構經過五十年，而且由一個人獨撐壯大，的確是不容易的事，我建議該出版紀念集。他們回去向劉先生報告，劉先生謙謙，期期以為不可。不久前，周玉山老弟來電，說劉先生已經應允編紀念集了。由他和我負責主編，我欣然同意。玉山老弟辦事俐落，劍及履及，他不僅草擬徵稿函，向曾在三民出書的時賢俊彥徵稿，並且電話催稿，反應非常熱烈，許多稿件已陸續來了。日前來電話告知種切，並且向我催稿。說來慚愧，我竟一時糊塗，把這件大事差點忘掉了。

去年搬入新的糊塗齋，群書上架，其中「糊塗齋史學論稿」、「糊塗齋文稿」的精裝本羅列排滿一格，頗可一觀。不由想起《窗外有棵相思》出版時，曾寄一冊給北師大的劉家和先生，其中有〈坐進糊塗齋〉一篇，他讀後，寄來〈糊塗吟〉一首，深得我心，詩曰：

糊塗人作糊塗吟，不辨糊塗淺與深，但覺糊塗滋味好，糊天糊地漫無心。

這些糊塗書都是漫無心地寫成，但如果沒有劉先生和三民，還是不能成書問世的。現在我還得獨坐糊塗齋中，繼續寫糊塗書。

**【逯耀東先生在本公司的著作】**

魏晉史學及其他
魏晉史學的思想與社會基礎
從平城到洛陽——拓跋魏文化轉變的歷程
胡適與當代史學家
似是閒雲
窗外有棵相思
出門訪古早
那年初一
肚大能容——中國飲食文化散記

# 我與三民書局

陳捷先

古人說：「五十言壽。」三民書局今年適逢創建五十週年，而且業績輝煌，確實有資格言壽。我謹在此先恭祝三民書局生日快樂，事業更上層樓，並對劉董事長振強先生的創業成功，表示賀意與敬意。

我與三民書局結緣，真可謂歷史悠久，在上個世紀五十年代，書局開業初期，我就是門市部的常客。當時我在臺大歷史系讀書，生活清苦，根本無錢買書，學校購書的經費也不豐裕，所以逛書店看書是我假日的樂事之一。由於三民書局出書快，種類多，尤其多為教學用的專書，因而每個月我都會光顧三民書局幾次。現在回想起來，當年我在三民門市部免費讀過不少書，得到很多寶貴的知識，實在應當向書局與劉董事長說聲謝謝！

臺大研究所畢業以後，學校推薦我去美國深造，返國後又忙於行政事務，我與三民書局的聯繫不多。有一年劉董事長決定編印一套「三民中國歷史叢書」，由多位學者執筆，我也被邀請撰寫明清史部分。我一向是主張以通俗筆法寫歷史的，尤其是一般的教科書，如果過分強調義理與考證，內容必是冗長、艱深的，加上文獻史料的大量徵引，會讓一般讀者感到枯燥，所以我在三民出版的這本《明清史》小書，分十章五十七節，扼要的敘述了自明太祖朱元璋開國到清代中衰的史事，包括政治、經濟、社會、文化、軍事、制度，甚至一些疑案，都作了深入淺出的剖析，也利用了當時中外學者的研究成果與清宮滿漢文祕檔作依據，希望這本小書能以新方式、新面貌呈現在讀者眼前，既可作教學的補充材料，也能作研究明清史事的參考之資。

我在三民書局出版的第二本小書是《清史論集》。事實上，我多年來寫過很多篇有關清史研究的小文章，也集印過如「叢考」、「雜筆」等小書約十種。為了應劉董事長的雅命，我從新論著中選了十篇文章，都是從前學者不常或不曾討論過的，像清太祖對當時民族問題的處理，努爾哈赤與《三國演義》，從清初中央建置看滿洲漢化，康熙、雍正兩朝對皇位繼承事的解決問題，清代族譜學的發展小史以及日韓兩國分別珍藏的《東華備遺錄》與《柵中日錄》書中清代史料等等，希望藉以評介一些海外的漢文史料文獻，也想透過這些小文章，談談我個人研究清史某些問題的看法，就教於方家君子。

其次讓我來談談個人與劉董事長的關係，以及對他的一些看法。本來我們真是素不相識，後來由於寫書的關係，大家接觸多了，認識也加深了。特別是他對我十分厚愛，常常在宴請學界人士的時候，都請我參加，因此彼此的了解與感情不斷的增進，後來竟發現我們不但是同鄉，而且是同年出生，從此更增添了一份親切感。八年前，我提前從臺灣大學退休，移居加拿大，在我臨行前夕，他還囑咐我要為三民書局再寫一本簡明清代史，我也一口答應了；可是這幾年我「不務正業」，出版了七、八本清朝帝王「寫真」的書與一些方志學的專著，延誤了這部清代簡史的寫作；不過劉董事長與我之間，每年總有些書信往還，或是電話問候，互祝平安喜樂。

至於我對劉董事長個人的看法，我常想他早年來到臺灣的時候，憑藉實在不多。為什麼能在幾十年後，創造出這樣一番事業呢？當然他個人勤奮工作、刻苦生活、敬業精神是一些原因；但是以下幾點也是值得一述的：

第一，忠實誠懇待人。凡是為三民書局寫過書的人，我相信都不會把劉董事長看著是一個普通的商人。他的謙誠實在常使人願意與他合作，願意為他寫書。他對學者作家們的尊重、寬容，更是大家有口皆碑的。

第二，關懷體貼員工。我曾聽見一位員工說：劉董事長對大家真是關懷備至，小至食住問題，大到留學成婚，他都會及時的對大家伸出援手，幫大家安定生活。在這樣好的領導下，誰還不願意努力工作？

第三，虛心接受新知。時代不斷進步，科技日新月異，劉董事長表面上看似老派人，但他對新知識的學習與接受卻是從不後人。我不講瑣碎例證，就以電腦化一事在他公司裡倡行，便足以說明他經營事業理念的先進了。

第四，辦事具有魄力。在過去幾十年中，三民書局出版過不少叢書與大部頭的匯編等巨著，這些書明知是賠本的生意，但劉董事長還是決定刊行了。因為他認為只要出版的書能傳布好知識，能弘揚中華文化，就值得編印出版，其他的事是次要的。

劉董事長的其他長處與優點還有很多，由於篇幅的規定，我不能一一列舉，相信以上幾點已足以說明一位成功事業家的成功原因所在，也是年輕創業人應該學習的地方。

在結束本文前，讓我再一次恭賀三民書局的五十華誕，也希望劉董事長與公司同仁，百尺竿頭，繼續創新，多出好書，多為學術界與世界文化教育事業，作出更多的貢獻。

【陳捷先先生在本公司的著作】

明清史

清史論集

# 帝王之偉業

石永貴

著作出版，乃是帝王之業。乾隆詔開四庫全書館，蒐集海內外藏書，分經史子集四部，全書計三千四百七十種，共七萬九千九百三十一卷，歷時十八載始完成。

三民書局創辦人劉振強先生，苦心經營五十年，現已出書六千餘種，展書二十餘萬冊，正如逯耀東、周玉山兩先生在《三民書局五十年》徵文發起函中所指出的：「堪稱兩岸第一，對文化之貢獻至巨」。

劉振強先生之功業，對出版之貢獻，已超過乾隆帝王之業多多矣，真是古今中外文化史之奇觀。

人之一生，以成功人物性格而言，有平凡亦有偉大，而劉先生卻是平凡中蘊藏偉大的精神，默默耕耘，只求為學人、為知識分子服務，以出版提供知識的貢獻。

「三民」五十年的道路，就是從默默無聞中走出康莊大道。

五十年前，自大陸來臺的老字號書局，除開明書店在臺北市中山北路外，商務、世界、中華與正中，都集中在重慶南路與衡陽路，再加上本土的東方出版社，真是蔚為奇觀。因為當時的衡陽路，是臺北市的心臟地帶，珠寶銀樓、黃金美鈔交易之地。當時，就有知識與財庫並存之勢。

在大書店林立中，亦有若干小型書店，三民與拔提就是其中之二。

三民的發源地，是在衡陽路，再移至重慶南路。

劉先生因為基層起家，所以深諳勤儉創業善待員工之道。就在衡陽路、重慶南路時代，劉先生忙裡忙外，招呼顧客，接待訪客。大多數人第一次拜訪劉先生，就會請問：來拜訪劉先生。劉先生就從櫃檯中出來，並自我介紹：我就是劉振強。

創業以來，五十年如一日，劉先生把員工視如家人，供應餐膳，不只要吃得飽，更要吃得好，非有特別事故，劉先生一定與員工一起用餐，並一視同仁，老闆與員工，都吃一樣的。

劉先生把教授學者視同親長，數十年來如一日，如對錢穆先生就是一例。不只是親侍書稿，就是日常生活，大至財務支應，小至水電修理，劉先生都隨叫隨到，無微不至。

劉先生對學術界、對教授們、對學子們最大的貢獻，是提供大學用書的出版，真是功德無量。早期教授學生們均是清寒戶，教授無力出版，學生無錢買書。「流亡學生」出身的劉先生，一方面有求知的飢渴，一方面對學生的處境，感同身受。乃克服種種困難，毅然出版大學用書，更能奠定教授們的學術地位，嘉惠學子。

劉先生經營出版事業，有他一貫的理想與精神，一如種樹，向下求紮根，向上求發展，並向四面伸延。劉先生之出版精神，固在一家之言，也追求多家並進，提供多種版本，以求比較知識；就是一家，也有一套或多種不同領域書籍之出版。

如就中國憲法而言，就有薩孟武（臺大）的《中國憲法新論》，林紀東（臺大）的《中華民國憲法逐條釋義》，鄒文海（政大）的《比較憲法》，曾繁康（臺大）的《比較憲法》。就同一作者而言，如臺大鄭玉波教授有：《海商法》、《保險法論》、《票據法》。政大張金鑑教授有：《政治學概論》、《歐洲各國政府》、《美國政府》。

劉先生邀請學者寫書，不分中外老少，只要有價值的書，他就出版。美國如馬里蘭大學丘宏達教授就出版二本書：《現代國際法》、《現代國際法參考文件》。

劉先生近些年來，幾乎以廢寢忘食的精神致力二大事業工程：一是中英文各種版本、針對不同讀者不同需要的辭典編輯；一是自行研發創造中文字體。

往昔大陸書局時代，無論中英文，也無論辭源辭海，只要有一本辭典出版，就可以成為該局的鎮寶，銷售與利潤均源源不絕。劉先生感於知識日新月異，乃禮聘國內外學者名家，編撰各種類型的中英文辭典，真是蔚為奇觀，三民的辭典，不只是求全求真，更要求新，以求滿足時事知識的查考。如中文辭典方面，就有《大辭典》、《新辭典》、《學典》，尤以《大辭典》工程最為浩大；投入資金一億六千萬元，二百名專業人員，歷時十四載。學術界人士稱：只有劉先生有這樣大的魄力。如英漢辭典方面，就有：《三民新知英漢辭典》、《三民精解英漢辭典》、《三民袖珍英漢辭典》以及《三民新英漢辭典》等十來本，還特請聯合國語文專家莊信正博士主編《美國日常語辭典》，適用於美語廣播電視新聞雜誌收聽閱讀。三民林林總總的辭典，不只是集辭典之大成，也結束了「一本字典在手」的神話。辭典一如名師，只是一位是不夠的，而必須有多位名師，才能適應不同知識領域的需要。

這些年來，劉先生投下無法估計的人力物力，來找回與整理中文排版字體。說也真怪與好笑，我們所常用的印刷字體，卻是來自日本，這對於具有濃厚民族主義精神的劉先生，真是孰可忍孰不可忍？於是他下定決心，集畢生之精力與財力，聘集專業人員近百位，一個字一個字寫，一個字一個字修改，再掃描進電腦，並有各種不同字體的變化，而成為「三民版」的華文字形。前後歷經十五年的時間，寫出楷體、黑體、方仿宋、長仿宋、明體、小篆等六套字體。字體完成後轉入字庫，再納入軟體，最後應用於排版工作。劉先生的「造字寶山」，曾受到臺灣學術界如陳立夫先生等的讚賞，兩岸來訪人士，慕名而「入」山參觀，歎為觀止。劉先生的精神與毅力，盡力於此。

三民，從一個不顯眼的小書店，五十年間，成就金碧輝煌的大事業，印證了現代管理大師彼得杜拉克的一句話：第一流的人才比第一流的制度還重要。杜拉克重視人，重視人的特質，重視創新的精神。

劉先生成就了三民事業，三民事業成就了中國的文化出版事業。展望未來五十年，三民必能成為華人世界頂天立地的大事業。

**【石永貴先生在本公司的著作】**

媒體事業經營

勇往直前——傳播經營札記

大眾傳播短簡

大眾傳播的挑戰

影響現代中國第一人——曾國藩的思想與言行

# 文化界的俠士

孫震

民國八十九年，我離開工業技術研究院，到元智大學任教，恢復平靜單純的學校生活，努力讀書、教書與寫書。過去兩年，我有三本書與三民書局簽約，兩本已出版，第三本也已完成三校，將於近日問世（編按：第三本已出版）。

三民的同仁比作者自己更盡心仔細，和他們一起工作是一種愉悅的經驗。我最近的一本散文集要出版時，編輯部對「韶光易逝」的書名有意見，負責的編輯說，她和同仁覺得書名不夠好，不如我的另一本書名用蘇東坡的名句「回首向來蕭瑟處」內涵豐富。她和我交換意見多次，為我提供了不少詩句作參考。最後我提議用陶淵明的「時還讀我書」，得到大家同意。這句詩出自陶淵明的〈讀山海經〉，上句是「既耕亦已種」，頗能表達我在工作之餘讀書寫作的心境。

剛出版的《臺灣經濟自由化的歷程》，是我在元智大學講授「臺灣經濟政策專題」三學期後所寫的專書。自以為寫的時候很用心，有一點「文章自己的好」的偏見。可是經過負責的編輯的細心校閱，才發現還有很多可以改進的地方。

我和三民書局的董事長劉振強先生是多年好友。我的《總體經濟理論》初版和修訂再版，分別於民國六十八年一月和六十九年九月出版，都是由我自己發行，三民書局總經銷。後來我不教「總體經濟理論」和「總體經濟學」，臺北又有其他新作問世，這本書漸漸失去市場。有一天，劉董事長提議由三民重印此書。我坦誠相告，恐怕沒有銷路。振強兄說無妨，由三民印出來，利於收存。振強兄是文化界的俠士，他生平沒有出版過一本負面的書，但對覺得有價值的書，卻願不計成本出版。

民國七十九年，他出版「三民叢刊」，第一本就是我的《邁向已開發國家》。我寫的書不多，包括《臺灣經濟自由化的歷程》，倒有六本由三民出版。我知道自己不能對三民在財務上有所貢獻，其實是三民的負擔，不過振強兄不以為意。他常約我吃飯，每次都有莊信正、石永貴和于宗先諸兄。且每飯必備美酒，然而「欲飲則飲……，各隨其心，不以酒為樂，以談為樂也。」這是借用《水滸傳》自序的句子。「世人多忙」，世事煩心，我們常期待振強兄請吃飯，大家可以聚在一起聊天。

振強兄對我國文化發展有一種使命感。對於我國思想上和文化上有分量的著作，他不計盈虧出版，對於一些前輩學者，他出版他們的書，使他們可以得到稿費。最近我因對春秋戰國時代故鄉山東的歷史發生興趣，假日到各個書局找書，買了三民書局的《新譯吳越春秋》和《新譯晏子春秋》，才發現三民很早就著手注譯傳統重要典籍，刊印為「古藉今注新譯叢書」。近年隨兩岸交流，注譯的成員，從臺灣各大學的教授，擴大到大陸各有專長的學者。我真是孤陋寡聞，後知後覺！以臺灣目前教育和社會的情勢來看，我不知有多少人是這套叢書的讀者，但是對中國文化思想的傳承和發揚光大而言，三民是在為兩岸中國做功德。而振強兄的胸懷更廣大，他在叢書的〈緣起〉中說，希望這項工作能為世界文化未來的匯流，注入一股源頭活水。

劉振強兄還做了一件不計成本的大事，就是出版三民《大辭典》上、中、下三大冊，這部辭典從民國六十年三民創立十八年開始，耗時十四年完成，工作人員從開始時十數人，漸增至超過一百人，手寫文字，鑄造字模，耗時八載，用鉛七十噸。這部辭典共收一五一〇六字，詞一二七四三〇條，印製精美，使用方便。我在家裡習慣用中華書局的《辭海》，在學校裡則用三民書局的《大辭典》，英文先查牛津 *The Advanced Learner's Dictionary of Current English*，查不到再看三民的《英漢大辭典》。三民書局對我的幫助很大，我平日不覺得，寫這篇文章才知道收益良多。

三民書局創立於民國四十二年，當時我是大一升大二的學生，拿國家的獎學金，受親友的幫助，全然是社會的消耗者。差不多同樣年紀的劉振強兄已經開始貢獻於這個社會。五十年來，我雖然國內外拿學位，又在臺灣多年來最享盛譽的學校教書，拿國家的薪水，回顧往事，乏善可陳。然而振強兄出版了多少好書，幫助了多少讀書人，出版他們的著作，改善他們的經濟，又為社會提供了多少就業機會，讓很多人覺得自己的工作有意義、有貢獻，因而有成就感！我相信三民書局對現代學術的發揚，和對傳統典籍的整理，不僅對臺灣，對大陸將來的發展，也必有很大的貢獻。

【孫震先生在本公司的著作】

邁向已開發國家
發展路上艱難多
時還讀我書
總體經濟理論
臺灣發展知識經濟之路
臺灣經濟自由化的歷程

# 三民與我

陳滿銘

我與三民結緣，始於二十多年前。記得有天黃昏，下了課準備回家，就在師大校門口，遇到邱燮友學長，問我可不可以抽空到三民去幫忙編辭典，由於我一直對燮友學長很敬佩，而對三民特有的文化氣息也有好感，便欣然答應了。

就在當週週六下午，應約去開會，地點是三民大樓（即今重慶南路的門市部）的十一樓。我到的時候，劉正浩、戴璉璋、陳新雄、莊萬壽等學長已在座。我打過招呼剛坐下，璉璋學長便因我初到，對這個地方陌生，很體貼地泡了杯茶給我，直到現在，我還能感受到這一份溫暖。

本來劉董事長的意思，只要編個好的小型辭典，幫助大眾就可以了。沒想到所收的字條、詞條愈來愈多，就不得不一再地調整體例，由小型而中型、中型而大型地擴充不已。當然與此調整之同時，也不得不逐步把編輯室擴大，並增加編纂委員，以因應實際需要。我記得當時先後網羅了國內各大學中文系所的菁英，共百餘位教授，共同參與這項大工程。這在臺灣當時的文化界而言，可說是空前的一件盛事。

在劉董事長不惜成本的大力支持下，終於大功告成，而這部印製精美的《大辭典》一推出，也立即廣受各界讚譽，並獲得政府多重的獎勵。接下來，為了一償原來的心願，並維持難得組成的教授團隊與資源，又繼續以團隊的力量編成了中型的《新辭典》與小型的《學典》。這兩部工具書，我都參與編纂，和許錟輝學長專門負責「字條」與「注音」的部分。這對我來說，由於專長不在此，所以進行得很吃力；不過，幸好一有疑問，就可就近向一些師長請教，把問題解決，因此很感謝三民給我這種磨練的機會。

參與編纂大、中、小三部辭典之後，接著又有新的工作，那就是編輯高職國文。參與的還有李振興、周志文、周鳳五、邱燮友、許錟輝、黃沛榮、黃志民、黃俊郎、傅武光、賴炎元、賴橋本、簡宗梧等教授。由於當時的高職國文課本，不是走不出國立編譯館所編高中國文的框框，就是乾脆直接採用高中本，所以劉董事長堅持走自己的路，也就是走適合於高職的路。為此，我們在選文、作者、題解、注釋上，既走出高中國文的大框框；就是在教師手冊上，也從不同角度，提供更多的資料，給教師參考；尤其在課本上，每一篇課文都增列「課文研析」一欄，按課文特點，就其義旨、取材、謀篇布局、修辭、語法或風格等不同面向，從中擇一、二項作研析，字數少則三百，多則五、六百，供教師在從事課文深究時，作重點引導之用。這在當時實屬首創，而且因為這樣不但對深入課文有所幫助，即對指導寫作也有規矩可循，所以除廣泛受到歡迎外，更變成了後來所有國文課本不可少的一個欄目。這應該要歸功於劉董事長的全力支持。

在編課本的同時，為去除高職師生的疑慮，增加接納度，並挖掘問題，以作修訂的參考，我們還得勤跑各地，和高職教師以「面對面」的方式溝通。因為我課少，又開「國文教材教法」、帶「教學實習」多年，有國文教學方面的一點專長，所以跑得最勤。記得有一次，出差到南部（臺南、高雄、屏東）一連三天，共到十所學校去訪視。其中一天，上下午各跑兩所，共跑了四所學校。同行者有劉秋涼經理和許欽輝學長。由劉經理開著車，轉來轉去，除了在午餐時間稍能喘息一下之外，簡直沒有休息的時間。好在劉經理路熟，不然，一天之內，怎樣跑也跑不了各分西東的四所學校。就由於我們這麼勤跑，再加上劉董事長又不時親自到各校，和校長與有關人員解釋我們編輯之大旨，以及二專與技術學院升學考試的相關問題，終於逐漸祛除了疑慮，使公立學校的使用率增加到八、九成。這種努力與堅持，正是三民精神的具體表現。

編完《高職國文》，又和賴炎元、李鍌、劉正浩等學長參與《新譯四書讀本》的修訂工作，負責《大學》、《中庸》的部分。接著又負責修訂《五專國文》與《大學國文選》。參與修訂的，另有張春榮、王基倫、顏瑞芳、陳清俊等教授。我們首先抽換了約三分之一的課文，其次分題解、作者、注釋、研析、問題與討論等欄，加以修改或補寫。其中調整得最多的就是研析部分，或提示中心意旨，或解析藝術形式，以強化學生分析、聯想與鑑賞的能力。三民這樣精益求精，不斷汰舊換新，又一次表現出它的一貫精神。

接著，又參與「藍皮書」（即「古籍今注新譯叢書」）之注譯與審閱的行列。先和邱燮友、劉正浩、許錟輝、黃俊郎等教授注譯《世說新語》，完成《新譯世說新語》。然後進行審閱工作，用了幾年的時間，一共審閱了《新譯貞觀政要》、《新譯搜神記》、《新譯列女傳》、《新譯戰國策》（上）（下）、《新譯賈長沙集》、《新譯尸子讀本》、《新譯商君書》、《新譯列仙傳》、《新譯昭明文選》（一）～（四）（合校閱）、《新譯幼學瓊林》、《新譯潛夫論》、《新譯昌黎先生文集》（合校閱）等十二種。這項古籍今注新譯的工程，就像劉董事長所說的「能有助於為世界文化的未來匯流，注入一股源頭活水」（〈刊印古籍今注新譯叢書緣起〉），三民所負的文化使命，由此可見一斑。

就在進行「藍皮書」的審閱之際，又和黃俊郎教授共同編輯高級中學中國文化基本教材。由黃教授負責《孟子》，而由我負責《論語》、《大學》與《中庸》。為使教師能掌握每一章之內容旨趣，我們開闢研析一欄，酌引有關篇章，並參考前賢時哲之說，加以闡發，務求呈顯義蘊，作到深淺合宜的地步。十分感謝三民全力支持我們這麼做。

在此三民創業五十年大慶之前夕，回想隨著三民成長的種種，真有「卻顧所來徑，蒼蒼橫翠微」的感覺。謝謝三民！更賀喜三民！

【陳滿銘先生在本公司的著作】

新譯四書讀本（合注譯）

新譯世說新語（合注譯）

大學國文選（合編）

高中中國文化基本教材（一）～（六）

高職中國文化基本教材II

另校閱新譯昭明文選等多本古籍今注新譯叢書

# 劉振強先生與三民書局

王壽南

一個出版公司的成功與否，和它的領導人有極密切的關係，例如商務印書館自王雲五先生擔任總經理後，業績蒸蒸日上，成為中國最大的出版公司。抗戰勝利後，王雲五先生從政，離開了商務印書館，遂使商務印書館逐漸衰落。又如中華書局，成立於民國元年，在陸費逵（伯鴻）先生領導下，迅速發展，成為中國著名的大出版公司，但伯鴻先生逝世後，中華書局的光環逐漸消失。出版公司領導人的才能和性格，都會直接影響公司的成敗，才能方面最重要的是對市場的了解、未來趨勢的判斷和圓融的人際關係，性格方面最重要的是氣魄、果斷。具有這些才能和性格的領導人，方能讓公司走上成功之路。

三民書局在臺灣的出版道路上走了五十年，成果輝煌，在臺灣受過大專教育的人，幾乎沒有人不知道三民書局，因為三民書局出版過許多大專用書，這些書幫忙他們解決了無數的疑惑，充實了他們的知識領域。五十年來，三民書局出過不計其數的好書，深受社會各界的好評，三民書局不僅僅是一個出版機構，更肩負起學術、教育、文化的使命，檢視一下五十年的成果，毫無疑問，三民書局是成功的。三民書局所以能獲得成功的果實，應該歸功於劉董事長振強先生的領導，他實具有前面所說成功領導人的才能與性格。

認識劉董事長已經二十多年，雖然每年只有一、二次見面機會，但每次見面總是給我很深刻的印象，劉董事長待人熱心、誠懇，十分敬重那些「教書的」人，所以在學術界、教育界，劉董事長獲得極好的口碑，許多負有盛名的學者，和劉董事長結為好友。

大約在民國七十年左右，有一次劉董事長請幾位教授吃飯，我也應邀參加。席間，他要我寫一本《隋唐史》。的確，我在政治大學歷史系教了十幾年「隋唐史」，也寫過幾十篇有關隋唐史的研究論文，卻始終不敢寫一本教學參考書，因為寫教學參考書和寫研究論文不同，研究論文可以自選題目，限定範圍，深入探討，不必顧及讀者能否接受。教學參考書則不然，它的範圍面廣，而且要讓讀者看得懂，看得有興趣，因此，教學參考書不能像研究論文那樣專精，不能只選自己喜歡的課題去寫，否則就會殘缺不全，也會枯燥艱澀，而使讀者失去閱讀的興趣，所以它必須深入而淺出，把精彩的結論用通俗的文字表達出來。因此，寫一部教學參考書絕非易事，一個研究者一年可以寫四、五篇學術論文，可是四、五年也不易寫出一部教學參考書。所以，當劉董事長開口約我寫一部《隋唐史》時，我可不敢輕易答應，沒想到他竟拿出一張新臺幣十萬元的支票給我，說是預約金，寫完後再按字數計算稿費。劉董事長的舉動讓我很吃驚，當時我和劉董事長相識不久，他怎麼會輕易地付出預約金，如果我不交稿，這筆預約金豈不變成劉董事長的「呆帳」？

收了預約金，加重了我的心理負擔，我生平最討厭不守信的人，我既答應劉董事長，乃積極籌劃寫書之事，其實，教了十幾年的《隋唐史》，資料大致都已蒐集在手，缺少的是全書架構和動手寫作而已。民國七十三年夏，我擺脫了政治大學歷史系系務，得到一年休假的機會，放棄了出國的計畫，應丁邦新、管東貴二兄的邀請，到中央研究院歷史語言研究所作了一年的訪問學人，史語所給我一間研究室，傅斯年圖書館也可以自由借閱圖書。這一年間，摒棄雜務，專心寫作，總算把《隋唐史》的初稿完成，又經過一年的修改，民國七十五年初，把書稿交到三民書局，算是鬆了一口氣。同時，我對劉董事長的氣魄也大為佩服，他對我的信任，也讓我十分感激。

五十年來，三民書局由一家小書店，發展成臺灣數一數二的大出版公司，這種輝煌的成就實基於劉董事長的領導，劉董事長不喜出鋒頭，很少在新聞媒體上露面，他沉穩而積極的精神，帶領三民書局一步一步向前走，終使三民書局成為臺灣出版界的一顆閃亮明星。

## 【王壽南先生在本公司的著作】

隋唐史

# 成功的故事



作為三民書局的讀者、作者和編者，並忝為劉振強先生的朋友，當此創業五十週年的吉日良辰，提筆寫這篇文字自然感到高興。一片白手起家的書店，能維持這樣久而仍欣欣向榮，確是可喜可賀。

事實上，三民可以說是臺灣的一個成功故事 (success story)。據我所知，劉先生在一九四〇年代末期，隻身從大陸來到這寶島上，不僅輟學，連生活都成問題，只好在書店當伙計，勉強糊口。漸漸地有了點積蓄，乃同兩個友人合夥開了三民書局。——所謂「三民」據說指三個老百姓，與孫中山的主義沒有關係。

篳路藍縷，當初歷經艱辛的情狀可以想見。兩位友人先後退出，劉先生獨力支撐；這青年愛書者堅強振奮，終於鍛成精明幹練能大開大闔的經理長才，三民遂茁壯為臺灣最大的書店兼出版社之一。

目前臺灣大書店很多，各有其特色。三民除了大以外，無論是銷售或出版的學術著作都很多，書架上國學方面的典籍尤其齊全，按經、史、子、集等擺列。張大春有篇文章談到他去三民找書的事，我也屢有切身的經驗：需要查某些資料時往往首先想到三民。

三民的工具書彷佛也特別多，就放在進門處（重慶南路店），便於查檢。偶而友人送我圖書禮券，通常也是去三民，它一定接受。但說來慚愧，我去三民次數很多，卻常常是為了查書而非買書；一方面參考書在紐約家裡，另一方面大部頭的書在旅途中不便購置。

多年來三民自己出了很多工具書。除八十年代不惜工本編印的《大辭典》之外，又陸續出版了多種外漢雙語辭典；我和內人參加過兩種以英和辭典為根據的英漢辭書的編譯增訂工作。這兩年三民又在作長遠的計畫，自建辭庫，準備將來出幾套全新的英漢辭書。這些工具書從編纂到印刷的過程中，劉董事長常常親自參與工作；聚晤時聽他談起來眉飛色舞，儘管有甘有苦，卻津津有味，顯而易見自得其樂。

我在三民出過一本書，即《海天集》（一九九一年），屬於「三民叢刊」。這種乾而硬的文學評論當然談不上銷路，承劉先生盛意相邀才得順利問世。現在又有一本，是《中央日報》副刊「書海六帆」專欄一年的文字結集而成。適逢其會，將配合三民書局五十週年，在今年出版。「三民叢刊」從一九九一到今年初已出書近二百七十種，其中不乏其他出版社無力或無意出版的冷門書或學術專著。眼下經濟之不景氣，直接影響到出版界，各書店有的不得不節縮，有的甚至被迫停止營業。我面前攤著「三民叢刊」的書目，注意到今年二月就出了十數種，當然很受感動和鼓舞。

在感動和鼓舞的同時，我想到「百尺竿頭」和「更上層樓」雖是勉勵的俗話，卻正好適用於這一場合；借來祝願三民書局繼往開來，有更成功的進展，有更精彩的表現。

**【莊信正先生在本公司的著作】**

海天集

美國日常語辭典（主編）

全球英漢辭典（主編）

# 感恩及讚歎

陸達誠

十餘年前，三民書局籌備「世界哲學家叢書」，敦請傅偉勳和韋政通二位教授擔任主編，預定出版二百冊，介紹中西哲學家各一百位。

韋老師在六十年代初教過我（在彰化耶穌會修道院）國學，導讀新儒家的作品。多年後，我自法國留學返臺，到耕莘文教院負責寫作會的工作，曾邀請韋老師來暑期寫作班授課。他欣然首肯。那期學生多達一百八十人，不少是慕韋老師之名而來。當他知道我在巴黎研究過馬賽爾，回臺後在政大及輔大教哲學時，非常高興。數年後，他和傅教授籌備出版三民這套哲學家叢書時，就想到了我，邀請我寫《馬賽爾》一書。我義不容辭，立刻答允。到一九九二年五月交出底稿，同年十一月出版。所以，要講我與三民書局的關係，自然地會想到與韋老師的一段師生之誼。

由於馬賽爾是法國哲學家，而我又是在法國作研究，因此我的《馬賽爾》一書的注釋用了許多法文。眾所周知，法文與英文有很大的差異，不諳法文的打字員打法文如打天書一樣不易，錯誤百出當可預期。可是該年七月中旬，我收到三民書局寄來文稿，請我作最後一校時，一讀之下，大為驚異，因為文稿的法文幾乎正確無誤，不需大事修改，這是不可思議，而令人激賞的事。從三民書局肯付高酬聘請專業打字員來看，三民的出版品一定是品質極高。希望有類似需要的同道，別錯過我所提供的這份資訊，並毫不遲疑地把新作送交三民書局，不作第二「局」選。

我的中文字跡非常潦草，有時連自己都無法辨認。十餘年前，我還不會用電腦打字，二十萬字都是手寫的，字跡潦草而哲學又不通俗，方便了自己，卻害了校對者。可是三民書局有一批程度相當高的編輯與校對人員，氣定神閒地耐心校對，等送到筆者手中作最後一校時，錯誤已不多了。

這本中文的《馬賽爾》，與我的博士論文題旨相同，但內容有異，因為在論文中我很少提到現象學。回臺後，政大哲學系趙雅博主任要我開「存在主義」和「現象學」二門課，我就花了不少時間研讀現象學。在重新詮釋馬賽爾時，這些新的資料都融入書中。另外，由於在臺北耕莘文教院服務，與文藝界接觸頻繁，加上解嚴後對兩岸政治的關懷，使我有用另一角度去解讀理論的作法，使理論更具體化，更有實踐性。因此可以說這是一本與論文不同的新書，它不是翻譯，亦非移植的法國花，而是在臺灣培育出的一朵本土哲學花卉。

該書付梓同時，輔仁大學邀請我擔任即將成立的宗教學系系主任。該校法學院楊敦和院長以本書代筆者申請教育部升等。三民書局暨東大圖書公司「世界哲學家叢書」

主編之一傅偉勳教授，恰好受聘為教育部評審委員。我相信他在費城一定仔細地讀過本書。以後他每次回國見到筆者，都會非常親切地問我有沒有通過了。藉東大圖書公司出版的這本書，我得與自己很欣賞的傅教授結緣，並藉他的評語而順利升等，這是始料所未及。迄今已十年，除了感激傅教授，也深深感謝三民書局暨東大圖書公司為我出版了這本書，使我因之獲益匪淺。

馬賽爾的哲學頗有東方韻味，強調「存有即主體際性（或稱互為主體性）」，從人與人的深度臨在來達到「超越」。他與另一位法國存在大師沙特截然不同，馬氏的人性觀是積極和正面的。唐君毅先生多次讚賞他，稱他和雅士培、海德格三人才是正統存在主義哲學家。可惜七十年代少有國人認識他們，以為存在主義的代表人物只有沙特、尼采、卡夫卡、卡繆而已。哈佛的杜維明教授亦表達過對馬氏的敬仰之情。

《馬賽爾》出版後，許多有心認識他的人終能一窺馬氏全貌，而能隨著這位大師來體認存在的真髓。其中值得一提的是政大尉天驄教授，他每次遇到筆者，都會興奮地談他讀到的東大版《馬賽爾》，並熱情地介紹該書給其他朋友。二〇〇一年八月「誠品全球網路」上出現一篇由蕭佳傑先生撰寫的深度書評，以《馬賽爾》為對象，剴切介紹本書內容，曾引起一些漣漪。

藉著文字，作者無聲地與讀者的心靈交融，這是作者的至樂。而思想傳遞的媒體則是幕後的出版者。值此三民書局創業五十年大慶的機會，三民的作者和讀者一起向這位極有遠見的劉振強董事長和他的合作同人致敬祝賀，實在是理所當然的。筆者謹隨一大批沉默大眾，向幕後英雄們表示衷心的敬意和謝忱。但願三民書局出版好書的傳統永久保持，帶給兩岸人民豐富的文化資源和精神食糧。

【陸達誠先生在本公司的著作】

馬賽爾

# 我的憶念與感恩

## ——記三民書局與劉振強先生

趙天儀

### 一、大學時期

一九五六年，臺北市羅斯福路，正在拆違章建築，公館附近，還是一片荒蕪的地方。

一九五六年，臺北市羅斯福路，正在拓寬馬路。《自由中國》雜誌上，有人說中國三大工程：萬里長城、運河、羅斯福路。

一九五六年，我進入臺大哲學系大學部念書，直到一九六〇年夏天畢業。

在這四年中，我除了住在臺大宿舍，在學校上課，或在圖書館以外，偶爾也會到臺北城內，逛書店、看電影或找朋友聊天。逛書店，重慶南路是一條重要的書店街；逛舊書攤，牯嶺街當年有其魅力。因此，在偶然機遇，我比較喜歡到三民書局。當年的三民書局，店面雖然不大，卻頗精緻，乾淨俐落，我們需要的書，在這裡都比較容易找到。那時候，我認識了三民書局的兩位劉先生；有一位劉先生，我至今還不知道他的大名（編按：指劉秋涼先生），但是，我認識他以後，如果向他買書，他都會給我打個折扣，所以，我就喜歡向他買書。另外一位劉先生，便是劉振強先生了。不過，我對他認識不深，在我的印象中，只記得他的微笑很親切。

一九六〇年夏天，我大學畢業，準備當年服兵役，所以，就帶了兩大包的行李回家，一大包是棉被、衣服和日用品；另一大包是書。回到臺中的家裡，媽媽看到我的書便說：「給你生活費，你怎麼都買書？」我想那一大包的書，有些該是向三民書局買的。

## 二、研究所時期

一九六一年秋天，我服完了預備軍官役，回到臺大哲學研究所，當碩士班的研究生，後來在一九六二年十月，我又兼任了助教。剛好傅偉勳老師從美國夏威夷大學哲學系又完成了另一個碩士學位，回到臺大哲學系當專任講師，兩個碩士還是只能先當講師。但是，他卻也在哲學研究所開課，當年哲學系主任洪耀勳老師可說頗禮遇他。因為傅老師讀書的時候非常認真，玩的時候也非常盡興，所以，我常陪伴他。當時由於他準備要結婚，但是經濟條件不夠好，因此，他很想寫一部《西洋哲學史》，看能不能爭取到一筆稿費。就在這時候，我們跟劉振強先生進一步認識了。他很爽快地答應了傅老師，並且先預支了一些稿費。從此，我也有機會陪著傅老師，讓劉先生請客。

這時候，三民書局請了一位工作人員，他個子高高的，是一位帥哥。他是來自苗栗卓蘭的客家青年，因為他是我內人的同鄉，又是她卓蘭中學的學長。所以，有一段時期，到三民書局，我就向他買書。

## 三、教學時期

當年臺大哲學系，有兩股西方哲學思潮頗為流行。一個思潮是邏輯經驗論，廣義地說，還可包括維也納學派、邏輯實證論、英美分析哲學、科學哲學、語言哲學等等。因此，邏輯受到了重視，我也受了殷海光、黃金穗兩位先生的影響。另一個思潮是實存主義，我也受了洪耀勳、曾天從及傅偉勳等老師的影響。

當我徘徊在這兩大思潮之間，因為傅偉勳老師的啟發與鼓勵，我選擇了美學、藝術學、文藝學及詩學這個方向，而且也受了德國美學、日本美學及英美美學思潮的影響。

我在三民書局出版了兩本小書，一本是一九七一年出版的《美學與語言》，收錄了我的四篇論文，包括美學與價值論，受了英美分析哲學、分析美學的影響。另一本是一九九〇年出版的《現代美學及其他》，包括現代美學及現代詩的美學。前者以哲學的美學及心理學的美學為主。後者則以現代詩的美學為主，介紹了《現代詩》、《藍星》、《創世紀》及《笠》等的詩壇滄桑。

## 四、離開臺大以後

從一九七三年到一九七四年，臺大哲學系事件發生，正鬧得滿城風雨，我也變成了驚弓之鳥，幾乎變成了被圍剿的靶場，陷入了政治的暴風圈。在這個時候，除了臺大師友聲援我們以外，同情我們的社會人士也不乏其人。劉先生在風風雨雨中，也對我個人頗為關心，這是令我銘記在心裡的。

劉先生創辦了三民書局，五十年有成，其成就大家有目共睹，不用我多言。我除了書寫一點記憶以外，最想一提的是由傅偉勳、韋政通兩位老師為東大圖書公司主編的「世界哲學家叢書」，嘉惠國內學子了解世界級的大哲學家，可謂功不可沒。

那麼，就以此短文來紀念三民書局創辦了五十年，並且祝福劉先生及其同仁們。

【趙天儀先生在本公司的著作】

美學與語言

現代美學及其他

# 三民書局與我

呂亞力

我與三民書局的關係，可從兩方面來敘說：首先，我曾為該局撰寫了兩本大學程度的教科書：《政治學》與《政治學方法論》，以及上下兩冊專科程度的《公民》；其次，我與劉董事長振強相識已歷二十餘年，對他的才能與為人，自認具有相當的了解，並且甚為欽佩。

現在先談我為三民寫書的經過：民國七十三年寒假的某一天，劉董事長突然來訪，表示想請我寫一本《政治學》，在這以前，我已為五南書局撰寫了一本《政治學》，那本書相當簡略，至多只能說是我準備寫的《政治學》的綱要而已，因此，我對劉董事長的邀約，欣然接受。在其造訪後的第三天，我就開始寫書，由於事先資料準備得相當完備，全書的架構也已了然於胸，加上自己正在臺大講授大一「政治學」，對學生的程度與困惑，相當清楚，因此，寫書速度甚快，不久就已完成兩章，交由三民派專人攜回編排校對，如此邊寫邊排，不過半年多，全書已告完竣，出版上市。這本書日後曾再版多次，其中有些版本僅為改變一些微小的細節，或者為配合時勢之變遷，如蘇聯的解體，而必須更易一些內容。小修的版本較多，但也有兩次大修，不僅增添了新的章節，對全書的內容也作了較大規模的補充與充實。

《政治學》一書的撰寫，是相當愉快的經驗：全書並無深奧的理論，也不必在文字上下太大工夫，我只要按既定目標寫來，每天就能完成厚厚的十餘頁稿紙。但撰寫《政治學方法論》，就辛苦多了。《政治學方法論》是我為三民寫的第一本書，大概在民國六十七年就開始著手的。至於這本書是在什麼情形下與三民簽約，已記不清了。我現在僅能依稀記得當初原計畫寫一本比現有的厚重得多，也艱深得多的書，而且內容完全是狹義的方法論。後來，有人對我說，這樣的書，因為恐沒有市場，書商拿到你的稿子，會不知如何處理，因此才臨時改變初衷，決定寫一本大不相同的書。狹義的方法論部分簡縮成三分之一，列為第一篇；另外以政治研究的一些基本工夫，也即一般所謂研究方法，與蒐集和分析資料的技術作為第二篇；一些較重要的政治分析之概念架構則作為第三篇。書名仍叫《政治學方法論》，不算離譜，因為二、三兩篇也是一般政治研究必備的常識；也可說是研究方法，與第一篇相合，即廣義的方法論。這本書出版多年，我對政治研究的看法已有了一些改變，書中有些論點，我自己已不能完全贊同。不過這些都是細節，在重要的環節上，這書仍然不必更動。方法論的若干問題，本來爭議性就相當大，我已盡量把不同的觀點公平呈現。我自己偶爾主觀的意見，讀者應不難覺察，他們盡可能思索出自己的立場。

撰寫專科學校的公民課本，本來不是我的專長，興趣也不濃，勉強答應撰作，是感於劉董事長的一片誠意。他在勸說中特別提及前輩學人薩孟武先生對此舉也頗感興趣，有意嘗試，薩氏認為當時的公民教育對培養青年純正的政治興趣與正確政治態度，作用不大，尤其公民課本，過分灌輸集體主義的價值，充滿對領導者個人崇拜的言辭，不重視啟發青年對群己關係確當的認知，與民主社會公民的自我肯定與期許。薩氏的看法，我頗有同感，遂決定班門弄斧，撰寫上下兩冊的公民課本，由於作者對專科學校公民課程的實況不夠了解，這兩本書不免閉門造車，其結果我是不盡滿意的。

劉董事長與我相識已超過二十年了，在這期間，我們每年見面不過一、兩次，每次交談不過十分或二十分鐘，除了談我撰寫的書（劉氏每過一段時間，會來請我改寫《政治學》的部分內容，以便再版），也涉及其他的事，諸如時政與文化與出版界的情況等等，我發覺他的知識豐富，見識不凡，與許多人心目中的「商人」大不相同。

除了一般印象，他的為人也使我相當欽佩。他在幾年前，曾斥巨資，雇請多位專業人員，編撰《大辭典》與《新辭典》，這件壯舉，確實不易。原本政府遷臺前，我國確有一些相當高水準的大辭典，嘉惠士林不淺，但這些辭典出版的時間都已近半世紀，新的資料均付之闕如。因此，編撰嶄新的《大辭典》，確實甚有必要。但此舉花費甚大，而且在臺灣讀書風氣淡薄的現實環境下，很可能血本無歸，因此，一般私人出版商都不敢輕易嘗試，不顧一切做這件事的人，必定對文化事業具有高度熱忱。劉氏毅然投下巨資完成這一出版界的盛事，令人甚為感佩。

三民出版的大專教科書，不僅課題廣泛，而且一般水準都相當高，國內外許多學有專精的人士，都樂意為三民寫書，主要是有感於劉董事長禮賢下士的作風與誠懇熱誠的態度，使他們無法拒絕其邀約。至於三民的同仁，我了解不多，但從工作中略有接觸的幾位的談話獲知，劉董事長對其聘用的人員甚為尊重與親切，對其福利也都周全照顧，因之，三民的人員士氣甚高，工作甚為認真負責，記得我所寫的書的校對工作，就甚為仔細，儘管我的字跡甚為潦草，但三民的版本，錯字幾乎絕跡，這是目前不少其他書商的出版品難以望其項背的。

三民能成為我國出版業的翹楚，劉董事長禮賢下士的作風與對文化的熱忱，也許是一個主要原因。我希望在劉氏領導下，三民書局能百尺竿頭，更進一步，大大提升我國文化與出版業的水準。

【呂亞力先生在本公司的著作】

政治學
政治學概要
政治學方法論
公民（上）（下）

# 三民書局：臺灣成功經營者的最佳範例

成中英

三民書局是臺灣最大的書局與出版公司之一，可說名滿天下，無人不知。三民的成功不是偶然的：五十年的可持續經營的累積本就可觀，然而更重要的是，三民的創業者劉振強先生多年來不斷推動一些極有價值的系統出版工程，使三民書局出類拔萃，成為出版界的先鋒與標竿。據我所知，三民是第一個出版大學教科書的個人獨資經營的公司。這在英美早就習以為常，但在臺灣或整個中國的出版史上卻是創舉。出大學教科書當然是要有學術上的權威性的：三民邀約知名的大學教授執筆，既解決了作者的問題，又解決了教科書的市場問題，因為教授可以用他的著作，來作為授某課時的教材。這一個方案，在三、四十年前的臺灣可是極富智見的大手筆，因為這意謂著劉先生看準了市場需要，而又有能力與膽識，作出大量資金的先行投入。等到第一批教科書採用後，第二批的教科書就有資金發展了。依次推展，就順利解決了出版的周期與資金周轉循環的問題了。

三民的第二個值得推許的工程是推出「世界哲學家叢書」。此一叢書涵蓋中外古今哲學思想家百家以上，顯然是一個浩大的編寫與出版工程。此一工程是必須結合學界的菁英才能做到的。劉先生為人謙和，尊重學者，又能言出必行，稿費付出合理並快速，學者都樂意與他合作。故友傅偉勳教授生前為此叢書策劃運籌，出任主編，大力推行，不懸時即成果累累。傅教授編輯此一叢書的成功，自然也反映了劉先生發展事業的成功。

第三個值得稱述的是劉先生自己主持的撰寫中文排版用字的工程。劉先生認為中文字體應該完整，除了常用字外，還應包括次常用、罕用、異體、俗體……等字體。因之他集合了一個小組，專門從事排版字體的繕寫並將之掃描進電腦。數年前我回臺北，劉先生請我吃午餐，餐後即參觀位於復興北路的編輯部辦公室。該項工作過程之嚴謹是我生平少見者。劉先生從事此項工作，表現了他對保存與發揚中國文化與中國文字的熱誠，令人生敬。我深信這項工作將標誌著臺灣中國文化事業的長青與不朽。

以上所列三項壯舉，是三民書局作為一個出版社發展文化出版事業的成功。但三民書局作為一個私有企業，卻有其特有的企業經營者的成功，而此一成功卻少為學者所道及。作為一個私有企業經營者，劉先生不但有眼光與目標感，而且有管理的長才。我曾有一次和他談及管理之道，他說他的管理是中國式的：他對員工很優惠，非常重視員工的福利。員工家裡有事，他必格外照顧。另一方面，他的經營手法，顯然具有現代企業的精神：工作效率很高，重視包裝與設計，在既有的企業基礎上，發展相關的出版文化事業。數十年來，三民書局可說完全守著事業，而心無旁騖，實在非常難得。我個人近年來，除事業哲學的研究外，也倡導中外管理哲學的研究，藉以界定與改善中國文化現代化的走向與其世界化的能力。雖然我對三民出版企業的發展，並未深入理解，但從以上我所觀察到的事實看，三民出版事業的成功發展，顯然展現了一套現代化的中國管理模式，也毫無疑問，可以作為臺灣地區近半世紀以來成功的企業經營者的一個極為成功的範例。甚至可說是臺灣發展經驗的一個具體的成功個案，很值得管理學院教學者的重視。

我認識劉振強先生是上世紀六〇年代後期的事，而且是由先父成惕軒先生介紹的。家父很早就認識劉先生，並經常推許劉先生的為人與才幹。那段時期我經常從美國回到母校國立臺灣大學講學，擔任哲學系的客座教授，最後並擔任該系的系主任與研究所所長。在臺期間，我發表了不少有關科學哲學、分析哲學與中國哲學的論文。我於一九七二年初回美國，決定把已經發表過的論文及一些尚未發表過的論文集合成集，交與三民書局出版。我那時一共整理出兩本書稿，並分別定名為《中國哲學與中國文化》與《科學真理與人類價值》。這兩本書很快就在一九七四年先後出版了，是屬於「三民文庫」的一部分。這是我在臺灣用中文出版最早的兩本書。之後我回臺都常和劉先生見面，劉先生每每問及我其他書稿的情形。由於我在美國夏威夷大學哲學系教研工作日重，還不時擔任行政職務，回臺的時間逐漸減少，專業寫作都用英文發表。但一九八三年，我回中央研究院三民所（社會科學研究所）做客座研究教授半年，以分析孫中山先生的三民主義思想為起點，進行了對中國的現代化過程所包含的問題與方法的哲學省思，提出了一個整合文化、社會與生活的綜合哲學，並對美國社會哲學家約翰・勞斯的公平理論，首次提出有關討論與批評。

同一時期，我又思考了中國管理哲學與企業倫理的問題，這是具有時代精神的思考，因為在那一時期，臺灣正經歷著經濟的向上轉形與向前衝馳，自然涉及到企業管理方法的思考。我記得在一九七九年，就被經常問及臺灣經濟如何持續向上發展的問題。我的回答是，必須檢討企業管理的手段與發展眼光，以加強臺灣的國際競爭力。因而，我提出了企業管理五個因素觀念的修訂與擴大，最後並進行了中國管理哲學的重建工作。我又首先注意到企業倫理的重要，特別提出工業化與倫理化的雙管齊下的主張，並稱管理倫理的重建為「倫理工程」。我把有關這方面的文章與上述我對中國現代化問題的省思之篇章合為一冊，決定以《中國現代化的哲學省思——「傳統」與「現代」理性的結合》為名，交給三民的相關機構東大圖書公司出版，該稿於一九八八年就正式出版了。這可說是八○年代我在三民書局出版的唯一的一部書。

九○年代我對管理與倫理的思考更為成熟，尤其對兩者的相關與相互補充的功能也有了更深的體會。我又同時進一步探索此中一體二元思想的易學根源，因而發展出一套兼含管理與倫理功能的管理相生系統，我名之為「C理論」。所謂C者，指的是「創造力(creativeness)」和「創造性(creativity)」或「創化性(creative change)」，故「C理論」實即「管理的創造力」或「創造的變化管理」理論。C又有「文化」、「中華」與「儒家」等含義。但C最重要的含義是，十個到十四個英文辭中，以C為首的管理功能的有機組合與相生循環的持續運用，形成了一套高度有序而又直覺明晰的管理診斷、檢驗，與管理平衡、強化與發展的系統。此一系統又同時包含了當代西方與中國傳統中的理念，故為中西相互結合的管理體系。我在思考中國文化的現代化與現代應用的問題時，特別注意到一般論述中國管理的理論，往往逕取一家之言來發揮，因此往往是非儒即法，非法即兵。但現代的管理功能與管理目標是多元與多面性的，不限定在一個價值目標的取向上面。因之，我把中國哲學中的七家之言（道、法、兵、墨、儒、易、禪）綜合起來，形成一套有機相生而又能相互制衡的開放系統。我的論述有部分是在《經濟日報》上發表過的，有部分則是近年來講述管理哲學的講義。我最後把這些部分集合成一個整體，決定交由三民書局出版。三民書局欣然接受了我的原稿，在不到一年的時間內，我的九〇年代在臺灣的中文著作《C理論：易經管理哲學》就於一九九五年在東大圖書公司出版了。這部書原訂於數年前推出修訂本，但由於我的工作繁忙，未能如願。我很想在最短期間完成此一修訂本的出版計畫，更高興三民書局表示隨時配合。

多年來，劉先生向我表示，希望我寫出一部中國哲學史的書。我也有這個宏願，但仍然由於在美教學涉及的課題與專題的研究占用較多時間，未能專就此一課題作出整體性的發揮。最近為美國出版的《中國哲學百科全書》及英國即將出版的《儒家百科全書》，用英文撰寫中國哲學史中的宋明清系統與人物專題近二十餘節，加上我已發表過的原有對中國哲學起源的研究與當代二十世紀中國哲學的總結研究，約有四十餘萬字，應具備了一個中國哲學及其發展史的本體詮釋架構。如果部分譯成中文，部分另行補充，整合成為一部有關中國哲學理論與中國哲學史理論的著述，是近期可以實現的事。當然，如果我能安排出時間，沉潛於中文的寫作，或者更能符合與達成劉先生對我原始的期許吧。

【成中英先生在本公司的著作】

中國哲學與中國文化
科學真理與人類價值
中國現代化的哲學省思——傳統與現代理性的結合
C理論——易經管理哲學

# 三民書局的管理哲學

曾仕強

一九八一年二月，生平第一本小書：《中國管理哲學》，在東大出版。當時的心情歡愉，幾次跑到三民書局，就好像回到自己的家。那種溫馨的感覺，迄今仍難忘懷。而且印象深刻，如在眼前。

忝為大學教授，當然寫過論文，也編撰過教材。但是管理哲學的探索，畢竟是經過若干變動，才決定下來的終生修習、研究、探討的路徑。加上「中國」這兩個字，固然十分親切，卻也責任重大。中國管理哲學，在當時顯然不受重視。就算現在管理科學炙手可熱，管理哲學仍然屬於冷門。常有友人相勸：要自創品牌，也應該慎重考慮。中國人哪裡懂得管理，又何來管理哲學？

在這種情況下，第一本《中國管理哲學》，當然不敢暢所欲言，提出創新的論點。每逢友人勉勵，書愈寫愈好，都會坦誠報告：大學教授的第一本書，務須寫得大家看不太懂，才符合學術的需求。

寫到這裡，應該向劉董事長振強先生表示十二萬分的歉意。為什麼明知如此，還要添三民書局的麻煩？

教育界同仁，幾乎不是三民書局的作者，便是三民書局的讀者。近五十年來，臺灣出版界有太多的變化，而三民書局卻屹立不搖，不停地發展。出書的質和量，遙遙領先。對兩岸三地的文化，有很大的貢獻。振強先生的熱誠與愛心，更是有口皆碑，眾人稱道。

有這樣的好人，不找他找誰？這是當時的想法。十六年後，才知道這樣的念頭，實在太粗淺了。

一九九七年五月，有感於中國管理哲學，必須講求修齊治平的道理，其中齊家的課題，尤為管理科學所忽略。若干極為成功的企業家，在這一方面所承受的痛苦，實在難以忍受。於是與內子劉君政教授，合作撰寫《現代父母寶鑑》。想起十幾年前的《中國管理哲學》，列為東大的「滄海叢刊」，一直沒有三民書局出版的書，對於出了二十幾本書的作者而言，未免不是一種遺憾。幾經考慮，仍請振強先生指教，並且在三民書局印行。

重慶南路的三民書局依然碧麗輝煌，始終是讀書人心中的一盞明燈。復興北路的三民書局，更是獨樹一格，很遠就吸引大家的眼光。走進去的感覺，也和一般書局不一樣，充滿了高雅的文化氣息。

振強先生朗爽而堅實的笑聲，吐露出高遠的壯志。這些年來，專心致力於中文排版字體與軟體的改進，不但花費巨大的資金，而且投入無比的心血。三民書局的研究發展，由於振強先生的親自主導，當然有優異的成果。

令人欽佩的儒商，使人難忘的商道，讓人心儀的文化巨人，振強先生果真當之無愧。

《現代父母寶鑑》，和管理哲學有什麼關係？這是許多人常提的問題。大學之道，指的是修身、齊家、治國、平天下，其中並沒有立業這一個項目。難道職業、事業和志業，都不重要嗎？答案當然是否定的。只是工作不一定是人生的目的，卻是用來達成修、齊、治、平的一種手段。如果不能夠在職業、事業、志業的歷程中，做好修齊治平的修養，那就是白做了。不但毫無價值，而且很可能帶來很多不良的後遺症，實在不可不慎。

家不能齊，即使（這兩個字，今天的人大多誤為即便。有很多學者專家，也跟著錯下去，不知道誰是孔子所說的始作俑者。）在事業上有再大的成就，畢竟是一種遺憾。

何況這個家，還不是我們現在所說的這種小家庭。大學所說的齊家，是指大家族的領導。三代同堂、五代同堂之外，還要擴大到其他的親族。這樣龐大的組織，若是領導得大家心悅誠服，當然可以進一步被推舉出來，把國家治理好。現代人一個小家庭都領導不起來，就要出來競選。可以想見中國管理哲學長久以來，已經隱而不顯了。

斷斷續續和三民書局的同仁有一些互動。從訂約、交稿開始，到校對、印刷，以及作者購書的過程，表現得有如一家人那般的親切。依據經營者要求幹部如何對待顧客，必須以同樣的態度，來對待自己幹部的法則，振強先生平日對待幹部，必然也勤教嚴管，而諄諄善誘。規模相當龐大，卻能夠親如一家人。大學之道的精髓，振強先生早已充分發揮。證明這兩本書請由三民出版，事實上是作者的心願，在此再申謝忱。

往昔文人，無不惜墨如金，慎重下筆，深知白紙印上文字，是千古的大事。因此書籍珍貴，而大眾開卷有益。左宗棠大人屢次勸告胡雪巖大俠，就算不為功名，也要多讀書。胡先生白手成家，富可敵國，而內心最得意的，並不是富貴財勢，卻是被眾人尊稱為東南大俠。可見讀書明理，是古往今來，各行各業人士必須重視的共同課題。

今日速食成習，一切講求速度，用畢即棄。出版界受到求新求變的影響，忘記了「變有百分之八十是不好」的古訓，幾乎和其他各界同步地亂變。網際網路更是缺乏倫理的規範，胡作亂為。從書名到內容，唯新是求，卻嚴重地破壞了最基本的文字規律，可以說是多看有害，形成開卷無益的可怕現象。三民書局始終以不變應萬變（這一句最高的管理智慧，也被很多學者專家胡亂加以解釋，幾乎成為最妨礙進步的字眼），站在有所不變的基礎，妥善地尋求合理的有所變，相信廣大的作者與讀者，都看得出來。

三民書局的管理哲學，應該是有所變也有所不變，合乎生生不息的要求。文化界的老字號，祝福五十華誕，薄海同歡！

【曾仕強先生在本公司的著作】

現代父母寶鑑——教養子女十講（合著）

中國管理哲學

# 一位樂觀、進取的文化巨人

## ——劉振強先生

溫世頌

我初次認識劉先生，大約在四十年前。那時我剛從師大結業，並自行出版一本當時第一部類似字典的《心理學名詞彙編》，除了贈送給朋友與有限的銷售外，靈機一動地找上我常遊逛的三民書局，請門市部代售。就在那時見了劉先生一面，他懇切的面孔與清楚的交代，一方面使我對餘書釋了懷，也給了我很大的鼓勵。

民國五十五年我出國進修前曾去拜訪他，並向他辭行。當時他就提議，要我學成後為三民書局寫教育或心理學方面的書，因為當時這方面的大學用書實在太少了。我不禁佩服他在學術方面的眼光，與他對文教方面紮根的信念。記得當時唯一可讀的中文心理學課本，就是蘇薌雨先生的那本大作。

當我取得學位並在大學任教時，為了升等與永久聘書，乃兢兢業業地教好書，做好研究，寫作的事只好暫時擱在一邊了。後來我趁應邀回國參加第二屆國建會的機會，拜訪劉先生並惠請教益。別後多年，與他重敘時，令我更感受到他那種求才殷切的進取精神，以及對發揚歷史文化的樂觀遠見。那時候，已有幾十位學者與教授為三民撰寫大專用書。我可以從言談中，真摯地體會到他的成就感與對未來的信心。在我同意他的看法與做法的同時，不知不覺地加入他的行列，答應為三民書局寫一本《教育心理學》。一方面希望心理學方面的書能因此更加充實，更希望不辜負他對我的期待。

此後，每逢返臺的機會，除了與過去的同學與親朋重聚外，一定去拜訪他，主要的是聽聽他的奮鬥歷程，探討當前的文化問題，也試圖更了解他對文化事業的願景。有趣的是，不論多麼忙碌，只要見到我，他立刻把事作個交代，然後坐下來長談。這下，反而使我這個不速之客感到十分歉疚。歉疚歸歉疚，我還是喜歡跟他懇談。他從未有多餘的話題，總有獨特的見解與令人佩服的感觸。他使我深深的感到，一個真正成功的人，總能保持對別人的尊敬，並且喜歡與人分享他的經驗。我常因此自省，要多向他學習。

值得一提的是，他喜歡與員工分享他的成就。在這個大前提之下，他十分重視員工的福利，也非常關懷員工的問題。不少員工跟隨他多年，很少他去。正因為如此，員工的工作態度顯得非常積極，可以處處看出他們在主動地工作。

我的《教育心理學》於民國六十七年出版，對此他為我高興。最令我感動的是，他經我同意，把稿費親自交給我當時還健在的、住在鄉下的老母親，使他老人家倍感榮耀與人間的溫暖。由於該書的社會反應相當良好，加上中文電腦書寫版的問世，我答應劉先生為它作大幅度的改寫與修訂。增訂版於民國八十六年問世。那時候，劉先生顯然想打火趁熱，鼓勵我寫一本普通心理學。我一時愣住。首先，我想為剛寫完一本書需要一段休息作藉口；其次，雖然教了多年的普通心理學，要執筆撰寫好一本書又是另一回事。

面對他的鼓勵，當時我想：在美國出版的普通心理學多得難以屈指，每本書都有它的特色，要將眾書的優點匯集在一起需要智慧、信心與毅力。看了幾本當時出版的以中文撰寫的《心理學》，深覺國內需要一本易於理解、有趣、切身、與時俱進的普通心理學，我於是決定接受這個挑戰，更何況劉先生那麼信賴我。不過，我對他有個請求：三民書局為心理學推出一個嶄新的大學用書版面。他豪不猶疑地答應了，這又是一個積極進取的實例吧！雖然我的工作不算太忙，但是由一個人於課餘撰寫一本學術性的大學用書，實在是一個長期的挑戰。還好，劉先生不斷地關懷與鼓勵，一本《心理學》終於民國八十九年底問世，其版面、用字、插圖、印刷等，呈現出頗為引人注目、令人喜愛的一本專書。

劉先生在出版界與文化界的成功，是和許多科學界、企業界、商界、服務業界、與教育界的菁英一樣，靠著自己的大腦與雙手奮鬥起家的。他知道我出身寒門，於是也樂於分享他奮鬥的經歷。他自大陸來臺的初期，是個無依無靠、獨自奮鬥的「窮小子」。靠他在書店裡勤儉務實的工作，不僅成了書店的董事長，也成為建築業界非常成功的業餘企業家。目前，他已成為許多人尊崇與追隨的文化先進，也是國內外學術出版界的領導者。

欣逢三民書局創業五十年，出書六千餘種，展書二十餘萬冊的豐功偉績之際，藉此簡敘我與書局創始人劉振強先生為學術文化而互動的一些往事。我沒有漂亮的言辭，但有真摯的感觸；我沒有昂貴的賀禮，卻有謙誠的祝福。願劉振強先生健康快樂，祝三民書局宏圖大展。（於美國密州傑克遜城）

【溫世頌先生在本公司的著作】

教育心理學

心理學

# 老驥千里話三民

黃永武

如果好書是可以長期享用的寶藏，那麼出版好書的書局，就像珍珠、珊瑚堆積如山的大寶海。怎樣才算好書？最簡單的驗證：一本書看了不想看第二遍的，就不是好書，連其第一遍所看也是多餘的。一本書若看罷捨不得丟，常常想起來再翻，成為案前家具中最精美的一部分，有時坐臥相隨，這就是好書。三民書局所出版的未必都是好書，但至少劉老闆心中是一直期望好書都到三民來，這從劉老闆時常不請自來學者作家的家中拜望，這種禮賢的習慣到三民書局已大大發跡成企業龍頭時，仍不改初衷，他拳拳在膺的心志，由此可見。

我在三民出版的第一本書：《詩心》，是學生時代撰寫的，直到我在三民出版的最近一本書：《愛盧談諺詩》，是退休後完稿的，前後近三十年。我對詩的愛好不曾變，而劉老闆非但出版的雄心不變，相貌也沒大變，還孜孜研究先進的電腦及中文輸入，一談到標準字體建檔，他手舞足蹈，像個過動兒，簡直童心大發。哇，說三民書局已創業五十年了，可想而知，中間毅力貫注，現在活力依然，五十年如一日，這位五十年風浪打不敗的水手，毋庸多說，這就是真本事。

《詩心》是我在詩歌賞析方面踩出的一小步，沒多久就被香港的雅言出版社盜印，列為「詩文叢刊」第一種，朋友告訴我，左派書店都在出售。那時兩岸三地的書，出版法不嚴，誰看上了，喜歡就印，而臺灣出國觀光還沒開放，我也看不到盜版書印成什麼樣子。不久，與《詩心》同名的書也有多種，這些都增進我對寫作的信心。

我大量寫作開始於民國七十七年，那時經國先生逝世，匡復無望，社鼠城狐處處爭權奪利，典型既喪，風俗日惡，而大陸上又逢「六四屠城」，微弱的自由民主曙光全被捻熄。巨人們立功立德的價值觀被扭曲顛覆，好像只剩一枝筆的立言工作，仍牢牢掌握在自己手裡，那時我在三民出版了《愛廬談文學》、《愛廬談心事》，在序中寫著：「面對當前滄海橫流的時代，鬱盤的忠義之氣，姑且化作悠然孤往的文辭吧。」接下來兩岸關係變化很大，統派獨派各有盤算，而我的書裡第一篇就是《簡體字就是紅衛兵》，其餘的也不是討好鄉土媚俗的東西，而三民書局對內容立場從不干預，兩岸是否行銷也不考量，只管有擔當地扛起來。

在我決定提早退休、遷居海外時，再把《愛廬談諺詩》交予三民印行，又將幾篇演講論文合印為《詩與情》，當時心想著述工作可能暫告段落了吧，我雖不是桃源逃秦客，也不是滄海老遺民，然而亂世草草的無常與不安，心情略為相似。讓我不能像乾嘉盛世時段玉裁寫《說文解字注》那樣，書寫好了，放在家裡慢慢訂正，訂正了二十年還不肯付印。眼看國事民情，日變日薄，總想早日付印，早了一樁心事。

沒想到人至國外，結習不易忘卻，依舊頤情典籍，而且這兒可參閱的書冊比國內時尤為方便，析疑振滯，比國內時更有從容的歲月，單是《愛盧談諺詩》裡當年闕疑之處，就已收集補正不少，真有點後悔付印得嫌早了。

所幸三民書局有一點足以力追西方先進書局的做法，所謂「再版」，不只是照舊葫蘆重刷而已，常常不惜重排補訂，像我的好友黃慶萱先生的《修辭學》可以三次重排，這種看重理想、不惜工本的做法，對作者們都起日新又新的鼓舞作用，修正「一旦付印，銀貨兩訖」的割截態度，對作品仍然有關懷與責任，說不定《愛盧談諺詩》也有機會訂補得完美些呢。望著三民五十年的老驥千里，前程自遠，嗨！勿謂時艱！河清可俟！記住那句「加餐努力俟河清」吧！

【黃永武先生在本公司的著作】

詩心
愛盧談文學
愛盧談心事
愛盧談諺詩
詩與情

# 我與三民書局

丘宏達

我初次見到劉振強先生，是在當時衡陽路的書局裡，那時我本來是要到虹橋書局買書（編按：三民書局於民國四十三年開業時，與虹橋書局共用一個店面），因該書局有英文書，而我對歷史很有興趣，想找一冊西洋中古史的書，那書甚貴，沒有買，就買了一本其他英文書。剛開始對劉先生的印象是他很有想法，他告訴我，當時三民書局中文書籍擺放的位置，已依中國圖書分類法分類，而他已將所有書的位置都記熟，有人詢問馬上可以找到。

其後我將大學的畢業論文編印成《條約新論》，由海疆印刷廠印刷、三民書局經銷。為何該書稱為「新論」？因早在民國二十二年吳昆吾先生已出版了一冊《條約論》，另外曾在外交部任職的孫希中先生也有一冊論條約的書，但因其中無注解，所以未能參考。拙著《條約新論》第一部「條約的性質」，由東吳大學陳澤祥先生協助寫成；第二部「條約程序」的第三章〈批准〉，由陳澤祥先生寫述，其他各章由本人寫成，事實上，該書有相當的部分由我的同學張偉仁先生將資料譯成中文，然後由我編入該書，但張偉仁先生很客氣，他認為一本書不應列太多人的名，所以我只能在序文中致謝。此書承蒙葉公超先生題字作書的封面，並由當時聯合國副祕書長胡世澤、新聞局長沈錡作序。此書編寫期間，亦承蒙指導教授彭明敏博士悉心指導，提供許多資料，方能順利完成，後來彭教授教條約法時也採用此書，據說李鍾桂教授在政治大學也用此書教授條約法。

當時許多臺大及政大教授的書均由三民書局出版，我也將另一拙作《現代國際法》交其出版。該書第一章至第五章由本人寫述；另外各章由不同的專家、學者寫述，如王人傑教授、陳治世教授、楊國棟先生、陳長文律師、俞寬賜教授等；其中第九章及第十二章由劉滌宏先生協助完成，但因他當時涉及與中共人員來往問題，所以不能列名，僅能將稿費給他。《現代國際法》的特點是用橫排、把注解放在每頁下面、專章說明國際法的參考書，並由黃剛先生及楊國棟先生編列索引，另外還有拉丁名詞英譯表，以方便學生閱讀英文原著。這在當時實屬創舉，我認為以當時的時空環境，像劉先生這樣能接受此新觀念與新作法實屬不易，可見劉先生在經營事業中仍一直求新、求變，以求取進步。在《現代國際法》出版前，三民書局先出版拙編的《現代國際法參考文件》，其中第七章專列〈有關中國的重要國際法文件〉，編列了中國對日本、德國及義大利宣戰書，「開羅宣言」及當時有關臺灣歸還問題的討論，中美共同防禦條約及換文（附英文），美國臺海決議案（附英文）……等。該書出版後反應良好，至民國七十年時，已第三次印刷。《現代國際法參考文件》一書承蒙外交部陳榮傑先生、林基正先生協助甚多。

至民國七十二年，《現代國際法》一書出版已屆十年，劉先生一再要求本人加以增修訂，但一方面因為合寫書的諸位先生皆事務繁忙，另一方面則因為於民國七十年時，前中國國際法學會張理事長彝鼎教授，要求本人將原來由該會出版的英文刊物《中國國際法年刊》(*The Annals of the Chinese Society of International Law*) 加以改組，充實內容及水準，以便向國內、國外發行，加強與國際法學界聯絡。改組後英文版的《中國國際法及事務年報》(*Chinese Yearbook of International Law and Affairs*) 自民國七十一年發行第一卷，自此後每年定期出版，辦理此年刊費時甚多，所以對《現代國際法》一書的修訂工作，一直無法進行。只在民國七十三年將原來的《現代國際法參考文件》增刪後出版，改名為《現代國際法基本文件》。民國八十五年，再次增修，並將書名改回原來的《現代國際法參考文件》。

英文版《中國國際法及事務年報》中，包括了許多外交部條約法律司提供的我國國際法上的實踐，各方反應均認為很有參考價值。因此張理事長認為也應該出版中文版的《中國國際法與國際事務年報》，以供國內國際法學者、外交人員及學生參考，此事又交由本人來負責辦理，但同時敦請法學界前輩朱建民先生擔任顧問指導。在朱教授指導下，第一卷中文版的《中國國際法與國際事務年報》在民國七十六年一月出版，由於年年忙於編輯與出版中、英文版年報事宜，致使修訂《現代國際法》一書的工作一直無法展開。

個人在馬里蘭大學法律學院的教職除了教學與研究外，還兼指導學生辦理出版《馬里蘭國際法與貿易學報》，及主編《現代亞洲研究專刊》。所幸自民國七十四年開始，聘請杜芝友女士為東亞法律研究計畫助理主任，並擔任專刊執行編輯，她同時也擔任中、英文版國際法年報的執行編輯；其後又聘請張素雲女士為上述三項刊物的副執行編輯。兩位編輯都很能幹，減少本人許多行政工作，因此本人於民國八十年開始籌劃寫作《現代國際法》一書。為了專心寫作，首先將課程集中在秋季講授，春季只教一門課，民國八十年至八十一年即完成了五章。原計畫在八十二年全年向學校請假專心寫書，但剛開始寫書不到二個月，應國內邀請返國出任行政院政務委員一職，因此寫書一事又告中輟。在國內服務期間，只有利用週末在辦公室寫作，並利用此段時間到中央圖書館查閱資料。在此一時期，承蒙祕書歐陽純麗女士週末前來幫忙整理文稿及代查資料，順利完成了三章。

民國八十三年二月底辭去公職，為儘快完成此書之寫作，再向馬里蘭大學情商減少授課時數，所以在同年三月至八月將餘下八章完成付印。《現代國際法》一書從開始撰寫到完稿前後歷時四年。本書的特點是儘可能在國際法闡述相關部分，找出中國的實例說明，並對與我國有關的部分作較詳盡的分析，實例多為本書之特色，亦是完成此書費時最巨的工作。

本書出版期間，在美主要由張素雲女士協助校對，杜芝友女士則負責代為處理一些行政工作，使本人有時間對稿件再作核對；在國內則由陳純一教授及歐陽純麗女士擔任校對及一些行政事務。曾擔任《遠見》雜誌編務工作及替本人修改文稿多年的任孝琦女士，特別自國內來美協助校對及潤修文字的工作，使校稿工作得以早日完成，對以上幾位，本人表示深切的謝意！本書內容及注解複雜，並使用西方教科書的方式排印，將每頁注解放在該頁底部，以方便讀者查閱。但是這種排印方式，頗為費事，承蒙三民書局編輯部安排，該書的索引則由張素雲女士與陳純一教授負責編列。

本書原來計畫有十八章，但寫到第十六章印出來已近一千頁，所以暫時省略〈國際環境保護法〉與〈國際法上武力的使用與中立法〉等兩章，待將來再版時再加入。

內人謝元元女士及已逝世的家父母（丘漢平先生及楊敏儂女士）一向認為，學術工作對社會較有長遠的貢獻，因此一再策勵寫作此書不宜中途而廢，多所支持與鼓舞，該書得以順利出版，內人、先父母之功實不可沒。

本人現已改任馬里蘭大學名譽教授（Professor Emeritus），專任東亞法律研究計畫主任，目前正積極增寫〈國際環境保護法〉與〈國際法上武力的使用與中立法〉等兩章，並修訂、加強部分章節，希望不久之後，新版的《現代國際法》及增修後的《現代國際法參考文件》即可呈獻給讀者，也希望藉著此書，感謝劉先生及三民書局多年來給我的支持。

【丘宏達先生在本公司的著作】

現代國際法

現代國際法參考文件

# 吹起知識的號角

在號稱知識經濟的年代，網際網路成了人類的新寵兒，因此有識之士已預見閱讀的危機，而提出呼籲，希望大家重新思考閱讀的價值，重視出版的貢獻。

以美國為例，根據調查，美國人平均一週至少上網五個小時，百分之五十五以上在家裡或辦公室有上網條件，大多數美國人通過網路收發信件；此外，美國人把網際網路當成一個龐大的圖書館來使用，百分之二十五的人在網上買東西，百分之十的人在網路上做金融交易。

往昔，美國人是在早餐桌上看報紙，晚餐後與家人朋友看電視，如今美國人正在逐漸遠離以家庭、社區與大眾傳播媒體為中心的生活。美國史丹佛大學社會研究所在二〇〇〇年二月發表的《孤獨的群體》中指出，網際網路正在導致人們迅速走出大眾傳播世界，網際網路的出現使美國人與朋友、家人在一起的時間越來越少。

當然，我們欣見科技的出現以及其所帶給人類的方便，不過這個資訊網路的科技世紀，所給予人類的另一個經驗，卻是自然生態遭到剝奪，不經意間：林木的蒼翠變成童山濯濯，溪流的清澈也濁了容顏，人類的知識展開廣度卻缺了深度。更令人憂心的是：人文關懷在科技的社會中逐漸流失，科技突破時空的物理距離，卻遙遠了人類心理的距離。

其主要原因，是因為大多數人應用資訊，只停留在休閒與日常生活處理的層次，只有少數教育程度高的人，才會轉換利用在生產工作與學術研究，於是資訊的發達可能反使人類知識差距日益顯著。「專寫別字的大學生」、「疏懶的閱讀者」，已是我們社會普遍的現象。

「資訊的爆炸」帶來「資訊超載」(information overload) 的現象，進一步產生資訊焦慮症，人類已經無法將資訊消化為知識了，更別說是形成為智慧。

臺灣社會從一個進步、發展、繁榮的社會，形成今天短視、功利、焦慮、膚淺而無所適從，正是這種真正知識與智慧日趨沒落的結果；因此如何掌握資訊，進一步將資訊化為合用的知識才是重點所在。資訊要變得有意義，就得經過個人的消化而成為知識；資訊轉化為知識的關鍵，除了個人依據自己的關懷，主動尋找有用的資訊外，更要加以反芻，然後才能產生結果。

三民書局以及它的創辦人劉振強先生，正是臺灣吹起真正知識號角的人。五十年前，當臺灣尚在落後的階段，正需要從事多方面的發展，而這種發展的真正動力，是來自於知識；劉先生有這個了解，也有這種心願，他正是身體力行、苦幹實踐的人。

我們在五十年後的今天，所見到的不僅是三民書局已出書六千餘種、展書二十餘萬冊，被譽為「兩岸第一」；更可貴的，是見到劉先生對知識的尊重與對學人的禮遇。

在二十世紀五〇年代，新聞教育在臺灣剛剛萌芽，新聞學與傳播學的書更是鳳毛麟角，嚴重缺乏；每憶當年學生時代，每見一本有關新聞與傳播的書出版，都興奮不已，搶先購閱；以後從事教職，更蒙劉先生盛情相邀，囑咐主編一套新聞傳播叢書，於是梅長齡、歐陽醇、何貽謀、張宗棟、方蘭生、于洪海、趙俊邁諸師友紛紛響應，以理論與實務，把知識與經驗無私地貢獻給青年學子，為新聞學與傳播學增添了綠油油的一片園地，這正是三民書局做了媒介、做了橋。

劉先生對讀書人的尊重與禮遇，也可說是出版界第一人。他以豐厚的稿費贈給作者，有時作者收了預支稿費而久不成書，他也不相責怪。在出版人中，我印象最深的是王雲五老師與劉先生，我認為他們為出版界所作的努力與所吹起的知識號角，正是臺灣社會欣欣向榮的知識動力。

這些年，個人不斷呼籲倡導「資訊、知識、智慧」的三大發展層次。不可否認，相對於過去的傳播媒體，網際網路今天提供了雙向性，為資訊交流打開了另一道大門；不過，資訊所提供的，畢竟只是初步的資料，如何依據這些資料，透過自我經驗的累積與研究的心得，加以觀察、分析、辨別，這樣才能形成知識；在思考中，進一步力加反省，使自己的人格日趨成熟與圓滿，才真正是有益社會與人類的智慧。

「讀者文摘」創辦人華萊士，是一位堅持以讀者為中心的出版家，他希望藉文字，將服務化身為知識、希望、啟示、肯定、激勵與歡笑，更提倡隨時在編輯與製作上，流露著對讀者體貼入微的關懷。我認為：三民書局與其創辦人劉先生，正是媲美華萊士的一位有理想的出版人，他的貢獻不僅是琳瑯滿目、洋洋大觀的三民叢書，更透過這些知識培養出臺灣無數的知識分子，是這批知識分子把臺灣建設成進步的社會。

在高喊知識經濟的今日臺灣，我們感謝劉先生的貢獻，也期待三民書局的進一步發展。（二〇〇三年三月十日於正維軒）

**【鄭貞銘先生在本公司的著作】**

新聞採訪與編輯

新聞學與大眾傳播學

民意與民意測驗

# 半世紀的知識分子典範

黃昆輝

雖然我從事公職相當多年，但是個人最懷念而且最嚮往的還是在教育界教書、做研究的日子。早在民國六十二年，三民書局的董事長劉振強先生，第一次邀我寫關於教育行政的大學用書。當時我擔任師大教育研究所所長，對教育行政有一點心得，國內對教育行政議題的關注亦仍在啟蒙期，劉振強先生就已經注意到這個問題及趨勢，顯示他對教育的關心。

後來我出任行政工作，擔任省政府委員、教育廳長等，就和學術界稍微脫節了，無法如期為三民書局寫書，但是劉董事長仍然禮貌有加，和我維持聯繫，讓我感受到他敬重知識分子、讀書人的真誠與熱情，不能為三民書局多寫點東西，是我的遺憾。

我的兩位好友溫世頌先生及劉安彥先生在美國擔任教席，學術成就卓然，都受到劉董事長對教育文化投入奉獻的精神感召，好幾本學術論著都由三民書局出版，也都受到教育界的重視，嘉惠年輕學子。我經常聽到他們兩位稱頌劉董事長為教育文化界的用心。

雖然，昆輝後來沒有繼續在學術界服務，但是劉董事長仍秉持一貫態度，以一位單純的學者來看待我，讓我更深深地感受到劉董事長的為人，尊重知識、有情義、謙虛誠懇，沒有現代生意人的功利主義傾向，在現實注重功利的社會中，即使是在文化界也是相當的難能可貴。

除了對讀書人的敬重，劉董事長更有一份文化人對國家社會的責任感及使命感，為了教育文化盡心，不計成本，投入編纂出版《大辭典》以及許多大學用書，都不是以利益為考量。

其中，在教育領域上最值得一提的是，三民書局在高等職業教育上所做的貢獻。在臺灣經濟成長的過程中，高職教育可說為臺灣經濟奠下良好的基礎，沒有技職教育培育出來的人才，臺灣的經濟成長不能如此蓬勃。但是在升學主義高漲的臺灣，高職教學用書是屬於冷門書，在市場上並不如一般教學用書看好，而三民書局仍投下大量的資源，編了很多很好的高職教學用書，對臺灣的技職教育有實質的貢獻，對臺灣的經濟成就功不可沒。

今年欣逢三民書局創業五十年，半個世紀出版了六千餘種書籍、展書二十餘萬冊，這樣的成果是不斷累積而來的，靠的不只是對文化事業的一股熱誠，歷經社會的變遷不斷地改革，以符合時代的需求，還必須有強烈的使命感，將教育文化當成一項志業，不以商業利益為標的，為國家社會長久的教育文化奉獻，才能一以貫之、歷久彌新。

這樣的精神在當今的文化界，鳳毛麟角，值得我們來推崇與紀念，更希望將此夙昔典範發揚光大。（二〇〇三年四月）

【黃昆輝先生在本公司的著作】

美育與文化（主編）

# 三民書局與我的學術生涯

陳奎憙

三民書局創業五十年來，對於臺灣教育文化發展的貢獻，可謂有目共睹。這五十年間，我的學術生涯和三民書局息息相關。前半段時期，約在一九五〇至一九七〇年代，時值求學階段，我是三民書局的忠實讀者；後半段時期，約自一九八〇年代迄今，由於我自英返國，任教於國立臺灣師範大學教育系，承劉董事長振強的厚愛，有幸成為三民書局作者。所以說，我在求學、任教與研究的漫長過程中，幾乎離不開三民書局，彼此互動至為密切。三民書局讓我在個人學術生涯中獲益非淺。

我曾在三民書局出版兩本著作：第一本是一九八〇年出版的《教育社會學》，這本書是我升等為教授的代表著作。此書曾於一九八八年與二〇〇二年進行兩次修訂；第二本書是和王淑俐、單文經與黃德祥等三位教授合著，於一九九六年出版的《師生關係與班級經營》。

「教育社會學」在教育學術領域中是一門較為新興的學科，許多人對它甚為陌生，有些人甚至誤以為是「社會教育學」，事實上兩者大不相同。教育社會學一方面研究教育與社會之間的關係，另一方面在運用社會學觀點來分析教育制度，進一步解決教育問題。教育在本質上是一種極為複雜的社會活動，很適合藉社會學概念來解釋與分析；它可以使教育人員具有社會學（以別於哲學與心理學）的眼光、智慧或想像力，去思索教育問題，並設法解決。

我在教育社會學領域中，對於微觀的「教學」社會學很有興趣，尤其對於教師角色與師生關係的社會學分析，頗為用心研究。一九九〇年代，我國師資培育趨於多元化，在教育部公布的教育學程科目中，除「教育社會學」外，「班級經營」也是必修科目之一。「班級經營」是一門偏於實務性的課程，理論基礎源自於師生關係與班級團體互動的研究成果。因此我與三位教授共同商討結果，認為應兼顧理論與實際，於是第二本書乃定名為《師生關係與班級經營》，以期兩者互相印證，並收融會貫通之效。

臺灣近十幾年來社會變遷非常快速，教育改革浪潮對教育制度所帶來的衝擊，引起廣泛的注意。因此，教育社會學的研究也逐漸受到重視，國內大學教師參與此一學科領域之教學與研究者越來越多。許多研究生亦以教育社會學作為其研究主題並撰寫論文。一九九七年私立南華大學正式成立國內第一個教育社會學研究所，象徵著臺灣教育社會學的發展進入另一階段。經過多位學者的努力，有關此一學科的學術團體——臺灣教育社會學學會——終於在二〇〇〇年於臺灣師範大學正式成立，會員共計一百多人，在許多同道好友的薦舉下，我被選為創會第一屆理事長。擔此重任，自己深感惶恐，亦覺榮幸。當然，此事似乎與三民書局無直接關係，但我覺得三民書局一九八〇年出版我的《教育社會學》一書，廣為各校採用，具有一定的影響力；另一方面我感受三民書局奉獻文化的經營理念，而能數十年如一日，堅守「教育社會學」研究的崗位，也有某程度的關係。

在我與三民書局接觸過程中，覺得它的經營規模與經營理念均令人印象深刻，值得在此略加敘述。三民書局五十年來的發展，就硬體規模而言，由早期重慶南路精華地段的店面，迄至目前復興北路美輪美奐的大廈，擴充至為迅速。該書局出書已達六千多種，展書高達二十餘萬冊，堪稱出版界龍頭。就經營理念而言，三民書局堅持一定的學術水準，出版著作寧缺勿濫。其所編印的大學用書，一向保持封面黃色、素雅與精美三大特色。該書局一貫作風，尤其表現在對作者與讀者的尊重與服務，此乃因劉董事長能以身作則，領導全體同仁獻身文化事業有以致之。劉董事長在出版界聲譽卓著，屬學術出版界的清流。他為人謙虛誠懇，卻具有異於常人的獨特風骨。他經營三民書局的一貫理念與作風，令我十分敬佩。

臺灣目前正面臨政情混亂、經濟蕭條、社會失序、教改迷失……等困境，但個人認為臺灣基本上是一個民主開放的社會，經濟上仍具有相當的潛力，加以教育普及，人力素質仍高，所以我們對臺灣的未來實不必過於悲觀與失望。但願三民書局百尺竿頭更進一步，能結合學術界同仁，發揮匡時濟世的道德文化力量，使臺灣成為一個真正美好的社會。

【陳奎憙先生在本公司的著作】

教育社會學

師生關係與班級經營（合著）

# 古道照顏色

柴松林

## 一、初識

知道三民書局，迄今已近半個世紀了。那時候臺灣的圖書館少，藏書也不多，且多採封閉式的借閱，很不方便。集會結社受限制，遊憩活動不發達，課餘之時，最常留連的地方，就是重慶南路的書店街。

除了臺灣銀行對面那幾家專賣翻版外文書的書店外，每次必到的有兩家。一家是代理聯合國出版品的世界書局，滿足我了解世界情勢的欲望。因為每次去都花很多時間翻閱資料，慢慢的認識了店裡的幾位長輩，給我很多方便，也敬佩他們的學識和人品；有幾位到今天還以亦師亦友的關係往來。

另一家必定會駐足的就是三民書局，那時販售的書籍也很有限，但對當時的大學生卻是一個寶庫。因為三民出版學術性、專業性的書籍，主要是大學用的教科書和參考書。那時我本行的中文書還沒有，所以每次去瀏覽的都是文學法政方面，對視野的拓展有很大的幫助。開始時會去三民書局，除了所出版的書引起我那種想望知道其他系科的同學，他們知道什麼之外；還有兩個理由：一是三民出版的書的封面外觀淡雅，而且走道上書櫃的排列不太擠，在燈光照明不講究的時代，站在書架前看書的感覺比較舒服。二是停留一、兩個小時，店員對我仍然視而不見，端坐在櫃檯後，不會走到面前來問我找什麼書，沒有那種壓迫感。我做學生時，由於貧困，幾乎除了字典外，沒買過書，只是想辦法到處看，到處借；能看的一定看，不會像現在這樣應看的未看，影印存檔，存多了拋棄掉。

## 二、近接

在國外念書的那段時間，沒接觸到三民書局的消息；回國以後，由於好幾位我尊敬的老師是三民的作者，常與其往來，言談會提起其經營的事，引發了對其好感，也常買三民出版的書。

一天，三民書局的負責人劉振強先生到家來拜訪，他文雅端莊，正是以往偶爾會在門市部見到過的那位，不過，當時我不知道他是負責人。說明來意，也提起那幾位師長的推介和對我的期望。於是便應邀成為三民書局的作者，對劉先生的敬佩並不全在於他對於作者的尊重，也不全是他支付稿費的優厚，而是因為他的信守承諾和勇氣。

統計學雖然是我的專業，在這方面也發表過許多論文和專書；但是因為我在戒嚴時期，做了許多在當時被認為不合時宜的事。我在一切為經濟發展，一切為出口，追求成長優先的時代，倡導環境保護，並組成環保團體；在仿冒盜版、商業活動還停留在貨物出門概不退換的時代，推動消費者運動，創立保護組織；在政府尚未承認智能障礙為殘障，認為生了智障孩子有辱門楣的時代，創辦了臺灣最早的智障教育機構；和宣揚人權的觀念，觸犯了當年威權體制下的禁忌。

政府發怒，大學發出解聘通知，媒體列入黑名單，可是劉先生主持的三民書局仍然付稿費，出版我的書。隨著時間的推移，還主動的要求修訂再版。後來這些書雖然賣得很好，但在那個時空，還是要冒相當的風險，這就不能不歸之於經營者的寬宏，和劉先生的卓識勇氣。

## 三、期待

有一次到三民書局門市部買書，遇見劉先生，十分熱情邀登樓，看正在編輯中的《大辭典》，看到多位學者專家埋頭工作。編輯工具書是耗時費力的工作，若非由於對於知識的熱愛和基於出版家的道德責任，市場規模有限的情形下，很少有人做這種投資。後來這套辭典出版，獲得知識界很高的評價。迄今仍是擺在案頭最常翻查的工具書。

三民書局的出版品都屬於比較嚴肅的一類，在社會科學和人文學科方面的貢獻，任何出版社難與其匹敵；即使是國立編譯館也望塵莫及。這就讓我想起清末那位在變法維新失敗之後，雖倖免死難，卻被清廷「革職永不錄用」的張元濟先生。

張元濟先生到了「新學樞紐之都」的上海，也如當時許多維新人物一般，相信要救中國，先要「啟民智」，深感「政學新理有用之書」極度缺乏，開啟了對現代中國有啟蒙作用的偉大事業——創辦了商務印書館。

張元濟先生曾說：「蓋出版之事可以提攜多類國民，似比教育少數英才為尤要。」於是他禮賢下士，網羅一批「以編譯書報為開發中國急務」的同志，組建了強大高超的編譯機關，對於民智的開啟，中西文化的溝通，中國學術文化的積累與發揚光大，都有輝煌的、不朽的貢獻。

在這裡以謙敬感恩的心情說到張元濟先生，其實，我要說的也是劉先生，他的三民書局，正如一個世紀前的商務印書館；他的出版事業所秉持的理想與信念，和他為臺灣社會所付出的心力，也正如既能務實經營，又能兼蓄並容的張元濟先生。

張元濟先生晚年曾寫過一首這樣的詩：

昌明教育平生願，故向書林努力來；

此是良田好耕種，有秋收穫仗群才。

就拿這首詩祝賀三民書局的生日，也表示對劉先生半個世紀以來嘔心瀝血的貢獻，些微的感激與尊敬。

【柴松林先生在本公司的著作】

統計學

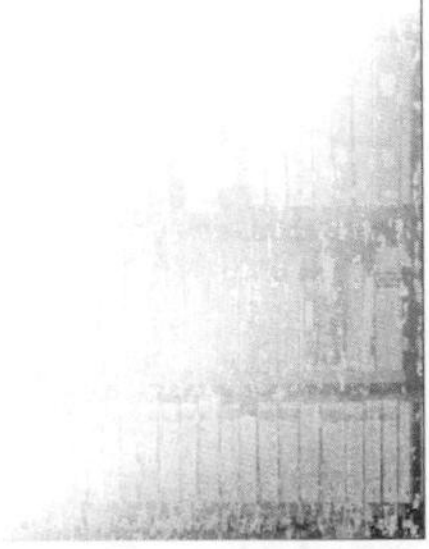

# 主編「中國現代史叢書」緣起

張玉法

從一九五五年我到臺北讀大學，就常到重慶南路逛書店。我已不記得什麼時候第一次在三民書局買書，只記得第一次與劉振強先生打交道是在一九六六年。那年嘉新水泥文化基金會把我的碩士論文《先秦時代的傳播活動及其對文化與政治的影響》出版，印刷了一千冊，嘉新只留一百冊作為贈送圖書館之用，剩下的九百冊完全送給作者。當時我在中央研究院近代史研究所工作，在院旁租小屋而居，九百冊書占據我很大的生活空間，除了將這些書贈送師友請求指教以外，也乘逛書店之便，帶到重慶南路一帶找書局寄售。記得當我把十本書送到三民書局時，劉振強先生親自把書接下來。我說：「賣完以後請通知我補書，到時再結帳。」劉先生卻說：「我們都是窮學生出身，我現在就把帳結給你。」那些時候我在重慶南路找過好幾家書店，還沒有碰到像劉先生這樣體諒別人的老闆。其後多年，我向劉先生提到這件事，他說他已不記得。

真正與劉先生來往較多，是近十多年的事。記得在一九九〇年前後，臺灣經濟繁榮，三民書局的業務日漸擴張，除了早已擴充的重慶南路店面以外，又在復興北路建了新的大樓。那些年，劉先生經常邀請學術界的朋友吃飯，表示要為學術界做點事。朋友們覺得這比吃飯更有意義，便把一些書拿給三民出版。我交給三民出版的第一本書是《歷史講演集》，在辛亥革命七十週年的時候，三民又為我出版了《辛亥革命史論》。就在那幾年，臺海兩岸開始了學術文化交流，我常去大陸訪問各大學及研究機構，接觸到不少歷史學者，與他們談兩岸史學交流的事，發現大陸上有不少現代史的著作，或因學術性太高書店不願出版，或因內容敏感書店不敢出版，於是構想為三民編一套「中國現代史叢書」。

在一次餐會上，我向劉先生談了我的構想，劉先生當即答應，事後即主動請編輯部的同事與我聯絡。當時我編輯這套書的構想主要有四方面：(1)出版學術性有關中國現代史的專書，每書的篇幅在三十萬字左右，必須是實證的而不是意識形態的、是理性分析問題的而不是隨意褒貶的。(2)為了促進兩岸史學交流，大陸學者的著作與臺灣學者的著作間隔出版，如有海外的著作亦歡迎。(3)書稿由我個人聯絡、由我個人審查，如果有出版的價值，我即推薦給三民書局編輯部，由編輯部與作者訂約、並進行出版事宜。(4)我在每本書前寫一篇主編者序，除說明叢書出版旨趣外，並介紹作者及該書之學術貢獻。

「中國現代史叢書」於一九九四年推出第一本，現第十六本正在排印中，按出版順序，依次為唐寶林（中國社會科學院近代史研究所）的《中國托派史》，廖風德（國立政治大學歷史系）的《學潮與戰後中國政治（1945~1949）》，虞和平（中國社會科學院近代史研究所）的《商會與中國早期現代化》，彭明輝（國立政治大學歷史系）的《歷史地理學與現代中國史學》，楊奎松（中國社會科學院近代史研究所）的《西安事變新探——張學良與中共關係之研究》，蔣永敬（國立政治大學歷史系）的《抗戰史論》，周光慶、劉瑋（華中師範大學中文系）的《漢語與中國新文化啟蒙》，吳翎君（花蓮師範學院人文社會教育系）的《美國與中國政治（1917~1928）——以南北分裂政局為中心的探討》，王建朗（中國社會科學院近代史研究所）的《抗戰初期的遠東國際關係》，林桶法（輔仁大學歷史系）的《從接收到淪陷——戰後平津地區接收工作之檢討》，楊奎松（中國社會科學院近代史研究所）的《中共與莫斯科的關係（1920~1960）》，李一翔（上海社會科學院經濟研究所）的《近代中國銀行與企業的關係（1897~1945）》，唐啟華（中興大學歷史系）的《北京政府與國際聯盟（1919~1928）》，馬振犢、戚如高（第二歷史檔案館）的《蔣介石與希特勒——民國時期的中德關係》，張玉法（中央研究院近代史研究所）的《近代中國民主政治發展史》，王永祥（南開大學歷史系）的《雅爾達密約與中蘇日蘇關係》（排印中）。上述十六本書，七本書的作者在臺灣，九本書的作者在中國大陸。

近年臺灣出版業競爭激烈，我對劉振強先生排除萬難、回饋學術界的心志，由衷敬佩。每次逛書店，見三民書局門庭若市，覺得劉先生能在五十年間，在臺灣出版界打造出一片江山，不是偶然的。當此三民書局慶祝創業五十週年之際，謹述「中國現代史叢書」出版緣起，藉表感謝與祝賀之意。

【張玉法先生在本公司的著作】

辛亥革命史論

近代中國民主政治發展史

歷史講演集

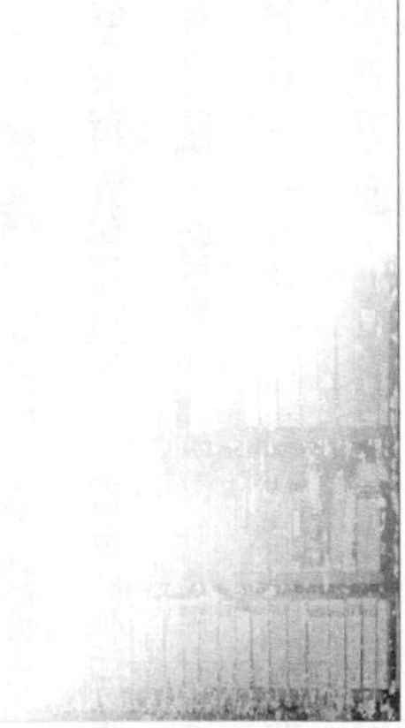

# 三民書局創立五十週年感言

葉和明

時逢三民書局創立五十週年之際，本人欣然受邀在此表述多年來與該書局之多次接觸及心中的感言。約在民國六十年間的一個早晨，該書局的董事長劉振強先生來訪，並邀約撰寫大專院校化工科系重要學門的教科書《單元操作》(一)～(三)。當時我萬分願意，立刻答應下來，因為如此，在成功大學教授該門課程之餘，還可以藉該書問世後之便，與外校師生以及有意自修研習該書之社會人士，經常廣泛討論及交換意見。這一門三冊書終於在民國六十一年出版，而在我轉職任教臺灣大學後，陸續再版兩次。

「單元操作」乃化學工程學門中之主科，舉凡高等考試、留學考試、特種考試、就業考試及研究所入學考試等，無不以其為主要考試科目。一般的「單元操作」教科書及參考書，其內容皆以闡明學理為主；至於題目之演習方面，僅在每一章節中附上幾個例題，加以說明其演算方法而已。因此學生在應考前皆缺少演習題目的經驗，以致臨場功虧一簣。有鑒於此，於是在民國七十二年間向劉董事長建議撰寫《單元操作演習》一書，而立刻獲得同意，並於民國七十三年十月出版。

隨後於民國七十五年間又承劉董事長之邀約，為東大圖書公司撰寫高級工業職業學校化工科使用之兩門主要教科書《基礎化工》(一)～(三)與《化工機械》(一)～(三)。這兩門六冊書於民國七十七年出版，其撰寫方式盡量與《單元操作》與《單元操作演習》兩門書相銜接，如此當修讀過此兩門課的高職化工科學生考上大專院校，能很順利一貫的繼續閱讀拙著《單元操作》與《單元操作演習》，而獲得事半功倍的效果。

屆將退休之齡的我，雖然將終止與學生直接互相研習功課的機會，所幸還可以藉此十冊書的出版，繼續間接與莘莘學子們互相切磋與勉勵，這該感謝三民書局曾經給我撰寫這些書的機會。在撰寫這些書期間，經常承該公司王韻芬小姐的鼎力相助，處理並商討有關簽約、撰寫、交稿與校對等事宜，以及有賴幾位年輕小伙子們的來回傳遞文件與預先初步交校稿，這些也都應該在此謹表謝意。最後恭祝三民書局在劉董事長及多位優秀幹部的領導經營之下，今後繼續鴻圖大展，業務蒸蒸日上。

【葉和明先生在本公司的著作】

單元操作(一)～(三)

單元操作(上)(下)

單元操作演習

高職化工機械(一)～(三)

高職基礎化工(一)～(三)

# 隔海的書香

李元洛

青鳥忽傳雲外信。早春時節，《三民書局五十年》的主編逯耀東、周玉山兩位先生具名的信箋，如同一只青鳥，飛過一彎淺淺的海峽，棲息在我的書桌上。原來三民書局創業已經整整五十年，欣逢局慶，他們擬編輯一本有關紀念文集，因為我和三民書局曾有過一番書香之緣，所以也邀約我寫一篇文章。

這是義不容辭的，而且我也有由衷之言。不過，提筆之時，湧上我心頭的竟首先是李商隱提到「五十」的詩句。「錦瑟無端五十弦，一弦一柱思華年」，五十年前，三民書局董事長劉振強先生青春方盛，正值華年，懷抱遠大高尚的文化理想的他，和兩位同樣年輕的朋友集資開店，取名「三民」。其時他們捉襟見肘，只能在他人的店鋪裡租下一角之地，放置幾個未能充實的書架，所以是名副其實的年齡小、店面小、資本小的「三小」書店。篳路藍縷，以啟山林，經過五十年的辛苦耕耘，三民書局早已今非昔比，撫今追昔，振強先生怎能不饒多感慨？「雨打湘靈五十弦」，李商隱也曾經說過。我雖居湘楚之地，但卻和三民書局深有書緣與善緣，五十局慶的喜訊敲叩我的心弦，我怎能不執筆為文，秀才人情紙半張，權當隔岸燃放的慶賀煙火？

八〇年代末期，詩人洛夫將我長達五十萬言的專著《詩美學》，推薦給尚無一面之緣的三民書局。這是純文學理論著作，而且又頗具篇幅，純粹是俗云之「票房毒藥」，在具有較大讀者市場的大陸出版尚且艱難，何況在人口不多的臺灣？原本是姑妄試之，不存奢望，不意振強先生慨然接納，決定出版，並囑其時的副總編輯與我聯繫。時隔不久，在他們的「接生」與「催生」之下，《詩美學》便在三民書局的另一機構東大圖書公司的搖籃中呱呱墜地，其時還有「平裝」與「精裝」兩種襁褓。裝幀高雅，紙張上乘，印刷精良，當我接獲渡海而來的新書，有如重逢出門遠走，歸來時妝扮一新，幾乎不識的孩子，心中洋溢的自然是喜悅與感念之情。

與此同時，我的《歌鼓湘靈——楚詩詞藝術欣賞》一書，也由東大圖書公司印出。爾後不久，即一九九三年八月，我應臺灣中國文藝協會的邀請，赴寶島訪問，得以拜會心儀已久的三民書局和振強先生。承振強先生垂青，姜穆先生倡議，我輯注評點並語譯的「姊妹書」——《在天願作比翼鳥——歷代文人愛情詩詞曲三百首》與《千葉紅芙蓉——歷代民間愛情詩詞曲三百首》，也由東大圖書公司製作了嫁衣。好事已經成雙，而且成「四」了，不料在「姊妹書」問世不久，我的散文集《鳳凰遊》隨之也承接受出版，喜出望外，有如喜慶連連之後，繼之以額外的「花紅」。

三民書局暨東大圖書公司享譽文府與書林，振強先生高遠的文化胸懷與出版理想，以及對學人與作家的尊重禮遇，我在訪臺時目睹耳聞親歷體驗之後，更是認識深刻而銘感五中。抵臺不久，我即迫不及待地「私訪」位於重慶南路的三民書局，後來洛夫與作家姜穆、詩人向明等友人陪我，專程去復興北路，參觀三民書局新蓋的高達十一層的文化大樓，並拜會如約相候的振強先生。重慶南路三民書局的規模儀容已經使我驚歎了，新的文化大樓更是美輪美奐，不僅在臺灣的書店中可說領袖群倫，即使在大陸的眾多書店中恐怕也並不多見。對自己的見聞和感受，我曾撰有〈遠有樓臺只見燈〉一文，分別在海峽兩岸的報刊發表。該文中未及記敘的一些經歷，十年來念念不忘有如昨日，從中也可見振強先生的雅人風致與仁者胸懷，絕非一般人所能望其項背，我補記於下，不是為了自己備忘，因為不會也不能忘卻，而是為了揚善彰美，讓更多的世人認識振強先生的善良與美德。

在臺期間，當時的副總編輯來電，說劉振強先生囑他轉告，我可以在三民書局任選數萬元臺幣的書籍，作為他的饋贈。我雖然覺得受之有愧，因為他前後已為我出了五本著作，來臺後又盛筵款待，復給我不少我自己的著作以分贈臺灣的舊雨新朋，何能再蒙厚贈？不過我也欣然色喜，因為書生之愛書，絕不亞於登徒子之好色，何況臺版之書在大陸也是物以稀為貴。多多固然益善，畢竟於心不忍，最後我挑了數千元的書籍，不能再得隴望蜀了，許多心愛的書只能一一割愛。

在臺一月，除了自己購置一些書刊之外，各方文友贈書不少，加之其他「輜重」，我在賓館裡幾乎是坐擁書城，而確實坐擁愁城，幸虧萍水相逢的張雯如小姐鼎力慷慨相助，為我郵寄不少，今我今日雖已不知她芳蹤何處，但仍心存感念。與此同時，當時的法務編輯徐先生來看我，說振強先生考慮我書物太多，行旅不便，所以已預定一張香港至長沙的飛機票相送，以減少過深圳海關乘長途火車的跋涉之苦，我連聲道謝之餘，「古道熱腸」、「慈悲為本」等成語，便不約而同奔赴心頭，使我至今每一念及，總要由衷地隔海祝福「好人一生平安」。

我無以為報，但念念不忘為三民書局的書香事業略盡綿力。恰逢振強先生後來有一項功在民生與民族的重大文化工程，就是注譯中國有關文史哲的典籍（編按：即「古籍今注新譯叢書」）。這一工程十分浩繁艱巨，除了臺灣的學者參與之外，還需要大陸的學者共襄盛舉。書局在北京、上海等地延請了高校許多教授，我也聯絡了湖南師範大學、湘潭大學中文系，不少學術有專攻的先生們都與書局簽訂了合約，他們都樂於為這一工程而盡己之所長。三民書局的高遠宗旨，振強先生的高雅襟懷，以及我的切身體驗與認識，我曾向與詩書有緣的家父李伏波先生一一道及，他頗為感動，曾作〈贈臺灣三民書局劉振強董事長〉一詩，收錄在他的詩集《雪鴻吟草》之中，並書贈振強先生：「立德原來自古稀，江湖雖遠識依歸。誰知糞土王侯事，澤被生民一布衣。」家父書寫的此詩的條幅，據說後來張之於振強先生家客廳的素壁，可見振強先生的看重。這首詩表達的是家父的心意，也可以說是我的心聲。後來振強先生遠赴美國探親，也曾於舊金山探看我的父母，異鄉異客，相晤甚歡，這，又可謂情及父子，緣結兩代了。

振強先生，是我平生所幸遇的一位菩薩低眉的長者；三民書局，是我心中的一炷久遠高揚的書香！

【李元洛先生在本公司的著作】

鳳凰遊

詩美學

歌鼓湘靈——楚詩詞藝術欣賞

在天願作比翼鳥——歷代文人愛情詩詞曲三百首

千葉紅芙蓉——歷代民間愛情詩詞曲三百首

# 結緣

柯芳枝

我與三民書局結緣已逾四十年。起初，因該書局係以出版及銷售法律書籍起家，法律書籍最多也最齊全，我是法律系學生，買教科書或參考書，自然向該書局報到。大學畢業後，我留在臺大法律學系擔任助教期間，因兼辦系務，常需採購法律書籍，與該書局接觸的機會更多。慢慢的，店員都認得我，後來連劉董事長（以下簡稱劉老闆）也認識我。基於這樣的因緣，這幾十年來，我成了該書局的常客，每隔一段時間，我就會光顧該書局重南門市部，看看有無可供研究參考的新書，如果有，就順手買回家。

我不僅是該書局的顧客，也應劉老闆之邀，在該書局出書。我替該書局寫的第一本書為《公司法論》，於一九八四年四月出版。在寫這本書之前，我雖寫過《公司法專題研究》及《股份有限公司之設立與管理》（正中書局出版，此書為「正中實用法律講座」二十種中之一種），前者約二十三萬字，後者約十萬字，口碑固然不錯，然卻未曾寫過可能超過五、六十萬字的教科書。劉老闆卻以優厚的稿費，不限字數及不嚴格要求截稿日期、定金以即期支付方式，與我簽約。結果這本書初版，計七百五十一頁，字數多達六十一萬字以上。在當時，屬於相當厚的教科書，當然稿費也是為數可觀。由此足見劉老闆對學者的信任與尊重。所幸，這本書出版後，銷路不錯。這筆錢，在當初訂約時，並未約定，使我感到非常溫馨。這本書，曾數度隨公司法之修正而改版。改版時，我都要求書局提供《立法院公報》中有關修法之相關資料，書局都迅速配合。最近一次改版，係為配合二〇〇一年公司法之修正而改。緣二〇〇一年十月間，立法院突然快速通過公司法修正案；修正條文（包括增刪條文在內）多達二百三十多條，占修正前條文五成四；此修正法並於同年十一月十二日由總統公布施行。公司法既經如此大幅度修正，《公司法論》一書，須經大翻修，始符現制。正好我自二〇〇二年二月一日起，休假一學期，遂利用休假期間從事修訂，預定於同年九月大學開學前及時出版。俗云：「新衣好裁，舊衣難改。」果如斯云；另一方面，又因眼疾，醫囑不宜長時間寫稿，故雖努力趕工，仍無法如期脫稿。由於「公司法」屬一學期課程，多數大學都在第一學期開課，為免耽誤學生課業，我遂打電話向該書局王祕書建議，將該書分上、下冊出書。電話中傳來王祕書相當為難的聲音。她告訴我，該書局前曾將一本教科書分上、下冊出版，結果，學生買了上冊，就不買下冊了。有此經驗後，該書局就不再分上、下冊出書。我告訴她，我的書不會有此情形，因學生須看完上、下冊，才能窺出公司法規範之全貌，並請她為學生利益著想。經此說明，她馬上與出版部門商量後，不到半小時即回電，破例同意分上、下冊發行。按一本書分成上、下冊發行，會增加不少成本。下冊是否如我所說，讀者一定會買，相信王祕書心中必有疑慮。不過，她還是信任我而答應下來。何況，她不是請示劉老闆，而是與出版部門商量後，即做決定。可見劉老闆對其幹部之充分授權及幹部之勇於任事。難怪該書局之業務會如此興盛。

我為該書局寫的第二本書為《公司法要義》，於一九九四年九月出版。此書係以非法律系學生（即外系生）及一般社會大眾為對象而寫。鑒於當時我國公司已達五十萬家，開公司的人很多，在公司裡擔任董事長、常務董事或董事等名位之人也相當多。那些人多半不知其權責為何，致常誤蹈法網，不僅自誤，也損害公司股東及債權人之利益。我在管理學院等外系也開了「商事法」課程。這些學生畢業後，多半在工商界服務（包括自己開公司在內）。我希望這些外系生能多認識公司法，俾將來踏入工商界，能夠遵守法律，循正軌經營，以利己利人。唯拙著《公司法論》，對外系生而言，實太深奧，不易理解。「工欲善其事，必先利其器」，因此，我乃應劉老闆邀稿，寫了這本較淺顯易懂的教科書，以供外系生或社會大眾初學公司法的人參考。這本書也在該書局的充分配合下，順利出版。目前也在改版中，至遲五月底，應可脫稿。

今年七月十日，三民書局創業將屆滿五十年。這半世紀來，書局在劉老闆之深耕之下，發展成擁有聳立在復興北路——捷運木柵線中山國中站旁——樓高十一層建築典雅之文化大樓做為總公司所在地，及重南、復北兩門市部，收集書籍二十餘萬種，為全國首屈一指之圖書館式書店，對社會貢獻至大。我最敬佩劉老闆的是，他不把經營所得之利潤累積為自己財富，而投下巨資從事編纂《大辭典》（三冊）之重要文化基礎工作與發展中文排版字體（計有楷體、明體、黑體、方仿宋、長仿宋及小篆等六套字體），以傳承中華文化之大型基礎工程。這種無私、回饋社會與惠及後代中華兒女之偉大情操，誠屬現代企業家之楷模。

【柯芳枝女士在本公司的著作】

公司法論（上）（下）

公司法要義

# 喜結三緣：書緣、出版緣、人緣

陳三井

## 1

民國四十五年九月，我從中部鄉下來到臺北上大學，那已是將近四十七年前的往事了。對於涉世未深，剛要進入知識殿堂的我來說，那時重慶南路的書店街，無疑是開啟我走向歷史知識寶庫的一把重要鑰匙，更是日後我不斷藉以汲取新資訊、尋找新靈感的一扇重要視野之窗。幾家老字號的書店，像正中、商務、中華、世界，還有新開幕不久的三民，都是我課餘經常光顧，流連忘返的地方。像知心的朋友一樣，它們陪伴了我走過數十個年頭。

曾幾何時，書店街已起了滄海桑田的巨大變化。有的老店新開，門面卻越開越小；有的已走進歷史，不復存在；唯獨三民書局，不但總店不斷擴充，更在復興北路興建美輪美奐的書城。假日暇時，它是我常逛、必逛的書局。遇有外國學者來臺想一親書店芳澤，我一定優先陪他或介紹他去三民書局。「三民叢刊」有我百讀不厭的文學經典作品，「滄海叢刊」、「大雅叢刊」、「中國現代史叢書」是我們學文史的人不能不注意收藏的範疇。我喜歡三民的是，它展書豐富齊全、分類清晰易找、光線舒適明亮，以及服務態度親切，常令人有滿室書香、賓至如歸的感覺。

2

從讀者到作者，由購書人變成有書在三民出版，這是從來沒有想過的事情。我前後共有三本書在三民出版，都是屬於專業研究的冷門書。第一本書名為《勤工儉學的發展》，是透過鄭彥棻先生介紹的，列入「滄海叢刊」，於民國七十七年五月由東大圖書公司印行。本書共收論著、譯作及評述十一篇，從不同角度探討民初歐戰前後留法勤工儉學運動的倡導、發展與演變過程。

出書的人常有「食髓知味」的心理，接著我又將《近代中法關係史論》一書交給書局，於民國八十三年一月列入「大雅叢刊」出版。這是個人比較滿意的一本書。是書從四個方面論述近代中法關係的演變：(1)法人殖民思想的根源和特徵；(2)法國對華政策及其在辛亥革命過程中所扮演的角色；(3)中國派遣華工參加歐戰的經過、貢獻及戰後出席巴黎和會所受到的不平等待遇；(4)從民初到一九六四年中法斷交為止，雙方的文化交流和外交關係。套一句「老王賣瓜」的話，自認這本書的出版，可以填補國內學界在專門論述近代中法關係方面的空白。

不久，我又再接再厲，「敝帚自珍」的把多年來研究上海的筆耕紀錄，以《近代中國變局下的上海》為題，交付書局列入「滄海叢刊」，於八十五年八月問世。內容主要描繪上海城市的發展軌跡，租界華人參政奮鬥的過程，新式商人的經營理念以及淞滬抗戰期間上海人全力抵禦外侮的可歌可泣故事。有了此書，使得我同年首度「登陸」上海，與上海研究的眾專家交流時，真正發揮了「以文會友」的效果。

「己所欲，施於人」，鑒於三民書局出書態度嚴謹和品質保證，個人有幸除曾與它結下出版緣外，一有機會常鼓吹朋友也把書稿交給三民出版，甚至偶爾也直接或間接不自量力的扮演「介紹人」的角色。蘇聯解體後，俄共與中國革命祕檔的解密與編輯出版，一時蔚為風潮，柏林自由大學東亞所的郭恒鈺教授對此有很大的貢獻。我曾把中國社會科學院近代史研究所李玉貞女士所翻譯的《聯共、共產國際與中國（一九二〇～一九二五）第一卷》一書介紹給東大出版，使得臺灣出版界在俄共檔案解密風潮中並沒有缺席。

又南開大學的王永祥教授從事《雅爾達密約與中蘇日蘇關係》專書的寫作，曾數度赴莫斯科搜集俄國資料，也來過臺灣，浸淫於國史館的大溪檔案，終於完成書稿四十萬字。經我的鼓勵和慫恿，他始終以交給三民出版作為第一選擇。後來，透過張玉法兄的介紹，三民已同意列入張氏主編的「中國現代史叢書」出版。不幸，王教授因操勞過度猝死，出版進度為此一度中輟。聞年後已重新啟動，近日即可出書，稱得上好事多磨。該書能夠在三民出版，乃王教授畢生最大的心願！個人有幸能夠為王教授的心願略盡棉薄，或亦可稍微告慰故友在天之靈！

3

除了買書緣、出版緣之外，筆者有幸也與劉董事長振強先生有數面之緣。劉先生幽默風趣，平易近人，他對學術文化的真誠和執著、對學者的尊重和禮遇，環顧國內外出版界恐已不多見。

劉先生似乎不太喜歡應酬交際，但看來他比較願意與學者們親近。復興園的幾次召宴，宴請的對象多為文史學界的一些老朋友，個人也曾忝陪末座。席上，劉先生往往談笑風生，不分親疏，不問大小牌，照顧到每一位座上客，真是一個令人不會感覺被冷落的好主人。

無事不登三寶殿，記憶中為了介紹別人出書的事，曾有多次機會到復興北路的辦公室去拜訪他。印象最深刻的一次是陪李玉貞女士去見他，他除了殷勤接待並很快敲定出版之事外，特別引導我們參觀那投資十分昂貴而又先進的電腦部門，以及獨一無二的造字房。要想成為具規模現代化的出版社，這兩項重大投資必不可缺，可見先生的眼光和魄力！

還有一次，俄國學者高黎明知道三民為李玉貞出版《聯共》一書，追蹤來臺，希望三民也能支付一點檔案使用費。我是牽線人，只得帶他去面見董事長。劉先生委婉的表示，出版這種史料翻譯書，純粹服務性質，並無利可圖。最後，主人爽快的另付一些費用，讓客人滿意而歸，而輕鬆擺平了這一樁翻譯權的小爭議。

【陳三井先生在本公司的著作】

勤工儉學的發展

近代中法關係史論

近代中國變局下的上海

# 父子二代情

戴東雄

今年三月五日由逯耀東、周玉山兩位先生署名之邀請函，略謂七月十日欣逢三民書局創業五十年，該局將於局慶前夕出版《三民書局五十年》，盼望舊雨新知能惠賜稿件，共襄盛舉。本人接到來函後，非常興奮，怎麼一轉眼，三民書局創業已經歷了半世紀之久。三民書局這五十年來，從臺北市衡陽路上之小小店面，已發展成巍巍聳立在復興北路的總公司；從代售大專教科書開始，現已出版文化事業最高境界的《大辭典》，令人敬佩。本人與三民書局之關係，尤其與劉董事長之交情，要回溯到家父戴炎輝開始。因此本人義不容辭，樂意在《三民書局五十年》之專刊上，以「父子二代情」為題之短文，表示本人對三民書局創業五十週年有成之祝賀，同時對劉董事長對讀書人的協助表示感謝。

家父自民國三十五年起即在臺大法學院執教，主授「民法親屬」、「民法繼承」、「中國法制史」等課程。家父為典型學者，在大學授課之餘，不是在書桌上爬格子寫作，就是在臺北市街，尤其重慶南路、牯嶺街一帶逛書店買書。我在民國五十一年至五十三年擔任臺大法律系助教時，初次從家父那裡聽到三民書局之名。依家父之描述，重慶南路上之三民書局（已從衡陽路喬遷）規模雖不大，但負責人劉振強先生對於法律方面之書籍甚為內行，尤其對讀書人相當禮遇。因此囑咐我，如購買法律領域之參考書籍，可以先到三民書局查詢。其後，本人出國留學以前陸續從師長，如韓忠謨、林紀東、鄭玉波、陳棋炎等諸教授口中，聽到有關三民書局苦心經營的情景及受惠於劉董的經驗，使我對三民書局留下更深刻的印象。

家父在臺大教「民法親屬」與「民法繼承」一段期間後，其授課講義大致整理完成。家父為使同學們有教材隨時翻閱，增加授課效果，於民國四十四年與民國四十六年間，相繼以自費出版《中國親屬法》與《中國繼承法》二冊。為銷售該二本教材，我陪同家父一齊前往三民書局拜會劉董事長。我初次見到劉董，果然如眾多臺大法律系教授所言，他穿著樸實，待人彬彬有禮，在言談之間流露出一股書生氣質。他與家父談得非常投緣，一口應允在三民書局展售該兩本教科書。果然託三民書局名聲之福，銷售成績甚佳，讀者反應也不錯。

家父在臺大主要教授「身分法」外，尚有「中國法制史」課程。家父對中國法制史情有獨鍾，蒐集了相當豐富的資料當做教材。一日，林紀東教授建議家父將法制史之講義印成書本出版，以期將中華文化之精髓留給後代子孫了解。家父對於林老師之好意非常感激，但仍猶豫不決，因為「中國法制史」在大學法律系屬於最冷門之課程，有的學校甚至改為選修，因此出版法制史之書本不會受歡迎，尤其家父剛出版兩本身分法之書籍，付出很多時間與精力，一時不敢再有出版之念頭。林老師洞悉家父之憂心，他認為三民書局之劉董與一般經營出版業者不同，是將出版事業當做文化事業看待，故林老師勸家父先與劉董事長談一談。林老師立即與劉董事長聯絡，而我陪家父一同前往三民書局。劉董事長一聽我們的來意，二話不說，即同意《中國法制史》完全由三民負責出版。他說：「《中國法制史》之出版，正可以發揚中華文化之博大精深，願意全力以赴。」劉董事長唯恐家父反悔，將一筆優厚的稿酬親自送到家中給家父。我對劉董事長此種熱愛中華文化之精神及熱心協助讀書人的態度，感動不已。

本人自民國五十八年八月留學德國，五年後返回臺大法律系任教。開始承接家父，擔任臺大法律系「民法親屬」與「繼承」之課程。民國七十四年六月五日，民法親屬編與繼承編全面大幅修正一次。此為我國身分法自民國二十年制定以來第一次修正，極受社會重視。此時，家父已出任司法院工作，公務繁忙，無暇兼顧《中國親屬法》與《中國繼承法》之改版工作。劉董事長鼓勵我接下此一工作，否則該兩本教材之參考價值會降低不少。我只好鼓起勇氣接下改版之工作，整整花了一年的時間，於民國七十六年以戴炎輝、戴東雄合著《中國親屬法》與《中國繼承法》問世。唯家父專長在法制史，故兩本身分法之教材從固有法之精神為立論之依據。我在德國接受法學訓練，尤其我國民法典乃繼受歐陸法，故我從比較法之觀點作為立論之基礎。因此，我與家父對於身分法上之見解，有時會出現歧異。從而法學先進或後學稱家父為「大戴」，本人為「小戴」，而討論「大戴」、「小戴」觀點之得失。此改版後之《親屬法》與《繼承法》，在三民書局門市部放置於顯著之書架上展售，本人至為欣慰。

本人回國以後，在授課之餘，亦在各法學雜誌上，例如《法學叢刊》、《臺大法學論叢》、《政大法學評論》等陸續發表學術論文十七篇，此為本人在民國七十四年親屬編尚未修改以前，對民法親屬編研究之心得及修法之建議。當時本人正擔任臺大法律系之系、所主任，行政工作極為忙碌，無法分身從事出版。三民書局之劉董了解本人之苦處，立即登門拜訪，願意由三民書局代勞。民國七十七年底，由三民書局之關係企業東大圖書公司，以《親屬法論文集》之書名出版本人之論著。該書編排新穎，印刷精美，頗受同道之肯定。本人對三民書局之協助，感覺格外窩心。

劉董事長之公子劉仲傑先生，在美國學成理工科之專業後，返國接任總管理處經理之職位，克紹箕裘，但願三民書局之文化事業在父子二代的努力下，百尺竿頭，更上一層樓。

【戴東雄先生在本公司的著作】

親屬法論文集

# 購書者、讀者、著作者話三民

陳計男

讀書是個人喜好之一。民國四十五年夏，隻身到臺北，開始作為一個法律人。記得在學習生活中，除了上學校的圖書館外，最勤去的就是重慶南路的書局。尤其求學當時，校園裡的書籍，特別是法律方面的，大都是日據臺北帝大留下來的日文及其他外文著作，中文法律書非常稀少，而且很不容易借到。因此，逛書局去看法律書，幾成為每個週末假期休閒的節目（老實說，一個人在臺北，也沒有什麼地方好去的）。其時臺灣經濟不好，家長供我們來臺北念書已經難能可貴了，故除了任課老師的教科書（當時許多都是學校發的手抄油印講義）外，要買一本法律參考書，腦子都得盤算一下子，是相當奢侈的。唯獨逛書店，你可大大方方的站在那裡免費瀏覽群書，而且常可以選擇一本書分幾次把它看完，也沒有人來干涉你（這大概也是當時風漬書特多，有時可以低價買到好書的原因）。偶而到福州街廈門街交界的路邊書攤，也可以買到意料不到的佳著或絕版善本書。回憶在那一段時間裡，最令人懷念而且常去的書局，就是三民書局。依稀還記得三民當時店面雖然不大，但人卻不少，書架上擺著最多的是法律書籍（也許是我特別關心的緣故），是其他書店所不及的。在我們許多法律人的心目中，它是法律書的專賣店。要法律書去三民找，找不到的到其他書局大概也是枉然。

三民書局最初的法律書，大都是大陸撤退前出版的著作，不過在董事長劉振強先生（我們私下稱他為劉老闆）的策劃努力經營下，新的法學著作一本一本出版，法律以外的其他著作，也在他苦心奔走下，成為三民的出版品。現在已出書六千餘種，展售圖書更達二十餘萬冊，為出版界所不可多得。而書局的店面，也由原來小小的一間，變成二棟多層現代化設備的大書局，服務工作人員之多，更是首屈一指。三民書局雖比我到臺北早幾年創業，但它的成長過程，是個人所目睹的。三民對於法律人提供發表的園地，讓學子有更多的好書可讀，對於文化的貢獻至巨，對於法律人更是功不可滅。

個人曾是三民站著的免費閱覽者，當然也是那裡的消費者，家裡的許多書購自三民。但是，跟劉老闆的相識，則是在六十七年間，當時個人服務於最高法院，也濫竽東吳講授「破產法」。一日，內姐柯芳枝教授告以劉老闆想跟我約稿，出版油印給學生的破產法講義，使我有些受寵若驚。因為破產法在法律系是冷門課程，如果在商言商，是很不划算的，但是劉老闆非常誠懇，二度來寒舍拜訪。當時不敢驟然答應，因為要把講義整理成一本書，需要許多時間，加以個人讀書不多，意見尚不成熟，工作又忙，何況老前輩的著作不少，是以非常猶豫，但在劉老闆的熱忱感召下，還是勉強答應下來，唯一的條件是，不要給我催稿的壓力。就這樣，六十九年初總算完成稿件，從此，大家交往也較密切。在劉老闆鼓勵下，《民事訴訟法論》上下冊，《程序法之研究》（一）～（三），也相繼穿著三民的制服，陸續出生了。拙著若被認定有點滴學術氣息，對於法律人有些許貢獻，那要感謝劉老闆的協力與鼓舞，真的銘感五中。

與劉老闆交往二十餘年，他最令我欽佩的，有幾點也應該特別在這裡指出的，就是(1)劉老闆真誠的禮遇著者，關心著者；信賴著者。常常是先付稿費，但從不催稿；不斷拜訪著者。(2)出版「三民文庫」（有點像日本的「岩波文庫」），雖然是一套小小的書系，但內容相當豐富，其中印象最深刻的二本是薩孟武老師寫的《西遊記與中國古代政治》（編按：現已重新排印，列入「三民叢刊」）、《水滸傳與中國社會》，精彩極了，讀讀薩老師的《政治學》，再來印證《西遊記》、《水滸傳》時代的政治背景，再想想當代，一定有相當的心得，所以我幾次買這本書送給同學當作休閒讀物。(3)編印《大辭典》，在那段時間，個人有幸受邀參觀製作過程，劉老闆從選字、字體、辭意等等所費的心思，製作的嚴謹，力求盡善盡美的精神，使自己親自體會目睹到一套（三巨冊）辭典出版之艱辛，劉老闆對於文化的貢獻是應該受到表揚的。(4)劉老闆很念舊，譬如今年林紀東老師九十冥誕，就斥資出版《高山仰止》一書來紀念林老師，並親寫文章，出席追思會及致詞懷念，可見一斑，令人敬佩。

三民書局在劉老闆有心地創業經營下，成就非凡，使法律人有許多好書可念，值得法律人感念。覺得有點可惜的是，年前劉老闆小恙，或許對於法律圖書的出版，較少時間關注，其他工作同仁又不像劉老闆那樣。或者與著者們已較少聯繫，或者法律書籍的出版業正在蓬勃發展的關係，三民的法律圖書王國，似乎已受到些許衝擊。期待新的五十年，劉老闆創業三民的理念與精神能夠永續光大，他也健康如昔。適逢三民書局創業五十年，塗鴉數語作為祝詞，聊表賀意。

**【陳計男先生在本公司的著作】**

破產法論
程序法之研究(二)(三)
民事訴訟法論(上)(下)
程序法之研究(一)(經銷)
行政訴訟法釋論(經銷)

# 從《西洋哲學史話》談起

鄔昆如

民國六十四年教師節，三民書局劉董事長坐著麵包車，來到臺大學人宿舍（長興街），給老師們送節禮；回國已經六年，也度過六次教師節，除了臺大每年叫綠衣人送來一點禮金外，從未有過老闆級的人物登門造訪，更別說送禮了。閒談之下，詢及在學校開什麼課，當時筆者教了六年「西洋哲學史」，同時亦在民國六十年替國立編譯館寫了一本《西洋哲學史》（正中版）；幾年下來，資料翻新，極欲修訂再版。無奈編譯館和正中對再版的條件是：加一字就要減一字，頁碼不能改。正苦於找不到良策的心境下，劉董事長的出現，真是救星。於是商酌撰寫《西洋哲學史話》，且分期出版《希臘哲學趣談》、《中世哲學趣談》、《近代哲學趣談》、《現代哲學趣談》；後面的《趣談》由東大圖書公司出版，而綜合本《西洋哲學史話》則由三民書局出版。

《西洋哲學史話》應是《西洋哲學史》的修訂，其中不但加上了許多資料，修改了舊版的手民之誤；更重要的，是把一些生硬的文字，用比較活潑的「趣談」方式表達出來。其中，尤其是分冊成各時段的「趣談」，較「哲學史」更具介紹性和基礎性、趣味性和可讀性。

從學者群中獲知，當時出版界大多會將冷門書批給路邊攤賤賣，唯有三民，寧願花錢租倉庫堆置那些不暢銷的書籍，而絕不賣給路邊攤，這是對作者的尊敬，和對學術的尊重。筆者也就本此精神感召，敢於向東大提出出版學術論文（冷門中的冷門）的提案，並獲得劉董事長的許諾出版，這便是六冊的《文化哲學講錄》陸續面世的機緣。作者能在三民書局的哲學欄書架中，看到整套的自己作品，精神的鼓舞是無法用語言來形容的。

當然，為了彌補書局出版冷門書的損失，筆者亦曾企圖回報，例如編寫銷路比較好的哲學入門書籍，屬於「哲學概論」的《哲學十大問題》（現已修訂改版），屬於通史的《西洋哲學十二講》，還有和黎建球教授合編的《中西兩百位哲學家》（現已分冊成《中國百位哲學家》以及《西洋百位哲學家》）；這幾冊書雖不是什麼暢銷書，但在一版再版的次數看來，也不會是冷門的書籍。

無課或假日，只要走去重慶南路上，總不忘到三民樓上和劉董事長打個招呼，有時亦會一起出去吃個午飯什麼的。不過，其樓下的櫃檯，總是給作者們最熱誠的服務，這是其他書局沒有的項目。

自從三民大展鴻圖，把旗艦店遷至復興北路之後，拜訪劉董事長的機會就相對減少了。最近一次由於小孩在美國加州自辦大學，而專門授予MBA學位，且五百多名學生中，多為華方人士；尤其最近與大陸北京大學結盟，協助大陸在進入世貿之後，急需經理人才之培養，而大陸半世紀來，馬列的計畫經濟已不適合當前市場經濟之需，需要大量教材與教師，而臺灣五十年來財經方面著作浩瀚，可由繁體字轉化成簡體字，教導大陸有志走財經方面的青年，於是造訪劉董事長。

在說明來意後，劉董事長首先提的問題是：三十年前在府上看見的二位小寶寶現在如何了？當筆者指著坐在旁邊，已二度做媽媽的女兒時，老闆的驚喜之情，溢於言表。然後二話不說，吩咐祕書，凡是三民、東大版的財經之書，一律送一套，其他出版社之書籍，一概以同行價格計算。

隨後，介紹了其樓上辦公室對「中國文字」保存之計畫，如何聘用了十二位研究員以及數十位寫字人員，花費巨資，把出版事業賺來的錢，回饋社會文化，直使筆者及小孩感動異常。寓教於商，定使中華文化不但不墜，而且發揚光大。

今年，適逢三民「知命」大慶，其天命的理解和詮釋也就突現在劉董事長身上，對文化的使命，對作者的友情，對出版的執著，對文字的敬重。三民的團隊在劉董事長的帶領下，必能再放異彩，而步向「耳順」、「從心所欲」，乃至於百年、千萬年之文化基業。

所以回憶數言，以祝三民五十大壽。

【鄔昆如先生在本公司的著作】

西洋哲學史話
文化哲學講錄（一）～（六）
哲學十大問題
現代哲學趣談
希臘哲學趣談
中世哲學趣談
近代哲學趣談
西洋哲學十二講
西洋百位哲學家

# 雲開星萬里

## ——□書人和□書人的情牽小記（註）

秀煌

不知何故，素昧平生而初次見面的人常提起自己寫過的兩「本」書。一是《0與1之間》，一是《人生小語》。前者係幾近四十年前的第一本少作。出版之後，命運坎坷，後來面目全非。後者則是這二十年來陸續交付出版，已出九輯的著作。同樣地寫書，同樣的人寫的書，彼此之間卻有天淵之別。這當中莫非潛藏著什麼深層的象徵意義，反映這半個世紀臺灣出版界和出版人的酸甜苦辣的腳印和心跡？

《0與1之間》是在一九六四年出版。它和另兩本相隔一年前後出版的少作《記號學導論》和《現代社會與現代人》一樣都由當時的文星書店出版。它們的部分內容也都曾在該店出刊的《文星雜誌》發表過。《文星雜誌》在六〇年代的臺灣文化界曾經引起一陣旋風——另一本在那時的臺灣造成風潮的是政論雜誌《自由中國》。《文星》匯集了不少當年的作家，也吸引不少知識分子和年輕學子。一時幾乎要為當時臺灣沉悶的思想界揭開一場小小的「文藝復興」。然而……。

出版了那些少作後，同年離開故鄉，出國求學。之後十年未曾踏足臺灣一步。可是那十年，以及接下來的一兩個十年，那三本書卻遭遇到可算悲慘的命運。起先是《文星雜誌》被勒令停刊，接著文星書店也跟著倒閉。事隔近二十年，臺灣經濟起飛，思想開放，文化界百□爭□。舊日的當事人亟思東山再起，宣布《文星雜誌》復刊。他們懇請寫稿，可是自己尚未定神細想，不久便又傳夭折。而那苦命的三本書呢？

自從文星倒閉，上述三書的版權屢易其手。在香港和臺灣出現過盜印本。最不堪的是，大約十年前偶然重見「改頭換面」的那些舊作。不翻看則已，一翻之下不禁為故鄉臺灣的□書人——「讀」書人、「寫」書人、「出」書人、「賣」書人、「吃」書人、「敗」書人……傷懷感歎，苦悶懊惱。比如，在《現》書自序裡，當年付印時這樣結尾：「而今在學術上我只是一個嬰兒，發不出精確的音符，可是我掙扎著要成長，希望有一天輕輕地哼出一曲可聽的歌。」並且註明是「一九六五年六月十八日星光裡」。可惡的□書人竟將這個屬於遙遠的年輕時代的日期留誌偷偷抹去，改頭換面地告訴讀者該書是三十年後的一九八五年出版的！聖人三十而立，作者三十年後還「只是一個嬰兒」。此情此景，怎不令人歎息失望，不堪回首。

相反地，《人生小語》這系列已出九輯的小書，卻有過一長串健康發展的歲月。出版這些書以及作者另外十數本著作和翻譯的三民書局，卻能在漫長的五十年，不算沒有風浪，不算沒有挫折地穩步成長，日臻日興。

不說別的，三民書局在一九七一年出版了作者主要在留學時期發表的散文《異鄉偶書》。兩年之後再版時，書局就不得不在作者寫的〈後語〉之後刊出一段一六五字未經作者過目的〈附記〉（見該書第三一八頁）為作者申辯「忠貞愛國之思」。從類似這樣的小事可以推想，三民書局的今日成就絕非憑空而降，天生自然。這中間居功至偉的，當然是五十年來辛勞備至的主持人劉振強先生。

作者於一九七二年到香港教書。那時香港政府對臺灣居民的來港申請管理甚嚴。因此在那之後的好幾年，劉先生偶需來港辦事，常由作者就近代為擔保促成。就這樣與他之間開始了私人往來，也因此有幸在他努力奮鬥的五分之三的時間內，直接間接見證了一個令人欣喜的成功的故事。

作者一直認為，文化這種公益和私利交織相生的事，最宜大處著眼，小處著手；而教育（包括社會教育）這種良心事業最需以身作則，正派為之。劉先生在他經營書局的歷程中，不忘自己的文化抱負和書局的社會教育功能，努力親作親為，正派從事。他的成就絕非僥倖，更非偶然。

記得在那比較有私人來往的七〇年代，劉先生來香港，我帶他去邊界的落馬洲，站在丘陵高地，俯望隔著蜿蜒的深圳河外的大陸，遙見小隊高舉紅旗的農民外出耕作，偶看零星飛鳥跨河越界自由翱翔。他出生對岸廣東，觸景生情，百感交集。我是在這樣的機緣裡認識劉先生的心懷，感受到他的抱負。又有一次，也是前往落馬洲。這次他帶著不久之後就要遠赴國外的千金。我做了簡便的三明治郊遊。（那時的落馬洲仍然荒涼，平時只有兩三攤簡陋的飲品和手工紀念品的小販。）三人坐在松林石頭上，閒語清談，天南地北。一個人在子女幼輩面前的言行舉止，常常是他人生真實的鏡影。我也在這類情境下，親自經驗到劉先生的律己和待人。在那些也算遙遠的日子裡，我曾經聽過劉先生怎樣處理偷書學童的往事，聽過他佇立九龍尖沙咀的天星碼頭，靜觀報攤賣報，統計出當時銷售量最高的日報。劉先生自己努力投入前線工作。那時他每年必定親赴臺灣中南部，推動教科書的銷售工作。他常與員工在店內共餐，激勵士氣。就是坐在理髮廳閒暇閱報，他也不忘注意尋找可能的作家。《人生小語》就是這樣應他親自之邀，收輯在他書局出版。那是十五年前的事。至於三十五年前自己身在海外，初次在三民書局出書，那又是另一段遠較曲折無法在此詳說的際遇。

劉先生的成功不僅來自認真投入，細心為之。他更是一位謙懷律己，虛心從善之士。記得《大辭典》剛出版那一兩年，他曾幾次在我面前檢討得失。接著過了一兩年，只因為在另一本辭典的序言中，為他做了細微改動，加上一個「或」字，他卻喜如知己，頻頻稱謝。

這麼多年的相識，自己也積壓了不少欠情。礙於自己的能力，常常無法輕易答應劉先生的徵召請求。不過，有件事日後或許能夠設法補償：自己未曾追隨名師學習寫字，只因小學中學那時使用毛筆寫過大小楷、週記和作文，因此家中常備文房四寶。三十年前處身異鄉，沒有書畫布置屋內。一時興致來潮，寫了兩幅唐詩字句，裝裱補壁。後來劉先生看過這些字，有一年竟然囑我寫字相贈。他辦公室懸掛的不乏名家墨寶，自己怎可貿然充數。如今退休，將來有閒或可勤加練習。但願有朝一日，寫出一幅可以用來送他的字。

自己常鼓勵學生後輩幾件修身養性的日常小事：早睡早起、勤做家務、用心寫日記、抬頭看星星。凡是勸人做的，自己也設法身體力行。有一個大清早，外出觀星，回家在葉片上寫了兩行小語：「雲開星萬里，月落人天涯。」這就是本篇小文題目的出處。(二〇〇三年四月九日)

註：作者提倡「空心辭」的思考方法，主張以空心辭方式研究現代漢語之構詞造語，也正在著手編寫空心辭詞典。在此也順便以最簡單的空心辭(一元空心辭)入句。關於空心辭的引介意義，可參見作者已於退休時贈送給香港中文大學哲學系的教學網頁 http://humanum.arts.cuhk.edu.hk/~hhho/。

## 【何秀煌先生在本公司的著作】

知識論（譯著）

異鄉偶書（一）（二）（合著）

規範邏輯導論（英文版）

思想方法導論

哲學智慧的尋求

哲學的智慧與歷史的聰明

文化、哲學與方法

記號意識與典範
——記號文化與記號人性

人性・記號與文明
——語言、邏輯與記號世界

傳統・現代與記號學
——語言・文化和理論的移植

從通識教育的觀點看
——文明教育和人性教育的反思

記憶裡有一個小窗

人生小語（一）——瞬息與永恒

人生小語（二）——愛心與困情

人生小語（三）——情・幽怨

人生小語（四）——男女・情

人生小語（五）——愛情・性・藝術

人生小語（六）——感覺與心懷

人生小語（七）——我愛・故我在

人生小語（八）——人性與自然

人生小語（九）——太陽、月亮、星光

人生小語（十）——母愛・人性的路

# 談《六法全書》

朱石炎

三民書局五秩大慶出版紀念文集，承蒙逯耀東與周玉山兩位主編邀稿，十分榮幸。由於向來撰寫法律方面的專題論述，體裁與內容較為嚴謹，主編吩咐要寫一篇輕鬆短文，一時之間，不知如何下筆。

筆者是一個法律人，從大學法律系畢業及預備軍官退伍後，長期擔任司法官及司法行政工作，在司法界服務了三十七年，於八十九年七月退休。

談到書局，當然離不開「書」。三民書局創業五十年以來，出書無數，與法律人有密切關係的專業工具書，實非《六法全書》莫屬。

早在五十年代，三民書局開始編印《六法全書》問世，很快就成為暢銷書，受到法律系師生和法律工作者的喜愛。當時書局在臺北市重慶南路一段七十七號，離筆者任職檢察官的辦公處所不遠，購買的那本藍白封面《六法全書》，至今還保存在家中書櫃內，版權頁上印的價目是「普及本特價貳拾肆元」。

遠溯二千四百年前，周威烈王時代，李悝纂成《法經》六篇，即：盜法、賊法、因法、捕法、雜法、具法，偏重於刑事法令，可以說是最原始的刑事六法全書。日本明治初年，譯印《法蘭西法典》，分為六類，方有「六法」之名稱。我國或許受了日本出版界的影響，早期六法全書，指的是憲法、民法、商法、刑法、民事訴訟法及刑事訴訟法。後來因為民商合一，漸漸變成憲法、民法、民事訴訟法、刑法、刑事訴訟法及行政法等六類重要常用法規的彙編。三民書局最初編印的〈六法全書例言〉第三點，就說明是將商事法規分別納入民法或行政法規之內，而以行政法規作為六法之一。大約從十餘年前開始，《六法全書》又增加篇幅，選刊若干重要的國際法資料，成為「七法」全書。不過，「六法」一詞習用已久，似乎還沒有人想去改變傳統的書名。

《六法全書》既然是六大類法規的彙編，如何選編法規、保持最新、精校內容、避免舛誤，是編印者的大學問，而其刊印法條內容必須正確無誤，此點更屬首要。四十年代某書店出版的《六法全書》，誤將法律修正草案條文列為有效法條內容，此一嚴重錯誤，害得法院也上了當。最高法院四十五年臺上字第四三八號，及四十六年臺上字第一六〇八號先後兩則判例，都說：「妨害國幣懲治條例係民國三十二年十月十八日國民政府公布施行，現仍有效，坊間書本刊載民國三十四年十月三十一日修正條文，因未經過立法程序，並不發生法律之效力。」因而指摘高等法院判決援引該修正草案條文論科被告罪刑，是適用法則不當。這個案例，可以當作趣譚，也可以嚴肅看待，法院錯引沒有法律效力的條文判處被告罪刑，已是違背罪刑法定原則，而推究原因，竟然是《六法全書》惹的禍。由此可見《六法全書》內容正確的重要性，蒐錄法規再多，如不精校內容，必然減損使用價值。三民書局為了精益求精，經過仔細籌劃，於八十年初新編《綜合六法全書》出版發行，相隔九年後，再推出革新版，現已成為一本著名的法律工具書，其內容之充實與條文之精校，均為讀者所推崇，劉董事長與該書編輯群，實在功不可沒，值得讚許。近年以來，使用電腦日益普遍，法規資料雖可上線檢索，究不若隨手查閱《六法全書》之簡便，站在法律人的立場，仍然盼望三民書局秉持一貫理念，繼續其《綜合六法全書》的編印事務。

筆者於多年前有幸受到劉董事長鼓勵，撰寫《刑事訴訟法》教科書，由於公務羈絆，且因長期參與該法研修工作，知悉修法情形及法制作業進度，不願於書成後頻頻修改，造成讀者不便，以致時輟時續，直到三年前自公職退休後，方得撰成該書上冊。遷延雖久，而劉董事長從未責怪或催促，筆者既是感激，更覺慚愧。然而，該法於九十一年及九十二年間，再度面臨大幅修正，許多條文修正公布而未施行，許多條文尚在法制作業中，至盼及早定案完成立法程序，以利續撰該書下冊。

三民書局從當年的篳路藍縷到現在的宏大規模，全是劉董事長領導其優秀團隊苦心經營的珍貴成果，堪以傲視兩岸出版界。欣逢五十年局慶，謹以短文表達賀忱，並祝業務昌盛。

【朱石炎先生在本公司的著作】

刑事訴訟法（上）（下）

# 三民書局

## ——文化事業的翹楚

城仲模

不斷地學習，能讓人過著充實及快樂的生活。如果每日置身在圖書館及書店這二個書籍最多、最方便學習的地方時，將是最幸福滿盈的人生。劉董事長振強先生就是基於將「圖書館與書店結合」的理念，成功地經營三民書局，這種「圖書館式的書店」創造了書店風格的極致，也讓讀者只要進入三民書局裡宛如身處寶山中，不會空手而返；我們也可以說只要是愛書人，絕對曾在三民書局留下泥爪，享受開卷有益的喜悅，這是大家共有的記憶。

劉董事長幼年時隻身自大陸來臺，在臺北縣八里鄉曾受到一位老太太的呵護與照顧，為了回報這份隆情厚恩，始終視她如母親般地侍奉孝敬，完全將東方人的傳統美德具體實現。如果勉強要挑劉董事長的「缺點」，那就是太嚴謹了，公而忘私，終日忙碌，不是為事業發展，就是在為別人著想；對自己過於嚴苛，卻大方慷慨的關懷周遭朋友。他與其說充滿傳奇，倒不如說其為人正直善良、腳踏實地、待人誠懇、刻苦自勵及懂得抓住機會。雖然沒有傲人的學歷，但在臺灣的學術界或藝文界人士裡皆有好朋友；我們可以用「往來無白丁」來形容他與人的交往，他有讀書人的風範與修養。與人相處，連朋友的家人子弟都可以感受到他的關心，噓寒問暖，二、三十年如一日。他因深刻了解讀書人的習慣，在邀稿時一定先付定金，絕不拖泥帶水，當然也就這樣而被拴住了。正因為他高超的邀稿本事及逼人寫書的工夫，許多著作都是經他再三催促下得以順利完成，印證了俗語所說：「文章是被逼出來的多」的道理。

愛書成癡的劉董事長一九五三年時僅二十二歲，與二位朋友共同成立「三民書局」，全心投入這項可長可久的文化事業。據說「三民」之名即由此而來，與政治信仰的主義沒有任何的關係。當開始書店的工作後，即全心全意、日以繼夜地戮力工作，經過半世紀的時間，重慶南路的書店大都已多次易手，唯有三民書局依然在重慶南路上屹立不搖。為擴大營業規模，另在復興北路成立第二家門市，面積均廣達六百坪，內部都加裝電扶梯，為全國書店首見，蒐集各類圖書逾二十萬冊，種類繁多，應有盡有，堪稱國內最老字號的大型綜合書店。

此外，劉董事長有鑒於戰後臺灣當時百廢待舉，出版業蕭條，中文書籍十分匱乏，於是除了經營門市之外，在創立之初即致力於出版業的耕耘，尤其高瞻遠矚地決定先從法律書籍做起，因此，許多法學大師的權威著作均由其所出版；另陸續出版《最新六法全書》及《綜合六法全書》，對倡導法治教育及普及法律觀念，貢獻良多，著實令人感佩。三民書局也出版有關財經、管理、社會……等教科書籍，其中不乏權威經典學術著作。而為普及大眾的閱讀習慣，「三民文庫」於一九六六年誕生，並採行歐、美風行的袖珍本，方便讀者閱讀。其後，更陸續出版「科學技術叢書」、「三民叢刊」、「宗教文庫」、「世界哲學家叢書」及「兒童文學叢書」……等膾炙人口的好書。又於一九七五年，成立東大圖書公司，開始出版「滄海叢刊」，收錄優良的學術著作及文藝作品。更值得一提的事，劉董事長不惜投入巨資，編纂各類工具書，包括《六法全書》、《大辭典》，甚至與日本知名出版社合作編撰英漢字典。而且也十分重視傳統文化，著手譯注古文典籍，出版「古籍今注新譯叢書」及「中國古典名著」百餘冊。所以，三民書局及東大圖書公司所出版的各類圖書，可謂包羅萬象，貫穿古今中外。

劉董事長做事嚴謹仔細，我們可以從他特別注意書籍的字體一事得到證明。在印製《大辭典》時，由於臺灣出版業都採用日製漢字銅模，其筆劃多有誤植，因此特別親自督促研發，從寫字及鑄刻銅模做起，重鑄了六萬字；而在電腦排版之後，也延聘專業人才，花費十五年的時間開發各種造形優雅的字體；所以，三民書局所出版的圖書印刷特別精美，呈現繁體文字獨特的美感。同時，為了因應網路時代的來臨，一九九六年八月三民網路書局正式開站營運，提供網路查詢及購書的服務。目前，收錄五千多家出版社、二十萬筆圖書資料，成為蒐集臺灣中文書籍最豐富的網站，再次印證三民書局永遠提供讀者最方便的服務。由此可見，賺錢絕不是劉董事長經營事業最優先考量的事，在他心中，文化的延續及散播才是其最重要的職志。

在歐美日等國有無數歷史悠久、舉世聞名如：Richard Boorberg Verlag、Ziehank Universitätsbuchhandlung, Heidelberg. Verlag C. H. Beck、MANZ、Springer Verlag；West Group、Little, Brown and Company、Foundation Press；有斐閣、岩波書局、弘文堂、日本評論社、法律文化社、三省堂……等出版社或書局，在人類文化的綿延上扮演積極重要的角色。臺灣三民書局則在劉董事長振強卓越的領導下，曾經在臺灣知識荒蕪的時代裡，注入甘泉活水；今日，三民書局更在二十一世紀e化時代裡，以積極開創的精神，致力提升臺灣的人文素質及學術水準，默默地賡續散播知識的種子，讓閱讀永遠成為人類心靈安頓的良方。今年適值三民書局走過半個世紀，基於對劉董事長的敬佩及肯定，特撰此文祝賀三民書局五十週年慶，並祈福成功地乘風破浪，向新世紀昂揚邁進。（二〇〇三年四月十日）

【城仲模先生在本公司的著作】

行政法之基礎理論

行政法之一般法律原則（一）（二）（主編）

# 大哉「三民」，出版巨人

張潤書

三民書局於民國四十二年創立，五十年來在劉董事長振強先生的苦心經營下，由一家規模不算大的書局，發展為世界華文出版界的巨人，單就出版圖書六千餘種，展書二十餘萬冊而言，就稱得上兩岸第一，但不僅如此，再就圖書的學術水準、編印素質及影響層面來看，那更是個中翹楚、唯我獨尊；像這樣品質與數量並重、學術與市場兼顧的華文出版業者，放眼全球，真找不到第二家。

筆者與三民書局頗有淵源與緣分，先父張金鑑先生在世之時，劉董事長就曾多次來家拜訪，請將書稿交由三民出版，先後有《政治學概要》（民國五十二年）、《中國政治制度史》、《歐洲各國政府》、《各國人事制度概要》、《西洋政治思想史》、《美國政府》、《政治學概論》、《行政學新論》及《中國政治思想史》（上、中、下，民國七十八年）；其後筆者任教政大，劉董事長又請筆者撰寫《行政學》一書，其中頗多新理論，出版以來已多次再版或增刷，筆者也因此書而浪得虛名，此乃三民品牌之功也。

環顧五十年來三民之所以成功，劉董事長殫精竭慮、苦心孤詣的辛勤經營功不可滅，我們可以這樣肯定的說：「沒有劉振強，就沒有三民書局。」如果沒有三民書局，那臺灣的出版界將會黯然失色。筆者多年來與三民接觸甚多，對三民的成功及對出版業的貢獻，有著下列四點體驗：

一、網羅權威學者，出版一流好書：前已述及，五十年來三民出版了六千餘種書籍，涵蓋範圍甚廣，舉凡政治、法律、經濟、財政、行政、企管、商學、文學、歷史、哲學等，皆有系統的出版，首先列出出版計畫，再以禮賢下士的誠意及優厚的稿酬，延請各學科的權威學者撰寫，書籍一經出版，馬上風行四海，大專院校相關系所學生幾乎人手一冊，而高普考試的考生也無不爭相閱讀；至於某些學術性高而市場銷路較冷的書籍，三民也不吝出版，這對於提升國內學術水準貢獻甚大。

二、恢復民族自尊，研發全新字體：在電腦排版之前，臺灣印刷廠所使用的鉛字字模，便全都是從日本進口或仿製而來。即使改為電腦排版之後，早期的中文排版字體也都來自日本。劉董事長身為出版界的先驅，認為中文印刷的字體竟仰賴日本，真是民族的奇恥大辱，於是發願要重新研發我們自己的印刷字體，這真是一項耗費巨大人力、物力與財力的大工程，單就人力方面來看，必須聘請文字學家、書法家及美工人員，且人數不能過少，否則耗時更久。在最盛時期，有多達七、八十人從事此項工作，而中文排版字體包括楷體、明體、黑體、仿宋等六種，每一個字的完成都要經過多重手續，從字形寫好、修改……到輸入電腦建檔確認等，真可算是「誰知書中字，筆筆皆辛苦」，讀者現在所閱讀的三民圖書，其字體皆是三民自行研發創造的，看起來清晰美觀、賞心悅目，這不僅是讀者的福氣，更是中華民國出版界的光榮。

三、配合時代潮流，編纂《大辭典》：過去中文大辭典是以《辭源》及《辭海》為代表，但那都是七、八十年前在大陸編印的，在臺灣雖有增編，但面對新興事物的快速出現，原有辭書已不符時代需要，劉董事長有鑑於此，「願秉區區報國之誠，與積年體驗之所得，為我復興文化大業，略效微勞，冀盡國民天職於萬一。」乃不惜重金編纂一本最新的《大辭典》，編輯工作始自民國六十年，在編輯委員、分科編輯、編輯、校對等近百人的努力工作下，終於七十四年八月出版，而其間籌度付梓之時，發現國內印刷廠所用之中文銅模，完全來自日本，其字體與標準寫法多有出入，劉董事長對此頗感不妥，於是與此間製模工廠研究重新刻製字模，費時十載，新製銅模六萬餘個，耗用鉛材高達七十噸之多，如此大手筆、大氣魄，如非基於民族大義與文化傳承的情懷，是絕不可能完成的。

四、發揮領導藝術，建立經營團隊：一位成功的企業家絕不會單打獨鬥，而是運用他人的智慧與能力，來建立高效率的經營團隊。劉董事長深諳此一管理法則，並發揮高明的領導藝術，所以才能把三民的員工結合成上下一體、互信互助、精誠團結、共創願景的大家庭。劉董事長在用人方面唯才能是問，一旦雇用即充分信任並適當授權，使每個人的聰明智慧與能力才華得以發揮。此外，對員工的生活照顧得更是無微不至，員工有任何的請求，只要是合情合理，劉董事長無不應允，甚至為解決某員工的財務困難，贈與數十萬元亦在所多有，這種關懷體恤的領導方式，讓員工深感溫暖，把三民當成自己的大家庭，「家和萬事興」，三民才能發展為臺灣最具規模的出版社，由重慶南路一間門面而至復興北路的巍巍巨廈、由出版大專用書到編纂《大辭典》、由舶來銅模到全新造字，這些出版界的巨大成就，皆是在劉董事長的睿智領導下得以致之，三民的成功可為領導藝術立下了最佳範例。

最後值得一提的，是劉董事長對學者的尊重、禮遇與關懷，他待人處事的真誠令人感動，對需要幫助的學者常伸出援手。例如某位經濟學教授因購屋而缺錢，劉董事長毫不猶豫為他補足房錢，這件事在學術界傳為美談，大家都對劉董事長的古道熱腸深感欽佩。又如每年農曆新年，劉董事長都會親往學者家中拜年，而且年年如此，見面時閒話家常、談笑風生，是那樣的平易近人、親切溫馨。

值此三民創立五十週年的大日子，筆者深為劉董事長的成就感到敬佩與仰慕，像這樣的出版成績絕對可以得一百分，三民不僅嘉惠了萬千學子，且使得學術文化獲得發揚，更將我國的出版水準大幅提升，凡此種種，稱三民為出版巨人，誰曰不宜？

【張潤書先生在本公司的著作】

行政學

# 三民「教育叢書」與我

林玉体

三民書局是我國的大書局，有幸在三民書局出書，又當大學「教育叢書」的主編，實在是與有榮焉！

一九七一年，筆者赴美深造，利用教育部公費留學考試的機會，專攻教育哲學、教育史及高等教育，三年後（一九七四）獲哲學博士學位。當時臺灣的高等教育學府裡的師資，擁有國外名大學最高學位者，數目是寥若晨星；由於筆者於出國前，早就是國立臺灣師範大學教育學系的講師，也在該校教育研究所獲教育碩士學位，因此返國後，順利的在該大學任教。臺灣師範大學向以「教育」聞名國內外，是臺灣教育學術界最高學府，筆者在師大教育系服務，也覺得是畢生最大的福氣，遂致力於奉獻所學，不只認真教導下一代，還孜孜矻矻的勤奮寫作，希望在學術研究上稍盡棉薄之力。筆者所任教的學科，在大學及研究所攻讀時，即感到教學及研究的參考資料嚴重不足，除了內容觀念頗為保守之外，就是訊息太過落伍。因此筆者發憤，為了「教育」，決心寫幾本大學用書，如能嘉惠學子，就教方家，這也是大學教授的本務！

業師賈馥茗教授有天來電，在約請數位考試委員及三民書局負責人劉振強先生的餐會中，筆者第一次與國內學界名流及出版業巨頭同時相識。隔天，賈師說劉先生有事相商，且透露說三民書局有意要筆者寫書，在該書局出版。筆者應允之後，劉先生即刻到寒舍，不只態度誠懇，還攜帶一本支票簿，當場出乎筆者意料之外，要允諾寫書三本。筆者早有旺盛的寫作力，也不滿時下許多學術著作。不久，即把筆者在美攻讀博士學位所必修之「邏輯」一科，加上筆者也在師大開設該科的材料，寫成《邏輯》一書。由於敘述較清楚，舉例較實用，且符號運算也較按部就班，至今該書已再版十數次之多。

專攻邏輯，這不是筆者的主修所在。教育史或教育思想才是費神的學科。由於國科會提供的機會，筆者申請到遠赴美國哥倫比亞大學、英國牛津及倫敦大學深造，除了坐擁書城外，也與國際一流學者交談請益，且搜集了珍貴的研究資料。一九九〇年左右，劉振強先生又來相約，希望筆者負責編輯「教育叢書」，除了約集十位左右大學教授，準備撰述大學教育學程用書之外，筆者也把累積數十年的心血結晶《西洋教育思想史》交稿付梓。該書字數在四五十萬之譜，頁數為七百多頁。對於西洋重要教育思想家的教育理念，作一系統性的論述與評介。本以為該書售價高昂，分量重，內容的學理性居多，或許銷行量不會如《邏輯》一般。但自一九九四年問世後，到二〇〇〇年竟然初版即有三刷之多；筆者又於二〇〇二年予以修訂二版，增補不少資料。只是原先筆者相約的叢書撰稿人，至今無他人交稿，此種拖延，筆者真愧對三民書局，尤要對劉振強先生說聲對不起！

為了補救此種虧欠，筆者又將數年的鑽研心得交付三民書局付梓，即二〇〇三年出版的《美國教育史》及《美國教育思想史》，兩書字數分別為將近五十萬字與三十多萬字。由於教育改革的指標國家為美國，因此美國教育及思想之演變，格外值得注意！這兩冊也列為大學「教育叢書」中。

先進國家之出版書商，都扮演文教普及及知識流通之功能；三民書局不只在臺灣占舉足輕重地位，且在中文出版世界裡，也居稱雄角色。一個存在五十年且業績蒸蒸日上的出版公司，總負責人之高瞻遠矚、魄力與膽識是不可或缺的；而全體員工之上下一心，共同為完美理想而打拚，更是基本要件。筆者觀察三民印刷的書刊，除了精選內容素質夠水準之外，且版面設計精美，排字、裝訂等都屬一流，堪為出版界之楷模。三民書局及劉振強先生已為出版業之發達貢獻良多，人生意義莫過於此！在此衷心祝福劉振強先生壽比臺灣的玉山，三民書局更上一層樓！

【林玉体先生在本公司的著作】

邏輯
美國教育思想史
西洋教育思想史
美國教育史

# 我所認識的劉老闆

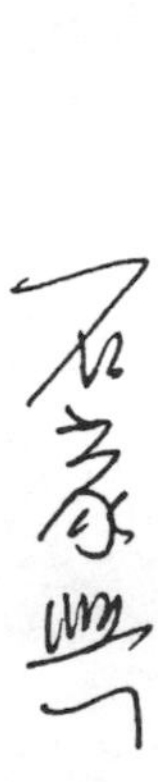

一九九四年，應邀返臺大暑期服務兩個月，由於內人簡宛的關係，結識了三民書局的劉振強董事長，稱董事長太拘謹，便親切地稱呼他劉老闆，他便笑瞇瞇地接受了。由於性情相投，加上他事業上可敬的成就，我們成了知交，有機會到臺北，總是一起吃頓飯，天南地北暢所欲言地閒聊。

有一次無意間提起我一本舊作《實驗臺畔》（洪建全基金會一九八六年版），內容是年輕時代研究工作之外的遊戲之作，敘述一些科學工作者的人文心事，原載於早期的《中國時報》週刊，想不到受到劉老闆的喜愛，有意重新編排出版。這當然是他的錯愛，我便將錯就錯，認真地修訂起來，將原書去蕪存精，再加上一些近作，選了其中一篇有趣的文字〈牛頓來訪〉為新書名，重新粉墨登場，成為「三民叢刊」第102號（一九九五年）。這其中的鼓勵與厚愛，我是銘感五內，說什麼文人相輕，我在劉老闆身上看不到，再說我這種書，只有科學人在忙碌之餘，讀後會會心一笑，但畢竟是閒書，不像科學論文必須用心研讀，對文學人隔了一層，搔不到癢處。這本書價值有限，市場不大，但也可看出劉老闆的胸襟寬廣，無所不包了。

既然身為老闆，便是生意人，在商言商，身為老闆當然講究利潤，但是劉老闆做了一件大事，確實令我感動。莫說利潤，已投入的資金已無可計算，三民書局的編輯部門，素來門禁森嚴，閒人免進，個人有幸參觀到劉老闆的雄才大略，原來他在這裡把中國文字藝術電腦化。首先請專人把漢字一一寫下來，然後逐字以圖形數字化，輸入電腦，這項工程進行多年，最近據說已經大體完工，他的理想是將排版印刷完全電腦化，而且印刷出來的漢字精美，非同一般字體，放大縮小也不變形。我個人雖還未看到最新的成果，但已看到年輕的美術人員，一筆一筆的描繪，嚴謹不苟，力求完美，稍有差錯便一再重來，各種字體加起來有數十萬字，如此描繪輸入，將是何等的功力與耐性，對劉老闆的作為，是所謂「出商入聖」之舉，令人不僅感動，而且肅然起敬。

三民書局慶祝五十週年，為了恭賀劉老闆的為人與成就，更為了深厚交情，理應親自前往致敬同賀。無奈身繫海外，俗務纏身，謹以此小文遙表祝賀之意。（於美國北卡州　二〇〇三年四月九日）

【石家興先生在本公司的著作】

牛頓來訪

細胞歷險記

# 三民書局的不速之客

毛齊武

## 夜車南下

民國五十九年，我從美國念書回來。

有一天，樓下傳來房東的聲音，有人來拜訪我。我從睡夢中驚醒，看看錶，清晨六點！「何方不速之客？真不懂訪客之道！」我心裡嘀咕著。下樓一看，是一位笑容可掬的年輕人。他向我致歉後，說明來意：「毛先生，我是你的老師周達如教授介紹來的，他說你的文筆……」那渾厚的聲音，至今還留給我深刻的印象。他還告訴我，為了節省時間，他搭夜車南下，第一站就趕到我這裡。他還說，要將前一年的盈餘用於編寫一套工專教科書，要我寫其中的一本《電工學》。在短短的交談中，我感受到了他的刻苦、踏實、誠摯和積極。那位我生平中空前也可能是絕後的清晨訪客，正是三民書局的董事長劉振強先生。

## 破例出版

從那天起，我跟三民書局結下了不解之緣，而劉先生也成了我卅餘年來的良師益友。往後我為三民書局寫了幾本電機專業的書，此外，還寫了好幾本英文書：《英文不難》(一)(二)、《英文諺語格言 100 句》、《優游英文》。廿年前，我在西德念書時，發現一套極具教育價值的漫畫書 *Vater und Sohn*，我按圖編寫兒歌。雖然當時三民書局以人文、科技為出版重點，但在我向劉先生推介該書之後，他認為對小孩甚至父母都有潛移默化的啟發作用，乃破例出版，定書名為《公公和寶寶》。後來該書還被評選為最佳兒童讀物，成為幼稚園的教材。

## 擇善固執

記得在我去西德念書之前，劉先生就已開始策劃《大辭典》的工作。我曾聽他說在昔日當書店伙計時，有一次想要查資料，卻找不到一本好辭典。那時他就下定決心，有朝一日，一定要出一套理想的辭典。之後他化夢想為理想，又化理想為事實。我曾建議打破「中文直排」的傳統，採用橫排，如此，方可避免遇有英文或數學式或阿拉伯數字時，閱讀上的困擾。不過在當時，中文橫排是會被責為數典忘祖，甚或可能遭牢獄之災的，但劉先生的擇善固執，最後顯示在三大巨冊《大辭典》的橫排方式之中。雖然出版後受到一些責難，但卻獲得了廣大的好評。

## 正如其人

三民書局的成長穩健而紮實，正如劉先生其人。認識劉先生以來，我眼看到三民書局由重慶南路的一間小店面，擴充到兩大間，而電扶梯更是臺灣所有書局之首創。

爾後由重慶南路擴展到復興北路，在穩定中不斷地成長茁壯。其間雖曾遭天災水患，受到極大的創傷，但在劉先生堅強意志的支撐下，由谷底重躍山巔，正如劉先生本人因長年積勞而遭逢病痛一樣，在他堅忍的毅力支撐下，化病苦為剛強。從水患後他捲起褲管清理倉庫的情景，可以想像他在跟病魔纏鬥後，是如何捲起雙袖鍛鍊身體的模樣。

## 永不懈怠

看到劉先生不停的奮鬥過程，我想一句英文：

Life is an unceasing struggle. Work hard when young and never be idle!

意思是「人生是無止境的奮鬥，努力當及時，休懈怠！」這句話正是劉先生的寫照。他為了經營三民書局，自己努力學會計；為了跟編輯部同仁溝通，自己拚命學電腦；為了充實自己，他用功自修英文，甚至把英漢對照的《伍史利的大日記》，一日一篇剪下來背誦！在我的心目中，他是一位活到老學到老的好學生。

## 追求理想

看到劉先生追求理想的人生歷程，我想起一段英文：

The ideal symbolizes the sunshine.
The fame and profit symbolizes your shadow.
If you struggle facing the sunshine, your shadow will always follow you.

But if you turn around chasing your shadow, you will never be able to surpass it.

意思是「理想如日，名利若影。迎著陽光奮鬥，影子總是隨形。逆著陽光追逐，永難超越身影。」這段話也正是劉先生為理想而奮鬥的寫照。他不追求成就，但成就卻永遠相隨。我的三子昔日念臺大外文系時，常常聆聽劉先生的教言，耳濡目染，受到很大的啟示與鼓舞，現在正掌理一所外語補習學校，常以劉先生經營三民書局的理念，作為從事外語教育的準則。

## 滋潤心靈

我常把三民書局比喻成一個大花園，作者寫的書稿好比花苗，而管理花園的園丁正是劉先生。在園丁的辛勤照顧下，花苗育成朵朵鮮花，讀者好比賞花人。劉先生在這塊園地裡慘澹經營，至今已有五十年的歲月，現在百花盛開，滿園芬芳，滋潤了無數賞花人的心靈。在三民書局成立五十週年的美好日子，我誠摯地期盼這塊文化園地能繼續萬紫千紅，欣欣向榮。同時我也想藉這個美好的日子，悄悄跟劉先生說：「祝三民書局生日快樂，劉先生請多保重身體，不能再做三民書局的不速之客，擾人清夢了。」

## 【毛齊武先生在本公司的著作】

電工學
電工儀表實習（合著）
基本電學
電工儀表
電工原理
電腦啟蒙
公公和寶寶（一）～（四）
英文不難（一）（二）
英文諺語格言100句
優游英文
高職機電概要
高職基本電學（上）（下）
高職資訊技術（一）～（三）

# 三重衷心的感謝

陳定國

三民書局創業五十年，出書六千餘種，展書二十餘萬冊，成就輝煌，領先兩岸群倫，為中華文化的延續及發揚，刻劃歷史偉蹟。此等成就實築因於劉振強董事長有魄力、有遠見、有計畫、有毅力的創業及經營精神，令人感佩萬分。

我個人曾經在劉董事長的感召之下，於一九八一年為三民書局寫了《企業管理》一書，前後費時四年方得完成。假使沒有他的誠懇、耐心、持續而無形的催促，我可能再花十年的時間，也不可能在忙碌的教書、研究及社會服務的生活中，寫出一本將近千頁的厚書，讓我在學術青史留下一點小名，這是我第一重要衷心感謝的地方。

我在一九七三年從美國密西根大學（University of Michigan, Ann Arbor）企業管理博士班學成回國，首先在政治大學企業管理研究所當兩年的客座副教授，教組織理論與管理、行銷管理、國際企業及企業政策（亦稱策劃、分析與控制）等課程，當時國內企業管理方面科班出身的師資很少，校內教課負荷很重，同時臺灣企業界也正在第一次轉型，吸收現代企管知識的需求殷切，校外演講很多，所以幾乎每個學校、每位教師的校內校外講習工作都很忙碌，幾乎沒有時間做學術研究專題，更談不上花費更多時間去撰寫完整有系統的教科書。在這種情況下，三民書局劉振強董事長竟敢冒「繳不了卷」的風險，叫我寫一本《企業管理》的書。在起初，我自己一點把握也沒有，一再婉拒，但他卻以和靄的笑容，一再鼓勵我：不要怕，試一試，寫多久都沒有關係，即使寫不成也沒有關係。我被他的誠心及毅力所感動，只好鼓起勇氣接受邀約。從此我的心上，放上一個大重擔，只好在日、夜、寒、暑的空檔中，尋求任何可以利用的時刻，攤開隨身攜帶的文筆稿件，從事這個撰寫教科書的大工程。每逢時節，劉董事長都會來看我，在相談中，他雖不提寫書進度，可是我心裡明白，他是在催促我，使我更不敢偷懶，因而也無週末，無假期，無年休。如此，前前後後花了四年，才告完成稿件，令我充分領悟古人所說的「文章千古事」的重大意義。如果沒有劉董事長的督促，我的書是出不來的，所以我要衷心感謝他。

我第二重衷心感謝劉振強董事長的事，是他在我人生第一次遭遇青天霹靂之困厄時，給我極大的援手，讓我度過波濤苦海，登上樂土。我在一九七九年擔任臺灣大學法學院商學系、商學研究所的第一個本省籍主任所長，開始對這個三十年來一直屈居法學院歧視管轄下的、全國首屈一指的商管教育大學殿堂，進行課程活化，進行設備更新，進行師資擴充，進行知名度擴展，甚至進行轉型擴大獨立為管理學院的工程，但因有心人士想攔截建院成果，以羅織莫須有罪名之政治手段，打擊我這個從嘉義鄉下到臺北謀求發展，只知道日夜堅毅工作，不知圓滑應酬的拙樸笨才。他們以「商獨」（商學系獨立）就是「臺獨」（臺灣獨立）的陰謀，擴大曲解，要致我於萬劫不復的死地。因在一九八三年代，「臺獨」一辭尚是絕高的政治禁忌，即使「民進黨」的名稱，在當時也尚未見諸報章雜誌。在此危急的時刻，除了台塑企業王永慶董事長出面向國民黨最高當局，為我仗義執言外，就是劉振強董事長，以他了解我這個從田野來的小犢牛的背景，啟動他在學術界及司法界的廣泛人脈關係，透過層層人情，向發動清算整肅我的對手集團求情告饒，放我一馬，不再收緊御用情治整肅機關之網。我因之得以在一九八三年九月以「不起訴」處分，逃過一大阿僧劫。否則，我將含冤莫白在綿綿漫長的纏訟中，度過我半癡半顛的歲月，甚至於在監獄裡含憤自殺，提早終結我這一株臺灣土生土長的孤獨勁草。每憶及此事，我總是要再三感激三民書局劉董事長的恩情。

我以成功大學及政治大學畢業生身分，為臺灣大學商學系所二、三千名學生謀求擴充獨立為臺灣大學管理學院的計畫，經過四年的努力，在一九八三年五月獲得臺大教務會議正式通過，隨即發生上述「商獨」即是「臺獨」的政治司法鬥爭風波後，我於一九八四年夏天決心接受王永慶董事長的邀請，放棄到美國賓州一個大學當國際企業管理教授的既定聘請，到美國台塑J-M公司當副總裁，一則避開臺灣執政黨當局的惡劣政治環境，二則攜帶在美國出生的兩個小孩到美就學，躲開當時社會一片惡性補習的教育歪風。從外面人士看來，我是為了求生存，第一個自動辭去臺灣大學正教授終身飯碗，自我放逐於海外，託身於台塑企業的美國工廠。

記得行前，劉振強董事長又來看我，他想要壯大我的行色，給我經濟上的幫忙，怕我到了美國謀生不易，所以帶來了一張支票，名義上說是預付寫三本書的稿費，我雖多方婉拒，但他要我無論如何都要收下來，並說定不限時間，只要我在美國工作中間有空檔時，再寫就可以，三年、五年、十年都可以！我心裡感動萬分，這是我第三重要表達的衷心感謝。天下沒有其他人會做這種沒有確定回報的買賣了！只有劉振強董事長對我陳定國的交情了！

我在一九八四年八月到美國北加州史德頓市 (Stockton) J-M 公司工作一年，採用台塑勤儉精神，每天早上七時到公司，晚上八時回到家。在美國社會是一週工作五天，可是 J-M 公司和臺灣工廠一樣，一星期工作六天，我根本沒有時間為三民書局寫書。一年之後，一九八五年九月，我被泰國卜蜂集團的謝國民董事長聘請到美國紐約，當卜蜂美國公司 CP (U. S. A.) 的總裁，辦公室就在世界貿易中心大樓 (World Trade Center)。這座堡壘式的群樓有雙子星一一〇樓，舉世聞名，其一〇七樓的餐廳就叫「世界之窗」(Window of the World)，可以瞭望紐約市，可是在二〇〇一年九月十一日卻被賓拉登 (Bin Ladin) 恐怖分子所炸毀，真可惜。但我若留在美國，也很可能會被炸死。好在我在一九八六年就經常到遠東泰國、臺灣、香港出差，到一九八七年我長駐香港，出入中國大陸三十省市自治區，為卜蜂正大集團進行投資經營一五〇家子公司的業務活動。

我從學術界進入實業界，工作更忙，更沒有時間提筆寫書，所以劉振強董事長給我支票，要我寫書的囑咐，時刻成為我心頭上的負擔。眼看三、四、五年已過，一個章節也未完成，有虧職守，所以決定把書款委託我岳母（前南華出版社的負責人，也認識劉董事長）奉還，了卻我多年的負擔，但是，對劉董事長在一九八四年我離開臺灣到美國謀生時的義薄雲天之舉，始終感念在心。

一九九八年，就是我六十歲那一年，五月我結束在卜蜂正大集團十三年的工作（從一九八五至一九九八），回到臺灣，一方面在金華信銀證券公司擔任董事長（後來合併為建華金控下的建華證券，改任最高顧問），一方面在淡江大學教書（先任教授，二〇〇一年任管理學院院長，有學生六二〇〇人，教授一〇〇人，比臺灣大學管理學院的規模還大）。從此我有比較多的時間，開始動手從頭到尾翻修二十年前為三民書局所寫的那本將近一千頁的《企業管理》，又花了近二年的日夜功夫，在今年完成。我想這本書是我和劉振強董事長結緣的基石，所以新書寫好要出版，一定要問問三民書局有沒有意願，若有，一定給三民書局出版，若無，再另尋他途或自己出版。當我打電話去三民書局，不到幾分鐘，劉振強董事長就親自回話給我，說要出版，我心裡感到萬分溫暖。在電話裡，我們親切的交談，彷彿又回到二十多年前的情景，實是人生一大樂事。在二〇〇三年七月，三民書局要過五十週年大壽，我特別興奮，把我對劉振強董事長三重衷心感謝之歷史寫出來，讓我自己重新回憶，也讓我的眾多企業界、學術界學生，知道這段義薄雲天的寶貴記錄。同時也祝賀三民書局宏圖大展，祝賀劉董事長萬壽無疆。

【陳定國先生在本公司的著作】

企業管理

企業概論

# 必須振文興化，方能強國富民

楊維哲

已經忘掉什麼時候才認識劉先生，不過介紹者絕對是林正弘兄。他說：「你是有偏見的人，一看到『三民』兩個字，就相信不用跟它打交道。其實，三民的頭家是臺灣的出版業中最有格調的人！取這個名字，只不過是說：『放心！我們只是老實的生意人，雖然做的是文化的生意，但不會把反政府當作賣點。』他勤奮而且有眼光，一步一步走上臺灣第一。」

見過面之後，覺得非常投緣。所以，那些年，如果是到車站去，而時間湊巧（或者，不湊巧）我就去三民和劉先生聊一下。（後來，楊青矗在編《臺華大字典》時，我如果有事到臺大門口，而且有時間，我也常常去敦理。我發現這些勤奮的工作者，其實非常歡迎投緣的訪客，雖然是打斷了工作，不過，心理上是很高興，有個心安理得的休息。我想劉先生也是如此吧。）劉先生與我哥哥同庚，幽默風趣，也許只勝一籌，但人生閱歷，則豐富十百倍；他談到於艱苦中求學，困阨中創業的故事，因為是真的，當然使聽的人津津有味；他笑說某些人的醜態，或者稱揚某些人的高尚，不但有趣，而且在在引起我的共鳴，劉先生（或者說，三民）處事的態度永遠是誠懇，所以對員工固然誠懇照顧，對於寫書的作者也是誠懇尊重：「我是困苦出身，對於生意當然小心計算！但我若是刻薄對待我的員工，或者我們的作者，那等於未戰先敗，對自己沒有信心。」

當三民編輯《大辭典》的時候，我答應了分科（數學）的一些編輯；送來的原稿，我結果是廢棄了十之八九而重寫。（當然我只聽過感謝，沒聽過一句怨言！）劉先生說，醫學、生理的分科找不到人，我幫他找了林可畏，當時還只是個實習、住院醫師，但是劉先生絕對信任我。

《大辭典》的全力以赴，十四年有成，實在是劉先生一生志業的寫照。即使是歐美日先進國家，也只有少數幾家出版公司做得到。

是的，岩波做得到。但岩波就是絕無僅有的得到文化勛章的出版者！

編者為了三民的五十週年來邀稿，我才想起：認識劉先生大約是三民半世紀的一半。我更警覺到：我快退休了，在三分之一個世紀的任職之後。當然我認真教育，不致於誤人子弟，但是於國家社會貢獻無多；這樣一對照，對於劉先生更覺得可慶可賀可欣可羨了！從前與劉先生閒聊，期盼三民書局直追岩波書店，事實上劉先生開創三民書局，也是秉持著「必須振文興化，方能強國富民」的信念。有這樣的信念，由五十年而一百年而二百年，三民當然可以直追岩波！

【楊維哲先生在本公司的著作】

微積分

商用數學（含商用微積分）

初中資優生的解析幾何學

高中資優生的立體解析幾何學

另編有五專、高中數學教材多種

# 為有源頭活水來

簡宛

這些年來，每次回臺，總是先到三民書局報到，不僅因為三民書局書目種類包羅萬象，一入書店就如入寶山，讓我流連忘返，也因為三民書局背後的推手——劉振強董事長是一位勤學誠懇的出版家，他對下一代成長的關注，促成了我們共同投注的心願和話題，與他談天可以重溫讀書人溫良恭謙的古風。

其實很早就認識三民書局，因為我們都是讀三民書局的書長大的一群。尤其剛上初中時，每天放學後，是一天中最愉快的時刻，從重慶南路走到火車站回家的路上，可從東方出版社，經過世界書局，再到三民書局，一路看書看到火車站，那時只記得三民書局是很有名的書局，我們進去看書，都是懷著感謝和敬畏之心，因為沒錢買書，只好站著閱讀那些我們喜愛的世界名著。書，給我們許多求知的快樂，也滿足了年少的憧憬和對夢想世界的好奇。有時省下幾個月的零用錢，偶而也夠買一本嚮往已久的書籍，那種可以抱著書閱讀的心滿意足，讓擁有書的快樂心情延續好久。在當時社會普遍簡樸的生活裡，書是我們成長的最好滋補，也是永久的朋友。

大學畢業後在海外旅居多年，近十年來，每次回臺，三民書局已成了必先報到的一站。這必須從我和劉振強董事長的認識談起，大概是一九九五年吧，我和外子家與臨回臺北時，和琦君姐通了電話，琦君姐與我亦師亦友，在寫作上時常受到她的鼓勵。得知我要回臺，立即要介紹一位出版界的「好朋友」與我們認識，「他人很誠懇，你一定要認識他」，琦君姐不忘一再叮嚀：「我們每次回臺，劉先生都親自陪我們到處走走看看，他是很重友情的人。」

果然如琦君姐所言，劉先生與我們一見如故，他和家與特別投緣，記得那天我們原本只是禮貌拜訪，竟談得欲罷不能。從最早的三民書局談起，大家一直以為三民書局是國營事業，與三民主義有關聯，相談之後才知是由三位「老百姓」所創，故名三民，後來兩位合夥人因故離開，才由劉先生買下股權，獨自經營，從字典的編輯，專家學者的投入，文學叢刊的推展……，一路走來到如今繁花碩果。成功的背面，都是一步一腳印的全心投注，讓我們內心由衷的敬佩。

也許是從小對知識的尊重，又是苦學出身，劉董事長提及自幼從書中得到的教誨，感念潛移默化的教化功能，因此不忘要為下一代做一些滋根的奉獻，為孩子們出版童書的構想，時在念中。家與因此想到這也正是我居住海外多年的心願。由於兒童文學是我進入教育學院前最早選修的課程，從一九七三年開始，多年來，我曾不斷撰文介紹國外兒童文學的概況，因此促成了洪建全兒童文學獎的誕生，「身在國外，心繫家鄉」

是我們海外學子的情懷。如今有三民書局願意投入為下一代出書的計畫，我怎能不全力以赴？

劉董事長一諾千金，儘管文學書市一年不如一年，他仍決定不惜成本出版童書，為了不使孩子成了井底之蛙，對兒童叢書的理念以「介紹世界名家，建立世界宏觀為旨，並加強「趣味性，文學性，知識性」三者並重，用流暢的孩子語言說孩子的故事，捨棄艱澀難讀的翻譯文字，讓孩子能在書中遨遊。我們都感到引進國外著作固然重要，我們自己的文化也不能忽略，尤其隨著潮流風尚而入的精神污染，更要避免。以此與海外文友相告，大家都有同感，也樂於共同為下一代寫出好書。

理念上的相同，加上合作後，真正領略到劉董事長對讀書人的尊重，是我這些年來，與海外作家朋友們樂於為小朋友們寫書的主因。劉先生不僅授予我全權策劃主編，並且有專業的編輯輔助我審稿及處理行政工作，在取材與人選上，更給了我最大空間去安排。所有參與寫作的作者，也都是對文學及兒童教育學有專精的有心人。從一九九五年策劃出版第一套叢書以來，至今已進入第八年，共出版「藝術家系列」I、II兩套共二十本，「文學家系列」一套十本，「童話小天地」兩套十六本，「音樂家系列」一套十本，以及正在編排中，預定年底出版的「影響世界的人」一套十本，總共已近百本。從出版以來，一直受到教育界及社會大眾的喜愛與肯定，前後得到「小太陽獎」、行政院所頒「金鼎獎」及「好書大家讀」等獎章，給我及所有握筆者極大的鼓舞。

我始終相信「一分耕耘一分收穫」的古訓，三民書局創業五十年，在劉先生的用心經營下，已出書六千種，展書二十餘萬冊，對文化的貢獻不言可喻。從這些年來的交往中，我看到劉先生對於自己的成就，一直低調處理，從不沾沾自喜，亦不喜好媒體宣揚，三民書局在日新月異的時代變遷中，也始終保持著讀書人的風格和文化深度，「問渠那得清如許，為有源頭活水來」，劉先生與三民書局，正是半世紀來臺灣社會的一注清流的源頭活水。（二〇〇三年四月九日）

【簡宛女士在本公司的著作】

情到深處
時間的通道
燃燒的眼睛
送一朵花給您
與自己共舞
用心生活
醜小鴨變天鵝
——童話大師安徒生
奇妙的紫貝殼

# 我與三民的書緣

汪榮祖

我從小就喜歡買書，大概是一種天性吧；而這一天性很可能決定了我的讀書、教書、寫書的生涯。我於一九五七年考大學，聯招作文題目是「讀書的甘苦」，現在回想起來，真是少年不知「苦」滋味；讀書固然有甘有苦，寫書與出書的甘與苦更加刻骨銘心。

在美國教書，除了賣力授課之外，還要拚命寫書、出書，當時流行一句名言，所謂「沒出版就滾蛋」(publish or perish)，當教授的人如果不能將研究成果及時出版，就會砸掉教書的飯碗。然而學術性強的書，銷路有限，一般出版社是不感興趣的，而大學出版社靠基金會的支持，財力有限，必須精挑細選，故出書維艱。當一本經過嘔心瀝血而成的稿子，被打回票時，失望與痛苦豈堪言狀？但是當書稿被接受簽約時，心情又是如何的飄飄然。

我在一九七八年第一次回到臺灣教書，也因而結上用母語中文寫書、出書之緣。臺灣雖然還少有大學出版社，但有幾家私營出版社願意回饋社會，不惜賠本出版學術著作。先是聯合報系的聯經出版事業公司出版了我的好幾本書，後來又有三民書局暨東大圖書出版公司出了我的兩本書，即《走向世界的挫折——郭嵩燾與道咸同光時代》與《康有為》二書。這兩家出版社對作者比起美國的出版社要禮遇得多，無論稿酬或版稅或贈書都多得多。我曾為聯經十週年慶寫過一篇短文，沒有想到三民已經有五十年的歷史了，理當要為半世紀亮麗的成就，慶祝一番。

我老早就知道三民書局的大名了，最初還以為是黨營事業，因為「三民主義，吾黨所宗」嘛！後來才知道是劉振強先生的獨資經營，難怪業務蒸蒸日上，書局裡的書愈來愈豐富、愈精彩。他的成功完全符合資本主義的原理，公家經營哪會有這樣的效率與成績呢？我長年旅居海外，偶爾回臺，必逛重慶南路的書店街，而最流連忘返的就是三民書局，因為那裡文史方面的書最多，不但有眾多的新書，而且還有難見的舊籍，有一次居然買到本家汪榮寶的線裝本詩集，不亦樂乎？到了八十年代以後，重慶南路書店街上，商業、會計、電腦等花花綠綠的書愈來愈多，充塞書店裡的書架書櫃，唯三民書局仍然是文史書刊的重鎮，可說一枝獨秀。三民書局的「反潮流」似乎沒有影響到業務，又在復興北路起了大樓，坐捷運到中山國中站下車，就可進入一座堂皇的書的宮殿。

我寫《郭嵩燾》一書的緣起是，八十年代之初，在武昌的珞珈山小住，承武漢大學唐長孺教授相告，得悉大批郭嵩燾日記在湖南發現與出版。我的博士論文涉及到郭嵩燾，曾參閱中央研究院近史所出版的《郭嵩燾年譜》上下冊，因當時日記尚未出土，所以年譜有不少缺失與謬誤，百萬字的日記正可填補郭氏生平的大塊空白，也引燃我寫書的念頭。郭氏寫日記甚勤，並未預料有朝一日會公諸於世，事實上郭氏日記的留存與發現都有點偶然，所以內容十分坦誠無忌，史料價值很高，我在利用這一日記寫書時，大有挖掘金礦的喜悅。

當書稿將成時，北大周一良教授與季羨林、龐樸兩位尚在主編「東方叢書」，希望看看我的書稿，後因財務短缺，叢書中輟，拙稿也就沒有著落。恰於此時，途經臺北，邂逅多年不見的韋政通先生，他一口答應向大名鼎鼎的三民書局推薦，我當然很高興，而他老兄果然一言九鼎，我的書稿很快就被接納出版，列入東大「滄海叢刊」，印製精美，並附有插圖，包括郭嵩燾旅行的地圖。臺灣學界的書評一直寥若晨星，師大李國祁教授卻在《中央日報》副刊上為我這本論述郭嵩燾的書，寫了足登兩天的書評，有褒有貶，擲地有聲。我在這本書裡，特別對歷史地理下了很大的工夫。研究歷史的人，鮮不重視歷史時間，所謂「時間錯亂」(anachronism)，乃史家的大忌；然對歷史的空間注意不夠，連賢者如唐代大史家劉知幾也說，「古之天猶今之天也」，認為自然環境千古不變，其實不然。即十九世紀中國大地上的空間，已大異於今日。我不僅要寫道咸同光的歷史人物郭嵩燾，而且要刻劃郭嵩燾在道咸同光時代的生活空間。我一直想寫大書，但寫完後連自己都感到不過是小書而已，但這本由東大出版的小書，卻是自認為比較滿意的一本。

與韋政通先生共同主編「世界哲學家叢書」的傅偉勳教授，是我多年的學長、老友，我很佩服他在中外哲學上的造詣。他早年所寫的《西洋哲學史》即由三民書局出版，銷行至今不衰。他約我為叢書寫一本《康有為》，我答應後忙於瑣事，遲遲沒能下筆，不意傅兄遽歸道山，使我感到十分愧疚，遂乘在指南山麓政大執教的那一年，把《康有為》一書寫完，並以此書懷念亡友。這本書在篇幅上，是十足的小書，意在求精，雖不能至，心嚮往之。這本書的字體，在三民書局刻意的創製與經營下，十分雅致，別具風格，讀起來真是賞心悅目，頗有南宋黃善夫所刻《史記》的風貌。三民書局出書、展書之多，「堪稱兩岸第一」，講究精刻，更是首屈一指。

有目共睹，三民劉振強先生為書這一行業提供了令人讚佩的服務。筆者乘今日恭賀五十週年大慶，膽敢野人獻曝，建議劉先生於出書之餘，創辦一份書評期刊。書評風氣一直未能在臺灣好好的建立，書評雜誌也多難以為繼，以劉先生在出版界已經做出的成績，未嘗不能將這塊園地開發出來，吾輩有厚望焉。（寫於民雄鄉陳厝寮二〇〇三年四月九日）

【汪榮祖先生在本公司的著作】

康有為

走向世界的挫折——郭嵩燾與道咸同光時代

# 我所認識的劉振強董事長

張天津

民國九十二年七月十日，欣逢三民書局創立五十週年慶，三民書局執日前國內出版界之牛耳，能夠不斷的求新求變，為廣大的作者與讀者作學術知識的服務，主其事的劉振強董事長厥功甚偉。

早期的臺灣社會，由於戰後百廢待舉，資訊相當貧乏，國人閱讀書籍的風氣不夠普及，因此文化出版事業的發展空間十分有限，劉董事長高瞻遠矚，集資創設三民書局，並不以營利為目的，而以振興文化事業為己任的強烈使命感，苦心經營三民書局，迄至五十年後的今天，終於具有兩大門市與員工數百人，結合出版與發行，為社會大眾貢獻心力，莫不令人敬佩。

筆者畢生從事教育工作，因而有幸與劉董事長結交，相知相惜數十年，對其創辦三民書局的甘苦略知一二。他不但為人謙和且熱心助人，尤其有讀書人的風骨，令筆者感佩無已。

在民國五十年代，初中學生畢業後進入五年制專科學校就讀，因缺乏中文的理工教材，影響教學績效。為提升國內技職教育，三民書局廣邀技專校院相關系科教授，配合當時實際教學需要，共同執筆編著出版技職教育教科書，並不以營利成本考量，毅然編印當年認為冷門的書籍，使技職教育得以大幅提高。再者配合政府發展技職教育之政策，大量培育各項專業技術人才參與國家重大經濟建設，致有今日經濟發展的成果。

另外，三民書局在民國六十年代，有鑒於復興中華文化及社會需要，而耗費龐大物資與人力，編印《大辭典》等經典叢書，歷時十四年，工程可謂更為浩大，終在民國七十四年間完成，劉董事長的驚人毅力與不屈不撓的執著，成為當時出版界的一大盛事，因此榮獲行政院新聞局及教育部等相關單位頒獎表揚，次年再獲全國優良圖書金鼎獎等鼓勵，雖已事隔二十年，猶為文化教育界所津津樂道。

筆者認為，書局的最大功能及社會責任，是掌握當前社會的脈動與教育文化的發展需要，出版有益人類文明進步與科技發展的書籍，讀者無論任何階層，不分男女老幼而有所收穫，三民書局的營業宗旨已充分展現無遺，實在難能可貴。尤其在目前社會瀰漫以商業營利掛帥為目標下，劉董事長的經營理念及三民書局全體員工的耕耘努力，已深受社會各界所肯定，成為出版界的典型楷模，實在當之無愧。

【張天津先生在本公司的著作】

機械加工法
鑽模與夾具
熱處理
技術職業教育行政與視導
金屬加工
工廠實習

# 儒商

簡宗梧

通常我們稱許有儒者風範的將領為儒將，那麼我們稱有儒者襟懷與作為的商人為儒商，也應該是妥切的吧！

將軍領軍殺敵，為求立功或不免好戰，所以孟子主張「善戰者服上刑」，但像春秋時代晉國郤縠「敦詩書，好禮樂」，古人乃許之為儒將。當然能稱之為儒將，他除了人文素養之外，更要有仁者襟抱，儘管使用霹靂的手段，但他是基於菩薩心腸。戰爭殺人，畢竟事非得已，所以戰場殺人雖不犯法，但仍不免心生憐憫，所以堪稱儒將者，古今中外比比皆是。

但儒商則不然。在一般人心目中，商人常是不擇手段，唯利是圖，甚至一竿子打翻一條船，說「無奸不成商」。一些商人本身也視為當然，強調生意人就是「將本求利」，說「殺頭的生意有人做，虧本的生意沒人做」，所以「在商言商」理直氣壯。商場如戰場，但殺人不見血，所以不心虛不手軟，這可能是儒商之所以比儒將少的原因。

提起近五十年臺灣出版業的巨人，具有儒商特質的，大家都會想起臺灣商務印書館的王雲五先生；而被我拿來作為教育子女教材的，則還有三民書局的劉振強先生。他們都是失學而苦學出身，王先生是以其學術聲望為臺灣商務印書館領航；劉先生苦心經營三民書局五十年，從經營策略、編輯業務、行銷管理，無不親自披掛上陣，於是開拓偌大的連鎖企業版圖。

認識劉先生，是在民國七十三年。那時三民書局正為《大辭典》作審稿清樣的工作，需要大批的人力，透過同事找上我，接著我又參與高職國文課本的編撰工作。在那段時間，令我印象深刻的是：他為文化事業，可以完全不顧成本的控管。在編印《大辭典》時動用大批審稿人力、全部自鑄新字模，送到日本印刷裝訂，都只是為精益求精，以至不惜血本。為貫徹理想的實現，集眾多教授在書局共編高職國文課本的作法，也完全不顧成本效益；我提議首開新例，為每課撰寫「研析」，以拓展學生思考與討論的空間，雖將增加不少難以回收的支出，他卻也欣然同意。嗣後各校為教師進修舉辦演講，常由書局出面敦請教授並支付演講費；書局出版的圖書，教師有所需要，也常免費提供。劉先生就這麼做了許多有益於文化傳承的虧本生意。

當然不是劉先生不懂得成本控管和效益評估，他的生意長才，在他受聘於雅適建設，獨具慧眼大發利市，便發揮得淋漓盡致。劉先生常表示，他原本一無所有，取之於社會，自當用之於社會。這幾十年所出版的書，藉平常的銷售，已足以維持書店的生存，如今要考量的是更積極的奉獻。他不許店員對只看書不買書的人加以白眼，甚至在寸土寸金的書店裡，設兒童閱讀專區，都是很人性化的考量。像劉先生這樣「義之所在，不計利害」，關懷社會、堅持理想的商人，稱之為儒商，誰曰不宜？

在慶祝三民書局成立五十週年慶之際，我們期待臺灣社會有更多的儒商出現，尤其在出版業和科技產業。出版業本來就是文化事業，有更多的儒商出現，體認文化使命和社會責任，我們的文化事業才能擺脫市場至上的取向，獲得均衡發展，科技產業有更多的儒商出現，以其九牛一毛投注到文化事業，便能為文化注入蓬勃的生命力。

**【簡宗梧先生在本公司的著作】**

新譯東萊博議（合注譯）

大學國文選（合編）

庚辰雕龍

漢賦史論

人文透鏡

另校閱新譯阮籍詩文集

# 樂緣

趙琴

前些日子上網找資料，偶爾發現一張自己未曾謀面的照片，帶給我意外的驚喜，除了因為影像上有自己近三十年前的「儷影」，更因為合影的是當時來自香港的名作曲家黃友棣、林聲翕、歌詞作家韋瀚章三位教授，及三民書局董事長劉振強先生。榮星花園春光明媚，影中人沐浴在友情的和煦中，是何等喜樂！但如今「歲寒三友」中，林、韋二老已故去，回憶中夾雜著傷感。

和三民書局的劉振強董事長相識、相熟，就是起因於這一段段美麗的樂緣。每當「三老」或同時、或個別應邀回國講學，劉董總是熱心的作東相陪。當時我剛從師大音樂系畢業不久，開始在中國廣播公司主持「音樂風」節目，接著擔任音樂組長的工作，不論錄製廣播、電視的訪談節目、製作「三老」的作品音樂會、出版唱片專輯等，都因音樂工作的連繫、合作結緣，也因而有機會親身目睹劉董對三位音樂文化人的尊重、關懷。劉董曾談及他的出版計畫，辭典、通史、專史、國史，還有大量文、史、哲……等專書外，他也關懷藝術，開始出版黃友棣先生音樂思想、教育的著作，計畫安排韋瀚章先生遷臺，協助三民的音樂、歌詞出版專責。出版雖是我十分陌生的領域，卻對劉董的開明思想、遠大目光、兼容並包的襟懷感動，也因而促成了我早年幾本音樂著作收入「滄海叢刊」，由東大圖書公司出版的機緣，也為我早年的音樂工作歷程，留下了可堪回憶的紀錄。

《音樂與我》（一九七五）是一個從事大眾傳播音樂工作者，漫步樂園的點滴報導，也是我九年音樂生活的片段，都曾分別發表於報刊、雜誌，有隨筆、樂評，「古典經典名曲」與「中外當代新作品」的解析、介紹，環球音樂旅行的考察紀錄，它是我音樂工作的心得感言，也是一段臺灣音樂歷史的紀錄。黃友棣先生在序言中，將我的工作成績，給了溫暖的定位與鼓勵：⑴團結樂人，復興樂教；⑵溝通專家與大眾，普及音樂藝術；⑶鼓舞純正樂風，培養國民德性。黃老在序言中還提道，李抱忱博士稱我為「音樂的護花使者」，前文化局王局長洪鈞稱我為音樂大使，他則讚我從實踐中為音樂作冰人，這二十八年前的褒獎，使青春時期的我汗顏，如今回味，真要再一次感謝黃老和劉董，因為這本熱情洋溢的《音樂與我》的面世，使今日的我重嘗「受肯定的滋味」，真好！

《音樂隨筆》出版於三年後的一九七八年，趁著我在華視製作主持了兩年的「藝文天地」節目告一段落，於是整理發表過的音樂文字，出版了這本隨筆。「樂思樂想」，是我對當時樂壇的想法，我思我想故我說，善意的鼓勵多過批評；「樂音嫋嫋」是我在《中國時報》「樂藝版」的專欄，寫世界樂壇新動態，也寫對國內樂壇的感言；還有我為《中視週刊》寫的散文體「給少女的一封信」，那是三十歲出頭的我，對二十歲左右富音樂、舞蹈才藝的女孩談藝術；也有一組「海外音樂隨筆」，那是一連串多彩的日子，記錄了我年輕時音樂生活的心路歷程。

《音樂伴我遊》（一九八二）是我遨遊世界音樂勝地的見聞報導，有出席音樂會議的心得，參加音樂節的盛況，中外樂人、樂團的專訪，音樂學府的介紹，有廣播電視中心的造訪，也有音樂名勝古蹟的巡禮。山高水長，海闊天空，那是一段音樂伴我遊的金色日子，我寫下了人文山水裡心靈和音樂的交融，等著讀者樂友的分享。

在三民書局創業五十年的今天，提筆祝賀劉董事長對文化貢獻的同時，回顧在三民這段寫書、出書的淵源歷程，重溫二十多年前的往事，似也追回了青春活力無數。這前半生年輕的音樂人生回憶，在年過花甲的此刻，不曾帶給我歷史或人生的滄桑感，反而借著重新面對的機會，掃除了我一直存在心中的疑惑！那就是當我的人生規劃，在中年以後有了重作學生的機會，再度於苦讀後得了舊金山加州州立大學音樂史碩士學位、及洛杉磯加州大學音樂學博士學位後，每當想起作為初生之犢時的音樂文字，心中總會泛起絲絲愧疚，覺得它稚嫩得可以，如何是好？此番為賀三民與劉董的「金婚」，重新翻閱，讀到黃老在與此刻的我同屬花甲之年時，為我寫的〈序〉中，寫下「她把純正的音樂種子，散播到人們的心田——文中蘊藏著真誠的態度，洋溢著樂觀的心情」的句子，實感安慰。想想越來越多的人生回憶中，只要是真切、誠懇的作為，該是會給生命增添聲色和情致的。

近年來和劉董偶有見面，多半是為三民推薦優秀的音樂作者，他一如當年的熱情接待，並允諾出版。去年春天，東大出版了一套十冊的音樂欣賞書：《音樂，不一樣？》，主編者是文建會陳主委郁秀，她邀我在新書發表會上介紹新書，又一次見到東大精美的印製了這套含CD的出版品。想起多年前劉董曾語重心長的提起，希望我能有系統的寫作「如何欣賞音樂」的系列叢書，十本、百本的推出。這些年來忙著教學，為文建會主編《臺灣音樂館》系列叢書，總也沒停過筆，只是未及整裡出版舊作，或是不停的朝專題講座、國際會議上的論文發表，做著研究工作，總感覺時間的有限，人生的短促。

在此社會越發步向功利、短視的商業導向時代，也越期待有美學修養的真正知識分子，如三民的劉董一樣，肩負文化出版的重責大任，引領人們讀書、思考生命的價值，培養知識分子在涉獵文、史、哲後的人文素養，追尋的該是對「人」、對「美」的尊重和終極關懷。

【趙琴女士在本公司的著作】

音樂與我

音樂隨筆

音樂伴我遊

# 三民書，臺灣情

蔡文輝

開始跟三民書局接觸，是在一九七七年的時候。那時，我剛從加州大學柏克萊校區獲得社會學博士學位不久，也剛到印第安那大學與普渡大學在韋恩堡的聯合分校擔任教職。那年趁著暑假，返臺探望在臺大的師長與在臺南的父母。還是社會學「新鮮人」的我，懷有一股做點事的熱忱。

臺大社會系的張曉春教授是我在臺大時的同班同學。有次閒聊時，他勸我把在美國的社會學理論講稿加以整理成中文，在臺灣出版。經由張曉春的介紹，我拜訪了三民書局的劉振強董事長，並簽約出版《社會學理論》一書。這本書是我第一本中文的社會學著作。原本還擔心我人不在國內，也沒知名度，沒人會願意花錢買理論性的枯燥無味的書。所幸，這本《社會學理論》能獲當時社會學界的肯定，成為大學社會學理論的主要中文教科書，直到目前仍為學生選購參考。

就因為《社會學理論》這本書，我開始了與三民書局將近三十年的情誼。這些年來，經由三民書局及其屬下的東大圖書公司陸續出版的書，包括《社會變遷》、《社會學》、《社會學概論》、《比較社會學》、《社會學與中國研究》、《發展的陣痛》、《臺灣與美國社會問題》以及《海峽兩岸社會之比較》等。

在我將近四十年的社會學專業生涯過程裡，龍冠海教授是我大學時期的社會學啟蒙者，是龍老師的教誨和提拔，讓我有了機會邁進社會學專業。加州大學的艾伯華教授是我在研究所的指導教授，是他的獎學金帶我到美國攻讀博士學位，也是他的關懷與照顧，讓我在柏克萊的那段日子沒受過多大的挫折。三民書局的劉振強董事長則給了我出版社會學專業著作的機會，我一大半的社會學著作都是三民書局出版的。

是三民書局出版的那些社會學著作，讓我認識了不少社會學界朋友。常常在國內和國外遇見年輕的社會學學者與學生，其中有不少人皆在國內讀過我在三民書局出的書。甚至在一九八〇年代時，也有大陸學生、學者說念過我的那些書。這期間還有二段插曲。一次是我在一九八五年到天津南開大學講學時發生的。那時我是代表印第安那大學的訪問教授，南開的一位學校領導在一次餐會上問我：「你有不少書是臺灣三民書局出版的，三民是不是國民黨辦的，用來搞三民主義的統戰？」另外一次是收到大陸一位社會系系主任寫給我的信。信上說：「你在三民出版的《社會學》課本寫得很好，可惜定價太貴了，我們買不起，所以就在這裡複印了，發給學生念。」那時，大陸尚窮，買不起是真的，更沒有版權的觀念，我也就沒有追問。

這麼多年來，對三民書局的印象是感覺到劉董事長做事很講義氣，很「阿莎力」。

從邀稿、簽約到出版，從沒有拖泥帶水，說的話算數，也非常尊重作者。有一次拜訪劉董事長時，他說辦三民不是在做生意，是在辦事業。這一點我相信。他編了一套中文《大辭典》，花了相當的一筆經費；明明是虧本生意，還是做了。因為編《大辭典》是為中國文化承襲的一番大事業，不能不做。

重慶南路的三民書局是我回臺灣常去的地方。早期，出版事宜和交稿是在重慶南路三樓的編輯部進行的，劉董事長的辦公室也在三樓，面對著重慶南路街面。後來，復興北路的新大樓完成後，編輯部就遷過去了。這裡設備豪華、空間廣闊、雅靜和舒適，當然是買書、看書的好地方。不過，我還是喜歡到重慶南路的老店去逛。在那裡，總是人擠人，地上更是坐滿了「白」看書的年輕人。那裡雖然空間較窄較小，可是我總覺得那裡比新大樓有生氣、有活力和朝氣；在那裡，我總有一股更愛臺灣的衝動。也許，復興北路的新大樓代表著經濟發展後新臺灣的自信和豪氣，而重慶南路的老店則隱藏著舊臺灣的秀氣，讓人懷舊思古，難以自禁。

三民書局的五十年，不正反映臺灣過去五十年的成長？眾多的三民書目包羅萬象，不也正是臺灣今日多元化的政治與社會寫照？祝福臺灣，也祝福三民。

## 【蔡文輝先生在本公司的著作】

- 社會學理論
- 社會學
- 社會學概論
- 社會變遷
- 發展的陣痛——兩岸社會問題的比較
- 社會學與中國研究
- 比較社會學
- 臺灣與美國社會問題（主編）
- 海峽兩岸社會之比較
- 美國社會與美國華僑

# 圖書通四海　淵藪在三民

## ——賀三民書局五十週年

初識三民，是因為找書。我們想找錢穆先生的《中國歷代政治得失》，想找余英時先生的《清代學術思想史研究》，找韋政通先生的《思想的貧困》，也找關於現代性研究的一些學術著作。居然殊途同歸，都在三民書局陸續找到。

找得興起，索性又尋來了三民、東大的目錄。真像是發現了一個寶庫。光是一個「滄海叢刊」，就有四、五百種學術著作，二百來種文論傳記；還有大批我們心儀的學者和作家。僅僅一套「世界哲學家叢書」，也堅持著整整出版了一百五十來種。更不要說「三民文庫」、「三民叢刊」，以及大批法學、經濟學的著作了。這裡，除了辭書教科書，似乎沒有多少暢銷書，卻不乏經典、常銷之作。實在想不到，在臺灣，在一個出版社裡，學術文化類論著的出版，居然可以如此摯著，如此堅守。

九〇年代初去臺灣，特地到三民書局拜訪。董事長劉振強先生，直覺是個禮貌熱情的傳統出版人。然而，一看他的書局，書種之齊全，為讀者設想之周到，裝置之精良，尤其是全套電腦管理系統之先進，真是令人折服。而更讓人難以想像的是，劉先生帶領我們參觀他正在做的一套字庫。做這套字庫的目的非常明確：就是要做一套中國人自己寫的，收字量最多、寫得最美的中文簡繁體字庫。我們看到他請來的幾十位寫字的專家，聽他講每天堅持的上課和檢查。讚歎之餘，也不禁有著些許擔憂：這實在是一個太大的工程。

之後的訊息不斷傳來，一次一次的改進，一次又一次的作廢重來。終於，花了近十年工夫，數億臺幣，一套七萬餘字的新字庫即將全部完成。這期間的辛苦和付出，一定無法為外人所真正的了解。然而，我們看到了這巨大工程的告捷，也深切感受這種毅力和決心，這種對理想的堅持，尤其難能可貴。

劉先生病了，真是一場大病。剛剛病癒，又逢臺灣書市的不景氣，朋友們勸他趁此好好休養。可是，隔不久又聽說他正大張旗鼓的翻修擴大重慶南路的已經相當大的老書店。大家只能歎服。在臺灣眾多我所尊敬的同行中，劉先生實在是一個很特別的人。

作為文化產業的出版界，一直在文化責任和商業利益兩種功能的巨大混亂中拉鋸。啟發知性的出版物是社會發展不可或缺的能源，而商業利益亦是企業發展必備的動力。出版者必須在不斷抗拒一元化及平庸化的壓力中，緊跟時代與社會，尋求持續的突破和發展。對於一個出版社來說，他的書，他的事業發展，就是出版人的追求和理念的寫照。

三民書局的五十年，篳路藍縷，發潛闡幽，為社會交出了一張漂亮的成績單。雖然歷經變化，挫折與成功，悲傷或喜悅，但踏踏實實堅持前行的初衷始終未變，對出版事業的熱情有增無減。深得讀者與同行的尊重和信賴。

樹老根彌壯，陽驕葉更蔭。值此五十華誕，衷心祝願三民書局枝繁葉茂，更加繁榮昌盛。（二〇〇三年四月十二日）

董秀玉女士，大陸文化工作者。

# 直把馮京當馬涼

曾永義

「錯把馮京當馬涼」這句俗語，源於北宋仁宗時有位「三元及第」的人名叫馮京。「三元及第」是鄉試、會試、殿試都考第一，稱解元、會元、狀元。那是古代讀書人最高的榮耀，從唐代到清代不過十二人，可見不容易。馮京在仕途上也頗為順利，曾官翰林學士、知開封府，也做過樞密副使和參知政事，地位很崇高；若此名滿天下，應是很自然的事。

而那時如果有人將「馮京」稱作「馬涼」，只因其字形近似而誤，豈不使人笑掉大牙？因為何其不學無聞一至於此！而那時如果有位叫「馬涼」的，眼迷心亂，意在中舉，看到進士榜上題有「馮京」就以為自己高中，豈不也同樣可笑！因為何其熱衷粗躁一至於此！可是我自己近日所「發現」的一件事，其啼笑皆非的程度，恐怕不止於「錯把馮京當馬涼」，而是「直把馮京當馬涼」！

說起來，這件事的源頭發生在八年之前。八年前的某個下午，三民書局的副總編輯來我家，當面和我簽下著作合約，並給我一張預付部分稿酬的支票。從此我便欠下一份「稿債」，這份稿債在我心目中，是我這輩子要寫的重要著作，論地位僅次於正撰著中的《中國戲曲史》，那就是《俗文學概論》。合約以兩年為期，時間不算長，我不能拖沓。可是每當我臨稿舉筆，卻「筆重如椽」。緣故是自己雖然在臺大講授了好幾年的「俗文學」，但越講問題越多、範圍也越來越大。就問題而言，譬如民間文學、俗文學、通俗文學三者之間，學者迄今還莫衷一是、爭論不休；則其根本糾纏未決，遑論其他！就範圍而言，其本身已浩若煙海，難設涯際；因此若欲加以分類，豈不交錯牽縈，迭見重出，難定基準；而類別難定，焉能論述！更何況大陸馬列主義盛行時代，俗文學幾被用作政治鬥爭工具，研究每每為之走火入魔，其糾謬歸正之必要，實刻不容緩！也因為如此，所以如果要撰寫一部平正通達的《俗文學概論》，就應當從根本做起。

於是，我在民國八十五年九月向教育部請得「俗文學概論教材編纂計畫」，以我所指導取得博士學位在海洋大學任教的曾子良、在東吳大學任教的鹿憶鹿和在臺灣大學任教的洪淑苓為計畫協同主持人，他們都把俗文學作為研究的主要對象；又由當時在臺大中研所博士班肄業的游宗蓉為專任助理，我則為計畫主持人。我們分工合作，密集的花了一年四個月的工夫，就兩岸眼目所能及的俗文學資料作全面性的蒐羅，然後分類編纂為資料四大冊，凡數百萬言；另外撰寫成果報告書一冊，約十餘萬言。成果報告書可以說是《俗文學概論》的雛型，其綱目建構大體已具，其內容大部分由我執筆。

有了這批資料和成果報告書作基礎，四年來我教學相長，課餘寫作，終於在民國九十一年九月完成了這部《俗文學概論》，全稿四十餘萬言。由其綱目即可概見本書與前輩時賢論著的異同和特色。

本書前有〈總論〉，分〈民間文學、俗文學、通俗文學命義之商榷〉、〈俗文學的範圍和分類〉、〈俗文學的特性〉、〈俗文學的價值〉、〈俗文學資料及其蒐集整理〉等五章。主文分四編：首編〈短語綴屬〉，又分〈俗語〉（諺語、歇後語、慣用語、口頭成語、秘密語）、〈謎語〉、〈對聯〉、〈遊戲文字〉等四章。次編〈各類型之「故事」〉，又分〈寓言〉、〈笑話〉、〈神話〉、〈仙話〉、〈鬼話〉、〈精怪故事〉、〈傳說〉、〈童話〉、〈民間故事〉等九章。三編〈民族故事〉，前有〈導言〉，後有〈餘言〉，又分〈牛郎織女故事〉、〈西施故事〉、〈孟姜女故事〉、〈梁祝故事〉、〈王昭君故事〉、〈關公故事〉、〈楊妃故事〉、〈白蛇故事〉、〈包公故事〉等九章。四編〈韻文學〉，又分〈歌謠〉、〈說唱文學〉、〈地方戲曲〉三章。末後〈餘論〉則簡論少數民族之敘事詩和史詩。全書每章之下，又分若干節。其所論俗文學各類別，莫不首辨名義、次敘源流，蓋名不正則言不順；源流不明則無以見其概要。然後舉例說明，以見其語言、體製、特色與價值。我將俗文學分作四編，藉此可以見其犖犖之大者；而編下各章排序，亦用以見其關聯。首編之〈對聯〉與〈遊戲文字〉，每為學者忽略，尤其〈對聯〉俗用尚大，故特詳論其規律作法；二編之〈仙話〉、〈鬼話〉、〈精怪〉亦鮮為學者所顧及，但實為新興之研究題目；三編之〈民族故事〉，其名義為本人所創說，其研究方法亦為本人所發明。另外又有所謂「影子人物」，亦為本人所創之新學術名詞。

當這本從訂約到脫稿前後費了七、八年的《俗文學概論》，終於可以交給三民書局用以「了債」的時候，我真是鬆了一大口氣。我平生不欠人「錢債」，不知其如何難過；但此次，也是首次所欠的「文債」，卻使我深感古人所謂「無債一身輕」誠不虛言。三民書局總編輯在兩年期滿之後，每過一年總要很禮貌的向我「催討」一番，雖言語禮貌，但每使我感到慚愧萬分。而前幾年的某一次「催討」，竟使我幾乎要「惱羞成怒」。我說：書我是努力不停的在寫，我總不能給你們急就章。如果認為我拖欠太久，那麼有兩種解決辦法：一是我新近完成、自認尚夠水準的《戲曲源流新論》，本來要交給立緒的，就移送給你們抵債；二是我退還預付稿費外加利息，從此解約。沒想總編輯說：「曾教授您慢慢寫，我們等候。」而從此以後，三民書局就再也無人催我的稿了。

其實我心知肚明，人家是多麼尊重我；而人家既尊重，我就更不能使人家失望才是，這也是我用心用力寫作的緣故。可是當我把《俗文學概論》的稿子交給書局以後，卻又因為我生性毛躁，引來一段不必要的尷尬。

書局負責編校這本書的編輯掛電話給我討論相關事宜，我順便問他書何時可出版。他說：「加上送審三個月，大概一年後。」我一聽，馬上反應道：「請把稿子退還給我！你們既預付稿費請我寫書，就得信任我！還審查什麼？」為此還勞動書局董事長劉振強先生在電話中向我「道歉」，說是編輯沒弄清楚，以為我是「投稿」。其實我是多麼小題大作，自己實在沒修養！

然而起初令我詫異，終於教我赧顏難以自容的事終於發生了。當劉董事長把稿費悉數付清之後，當書稿正在校對之際，負責的編輯到研究室找我，說我的契約要修正，因為原訂我要寫的書是《中國地方戲曲概論》不是《俗文學概論》！我不禁愕然，說：「真的？哪會有這種事！」可是白紙黑字，明明如此啊！

我為此仔細想想，原來書局規劃我寫的書是《中國地方戲曲概論》，而我心中一廂情願想要寫的是《俗文學概論》，同是概論性的書，加上我有一個大毛病，對契約、公文性質的文字一向「視若無睹」，所以八年前三民副總編輯給我的契約，我就「直把馮京當馬凉」了。而八年來我全心全力的養成這個「馬凉」渾然不自覺，偶然還不自羞的漲此聲勢、耍此威風；如果不是代表「馮京」的三民書局上上下下雍容大度、不予計較；否則我將如何自處！而其實如果我把「馮京」就當作「馮京」，也就是把《中國地方戲曲概論》弄清楚，應當就不會像上述那樣的貽人笑柄，而且我戲曲的功力比俗文學高，不太可能欠下積年「稿債」。但無論如何，我是「直把馮京當馬凉」了，而古人說：「知過能改，善莫大焉。」我之所以寫這篇文章，就是為了補過。（九十二年三月三十一日晨）

## 【曾永義先生在本公司的著作】

俗文學概論

# 回首又前瞻

劉安彥

二十五年前（民國六十七年），應三民書局劉振強董事長的邀約，寫了《心理學》一書，由三民書局於當年仲夏印行出版。書出不久，獲贈該書拾冊，用以現寶於親朋好友，廣事宣揚一番，誠為大大樂事。不過，收到書時，乍現眼前的白底封面，印著「大學用書心理學」的顯眼大字，倒是嚇了我好一陣子；再仔細看看該書最後六頁所列出的三民大學用書之書名、著作人和任教學校，個人更覺惶恐心虛，因為拙作居然與那麼多資深教授、學者、專家們的大作同排並列。《心理學》是我的「處女作」，也是三民書局幫我出版的第一本書。編寫該書的目的，個人在序言中明確地指出：「旨在為心理學一科的初學者以及對心理學感興趣的一般讀者們，提供一本簡明易懂而又切合實際的入門書籍，希望他們在閱讀過本書之後，對科學心理學的基本知識有正確的認識與了解，同時還希望本書能進一步引起他們研習心理學的興趣。」不揣個人學疏才淺，僅憑滿腔熱忱，全力以赴，竟能得到三民書局的如此推崇禮遇，個人內心深受感動。

更有甚者，因個人遠在美國任教，書的版權合約以及稿費支付，也著實給三民書局增加了許多麻煩。當時王小姐鉅細招呼包辦，書信長途往返，既費時又費事，這兒要特別謝謝她。該書稿費更是勞師動眾，劉董事長還親自跑了一趟我在嘉義民雄的雙福老家，把稿費送到家父手中。二十五年前，三民書局的董事長並沒有私人自用汽車，去雙福，先得搭火車到嘉義市，再轉乘公路局的班車到雙福站（走縱貫公路臺一線，約六公里），下車後再步行約一公里路程才到我家。（若要方便省事，就得花一筆錢從嘉義市火車站叫計程車直往，當時叫車並不那麼容易方便。）個人深知劉董事長公務十分繁忙，多次請他只要以掛號信將稿費寄給家父即可，大可不必老遠地親自去跑那麼一趟，但是他卻堅持要順便去拜訪家父，劉董事長如此細心周到，家父屢次提起，敬佩不已，至今令我銘刻衷心。

一、二十年前，劉董事長好像每年都會到美國來處理公務和探望親朋。記得他每次到美國，都會老遠地從加州打電話來問候一番，聊聊近況。而且每次談話中都會提醒我，要再為三民書局寫幾本書，每次也都很慷慨篤定地告訴我：「寫什麼書，由你自定，只要稿子送來，三民書局就印行出版。」個人深覺能夠得到劉董事長的如此肯定和信任，真稱得上是三生有幸，來之不易。由於董事長的不斷鼓勵與督促，民國七十三年，三民書局印行了我的第二本書——《社會心理學》。民國八十一年，《心理學》增訂新版。民國八十三年，與陳英豪博士合著的《青年心理學》也相繼由三民書局印行出書，而這些書也都列入三民書局大專用書系列。

書緣綿綿，令人回味。去年十二月，個人應邀回母校國立臺灣師範大學參與國際學術研討會，做了一場專題演講，討論教育研究與教育專業精神。三天開會期間，與教育界的教授、學者、專家和研究生們頗多接觸交談，而民國六十七年初版的拙作《心理學》一書竟多次成為話題，原來有許多教授、學者、專家們在二十多年前上研究所當研究生時，拙作《心理學》曾是他們研讀過的一本專書，有人還提到目前該書還「典藏」於他們的書房裡。聽到這許多「真心話」，一方面令我汗顏，另方面卻也頗覺欣慰滿足，當年的一股熱忱，似乎多少有了某種程度的回饋。現任臺灣師大校長簡茂發博士，當年曾辛苦地詳細校閱《心理學》初稿，並惠示高見。此次大家閒聊，他還為此邀功一番，真得再謝謝他當年的幫忙。初稿也請留美學人溫世頌博士過目，在此一併再謝。煩請同行學者專家校閱初稿的做法，個人深覺應落實推廣，以期儘量減少出版書籍的欠妥與遺漏。如此做法，或許也可為書局編輯部的同仁們減少一些壓力與負擔。

欣逢三民書局創業五十年，回憶最近二十五年與劉董事長、編輯部同仁們的相處互動，深深體會到他們專注的敬業精神，以及對文化、教育事業的長遠和許多貢獻。劉董事長親自教授書局同仁三民獨創字體書法的風範，令人津津樂道。這一些都令我十分敬佩，內心也偷偷地分享了他們的許多、許多的成就感，「與有榮焉」確是個人道道地地的濃郁感受。特此祝賀三民書局宏績大展，繼續為文化、教育事業做更多、更長遠的貢獻，繼續造福代代的學子和讀書人。

【劉安彥先生在本公司的著作】

心理學
社會心理學
青年心理學（合著）

# 信得過的書局，信得過的人

## ——寫在三民書局創立五十週年之際

唐翼明

我的《魏晉清談》大陸簡體字版不久前（二〇〇二年十一月）由北京人民文學出版社出版了，新書寄來，一邊翻看，一邊不由得想起前後種種，心中感觸良多。此書初版於民國八十一年十月，我在〈後記〉中說：

「本書能夠在短時間內順利出版，首先要感謝三民書局暨東大圖書公司董事長劉振強先生。他在去年剛為我出版了《古典今論》一書後，很快就決定出版本書，在學術，尤其是有關中國傳統學術並不吃香的今天，這實在是需要眼光與勇氣的。」

這並不是泛泛的客氣話，實在是我出自內心的感激。《魏晉清談》本是我在哥倫比亞大學東亞語言文化系攻讀博士學位時所寫的畢業論文，原題為"The Voices of Wei-Jin Scholars: A Study of Qingtan"，這篇論文的研究計畫曾得到一九八八年中國時報文化基金會的「青年學者獎」（五千美元），寫成後又得到美國著名漢學家華茲生教授(Prof. Burton Watson)很高的評價，認為是「英文中第一部研究魏晉清談（事實上也是中文中的第一部）的書(the first book-length treatment of the subject in English)，值得所有研究中國學術文化史的人認真一讀 (His work should therefore be of great interest to all students of early Chinese intellectual and cultural history)」，把它推薦給普林斯頓大學出版社。普大也很欣賞，回我一封信，說這是「一部優秀的學術著作 (an excellent piece of scholarship)」，但是，它的題材太冷僻了，估計印出來最多賣出二十五部，因此要我自己去找一個基金會出錢資助，然後他們才能開印。我當時正要啟程去臺灣任教，哪有閒功夫去找基金會，加上個性不耐煩瑣，便將此事丟在一邊，心想以後回美國再說吧（我原本打算在臺灣教一兩年書就回美的）。此後事過境遷，這篇博士論文就一直以微縮膠卷的形式躺在密西根大學專門收藏博士論文的圖書館裡了。

我是一九九〇年九月應文化大學董事長張鏡湖先生之邀來臺任教的。我生於大陸，長於大陸，在臺雖有父母，卻無師友，在學術界、文化界都可說毫無根基，而劉振強先生於一年之內連續為我出版兩本冷僻的學術著作（《古典今論》，民八十年九月；《魏晉清談》，民八十一年十月），於我何等重要？對照英文稿在美國的遭遇，豈不叫人感慨良多？

此書出版之後，頗得兩岸學術界前輩與同行們的鼓勵，余英時先生說它的出版填補了「中國學術思想史的一項空白」，王葆玹先生（大陸社科院哲學所研究員）稱它為「一部里程碑式的作品」，因此北京、上海幾家大出版社，如上海古籍出版社、三聯書店、中華書局都有意出它的簡體字版，以應大陸學界的需要。但是先後談了幾年竟然都沒談成，原因還是錢的問題。此書版權我當時已賣斷給東大，現在大陸要出，自然應支付若干版稅給東大，然而今日之大陸實行的是「有中國特色的社會主義」，一切向錢看，也竟與老牌資本主義的美國無異，不想出這個錢，至少越少越好，這樣當然就談不攏了。去年北京人民文學出版社接手，開始也還是擱淺在老問題上，直到此事為劉振強先生所聞知，乃交代說：「唐先生的事我們應當破例，第一版兩千冊，就免收他們的版稅吧。」問題於是解決，《魏晉清談》的簡體字版也終於在大陸問世了。

這幾個月來，我一直想有個機會向劉先生表達我的謝意，但忙於瑣事，未能如願，現在欣逢三民書局創立五十週年，乃述《魏晉清談》出版之前後原委，一方面表達對三民書局的感激，一方面表達我對劉先生個人的敬意。

我最早知有劉振強先生其人是從家父的口中，家父為人一向嚴謹，不輕易許人，但對劉先生卻推重有加。後來我自己也同劉先生有過幾次交往，記得有一次促膝長談，他同我談起許多童年時貧苦竭蹶的往事和三民草創初期的艱難曲折，又談到他自己持身的原則和經營書局的理念，娓娓動人，誠摯可信。我自己少年時代因國難家變，艱苦備嘗，也是靠著一點向上之心，努力奮鬥，才有今日，所以格外能理解劉先生的心意與理想。由理解而生信任，繼《魏晉清談》之後，我另外兩本學術著作也交由東大出版，民國八十四年出了《大陸新時期文學（1977–1989）：理論與批評》，民國八十五年出了《大陸「新寫實小說」》。我現在心中還有出幾本書的計畫，我仍然希望交由東大出版，理由無他，信得過也。

「信得過」，是我對三民書局的評價，也是我對劉振強先生的印象。（二〇〇三年四月九日）

**【唐翼明先生在本公司的著作】**

古典今論

魏晉清談

大陸新時期文學（1977–1989）——理論與批評

大陸「新寫實小說」

# 三民書局
## ——臺灣文化的燈塔

高木森

「對不起，你這本書太過專門，買的人不多，我們不能出版。」一家出版社老闆看了我的書稿標題，問了內容之後，對我的書稿就完全沒興趣了。但是他轉換話題說：「喔，對了，我知道你對美術史很有研究，你可以為我們寫本比較通俗的書，介紹繪畫或其他文物。」

「多謝你的好意。」我因為一時無法分身，只好婉謝。我說：「等有時間再來寫，現在我只想先把這本書稿完成。」

後來我還跟幾家出版社接洽，所得的結果大致相同：都是認為我的書稿太過學術性，沒有市場。既然如此，失望之餘，只好將它鎖在冷櫃中。一晃一年多過去了。有一天回臺灣參加學術研討會，遇到臺灣師範大學英語系的羅青教授，閒談中，提起這部深鎖暗櫃多時的書稿，他要我拿給他看，於是影印一份給他，但並未抱任何希望。那知幾個星期後接到通知，說三民書局願意出版。

接到簽約書時，我還不敢相信自己的眼睛，因為不相信會有出版商願意賠老本出這種書。但是，再仔細看看契約書，上面明明印著「三民書局」四個大字，終於相信夢已成真！就這樣我與三民書局結了緣，這本書就是後來獲得「金鼎獎」的《中國繪畫思想史》。

民國八十一年，為了領獎，我由美返回臺灣一趟，在臺時接到編輯的電話，說劉振強董事長要見我一面。以前我聽過劉董的名字，但從未見過面，今有此榮幸受召，可以藉機向他當面說聲謝謝，心中自然感到非常興奮。未見面前，在我的心中浮現這個大出版社董事長的影子，是高高在上，勢不可攀的人物，對我這個窮書生來說，他自是可見可不見，要見我不過是例行公事。一向不喜歡與權貴打交道的我，抱著一顆忐忑不安的心，姑且走一趟。

我雖然出國多年，但是一到重慶南路的三民書局好像回到老家一樣，因為那是我念大學期間經常去逛的書店，一切都很熟悉。走上三樓，進了董事長辦公室，見董事長已經等在那裡。令我大感訝異的是，劉董事長與我心中預先塑造的那位董事長完全不一樣；他很平易近人，待人極為親切。一見面就像老朋友一樣，一杯茶在手，兩人天南地北聊起來，暢談生活經驗、藝術、學術和事業理想，不知不覺三個小時過去了。於是我知道為什麼三民會出版我的書：它不只是臺灣經濟奇蹟的路標，同時也是臺灣文化的燈塔；它不是只為了賺錢，更多是為了文化的使命。

大約兩年後，我又回到臺灣，當然不能錯過向劉董事長請教的機會。心中還想著重慶南路的那家充滿美好回憶的店面，經電話聯絡後才知道，總部已搬到了復興北路的新址。到了門口下車，一見那雄偉的高樓建築，心中在想，這是不是臺灣經濟奇蹟的又一個路標呢？走進書店大門，看見寬敞的陳列廳，一排排的書架滿是精美的新書，真是個氣勢恢弘的書城。如果不是有約，我一定會留下來消磨個一兩個鐘頭，好好享受一下書中的黃金屋與顏如玉。

上了五樓，先是一間大辦公室。通過辦公室，來到董事長室。一進房間裡靠門處是一排長沙發，中間是一張大辦公桌，牆上掛著幾幅國畫。整個辦公室布置得簡單樸素，坐在沙發，眼看對面的大窗引進明亮的陽光，窗外一片綠油油的花園，我一下子遠離那紛紛擾擾的市街，飛升到一片安適的清淨地，就在那裡我們又促膝長談。

自此，這個充滿書香的時空一直伴隨著我，所以我每次回臺，都會去造訪請益。也因此我對三民書局有更多的了解。我發現三民書局不只是出版的書籍品類繁多，而且排版、印刷都力求精美。為了提升品質，還自行研發一套中文字體，而且都在劉董事長親自督導之下一字字完成，其敬業精神實在令人欽佩。

原來，劉董事長的生命歷程就像一部傳奇小說。他初來臺灣時，孤獨無依，幸獲一位慈心老婦收容。後來和兩位朋友合夥開店，就這樣靠著自己的毅力，克服千辛萬苦，一步步地走來，由一無所有，到如今成為臺灣最具規模的出版社。記得第一次見面時，我以有點感傷的心情，向他述說自己早年那段漫長而窮苦的求學經驗。但是當我聽到他的奮鬥歷程，也就不敢多說，因為相較起來，我是幸福得多——至少我還有個溫暖的家庭，後來進臺中師範學校，更有一段不愁衣食的美好時光。

而今回想起來，尤其令我感到溫馨的是，從十幾歲念初中時就開始擁抱著「三民」；記得那時教科書和參考書之中，有不少是三民書局出版的。到了大學時代，手中就有更多三民出版的書籍，如今書房裡已是滿架的三民出版物。是的，三民陪伴著我成長，它給我知識，給我希望。如果人生就是背負著沉重使命的河中過客，書本就是河裡的墊腳石。三民書局的宏願，就是為我們世世代代的大眾，奠下一顆顆又大又堅實的人生墊腳石，讓人的生命永遠放射著文化的光輝，散發著人性的溫馨。

**【高木森先生在本公司的著作】**

中國繪畫思想史
元氣淋漓——元畫思想探微
自說自畫
亞洲藝術

# 編《大辭典》的日子

黃俊郎

就學期間，曾經為張其昀先生監修的《中文大辭典》擔任校對工作；任教後，又曾為某圖書公司編了一部小辭典，因而對辭典的編修深感興趣。民國七十三年春天，有幸獲邀到三民書局參與《大辭典》的編纂工作，雖然此時《大辭典》的編纂已進行十幾年，就快完成了，但憑著個人早年的經驗，利用課餘時間，仍然興致勃勃地埋首在重慶南路三民書局編輯部的書堆中，翻閱資料，字斟句酌的撰寫、校閱詞條。也因此認識了「一貫堅持做傻人做傻事」的傑出出版家劉振強先生，以及「沒出過一本不正派書籍」的三民書局。

剛到三民時，聽員工們稱呼老闆為「劉先生」，心裡有一點詫異，後來才知道：原來劉先生認為公司所有員工就如同一家人，所以不喜歡商場上的「董事長」稱呼。後來我真的發現：雖然公司供應員工午、晚餐，但伙食採買卻由員工自行輪值擔任；公司內部的清潔工作，更像一般家庭由員工一齊動手。劉先生曾經說過：或許有人會以為這是公司為了節省開銷，其實並非如此，而是希望每一位員工都把公司當成自己的家，大家都愛它，有福利大家共享，有事情大家同心齊力加以解決。劉先生一直堅持由公司自辦伙食，正是基於這份「一家人」的理念，也避免因為外食而影響員工的健康。

在三民的時候，感受最深刻的是劉先生那一份真誠懇摯的心意，以及一絲不苟、力求完美的工作態度。當時有臺大、師大、政大等校數十位教授參與《大辭典》的編纂，濟濟一堂，大家都把它視同研究工作，除了解釋單字的字音、字義，還企圖考證所有辭語用法的出處與正確性，很多原稿一改再改，務求周至與精當；有些專業性的外稿，因不符原訂體例而未被採用，甚至一再重寫，稿費也一再照付，這完全是秉持劉先生「為求完美，不怕麻煩」的編書精神。而且由於劉先生要求每一則引文一定要有正確的出處，光是逐條核對各種原文版本，就動用了三十幾位工作人員。而編輯部除庋藏《四庫全書》、《四部備要》、《四部叢刊》與各種類書外，一般參考用書之多，即使與一般大學院校文史科系圖書室相比，也不稍遜色。劉先生還一直鼓勵我們：《大辭典》出版後，仍然歡迎我們到編輯部充分利用這些藏書，從事學術研究，撰寫論文。

劉先生沒有一點商場上大老闆的架子，平和自然地顯現出從事文化工作者的優雅氣質，對於參與《大辭典》編纂的教授們，十分禮敬，古人那種「禮賢下士」的精神，可以從他身上看到。在編輯部，每天下午三點，一定準備好精緻的點心，吃在嘴裡，甜在心裡，當時參與編纂《大辭典》的教授們，至今仍津津樂道。而且每逢過年，必設盛宴，殷勤挾菜勸酒。尤其是在席上聽他談起早年的艱辛奮鬥，以及「受人點滴，湧泉以報」的往事，更是感動不已，心裡一直想建議他寫一本「回憶錄」，一定可以激勵人心、警醒愚頑。

《大辭典》的印製出版，根本是吃力不討好，絕對無利可圖，或許在商言商，這是別人眼中的傻人傻事，但劉先生卻獨力以純私人的企業，完成這一項攸關文化傳承的大型基礎工程。歷時十四年，投入超過二百位專業人力，耗費數億龐大資金，可說是出版界空前大手筆，也為出版界的經營理念，立下典範。而且，劉先生在印製《大辭典》時，也注意到過去出版業採用的都是日製銅模，筆劃結構不符標準，或無法真切呈現國字的美感，於是決定由寫字、鑄模做起，花了八年時間重新鑄造六萬多銅模，而印刷《大辭典》所用的鉛，竟高達七十噸，如此規模，絕非尋常出版商所能為。這項工作後來衍生為三民的「造字」工程，每年聘請近百位專業美術人員，一筆一劃書寫，從楷體、黑體、仿宋到宋體等等，而且全部輸入電腦系統中，這是劉先生為了實現「出版正確精美的中文圖書」的一番苦心，能不令人肅然起敬？

相信很多人在大學時代都念過三民的大專用書，也會對那黃色封面留下深刻的印象：雖然並不搶眼花俏，但清清爽爽、舒舒服服，更重要的是象徵著品質保證，這也正是三民「導引社會進步發展」這一出版方針所顯現的成果，所以許多作者也都期望自己的著作能夠在三民書局出版。只是個人在多年前，曾經接受三民的邀約，打算撰寫一本有關研究《禮記》的著作，而且已先支領優厚的稿費，在三民創業五十年大慶時，卻仍然未能交稿，以申慶賀之忱，不免深感惶恐。如今唯有效法劉先生用心經營的精神，剋日完成，以報劉先生之知遇。

【黃俊郎先生在本公司的著作】

新譯孝經讀本（合注譯）
新譯古文觀止（合注譯）
新譯世說新語（合注譯）
大學國文選（合編）
應用文
應用文教材
編有高中、高職國文教科書多種
另校閱新譯禮記讀本等多本古籍今注新譯叢書

# 三民書局的精神

章念馳

吾涉兩岸關係較早，在臺灣開放探親後不久，大陸成立了第一個對臺民間團體——海峽兩岸學術文化交流促進會，吾即廁身其中，當祕書長，幹打雜活，時間始於一九八八年，與臺灣返陸人士接觸自然既多且早。三民書局編輯諸公即是吾熟悉較早的臺灣友人，吾之了解三民書局即始於此。

三民書局諸公每隔三月半年便要來大陸一趟，他們默默地穿梭於各大專院校與學者之間，並殷於與學者們交友，了解教學與學術市場，勤於約稿……。當時兩岸關係剛剛解凍，雙方的禁忌仍很多，對「臺灣經驗」我們尤抱警惕，甚至對「三民」兩字我們都抱懷戒心，要在這氣候中開展文化交流的難度是可以想見的。但是，三民書局的一群年輕人卻如蜜蜂般穿梭於兩岸的文化田野，以極其謙卑、熱忱、敬業的精神不倦地工作著，這給吾留下了深刻印象，吾也是這樣開始知道他們的創辦人劉振強董事長先生的。

港臺文化人中，大概沒有不知道劉振強先生者。吾聽潘重規師伯告訴吾，劉先生一九四九年從上海隨國民黨政權遷臺，他當時還只是一個小青年，只攜一個小包裹，當了一陣子的書店員工之後，便自己創業。從此開始奔波於島內，到處約稿，編書出書，孜孜不倦，終於建立了規模可觀的三民書局暨東大圖書公司，對他的傳說充滿了傳奇與敬佩，吾對這樣一個白手起家的文化商人也莫名地肅敬。

在與三民書局諸公接觸中，也承他們厚愛，約撰先祖父太炎先生文字，因為忙，始終沒有履約，情急之下，權將一篇十萬字長文——《章太炎寓滬考》，對先祖父旅滬四十年生涯的生活狀況、住地變遷、思想演變、著述活動等的考證，作為一冊專著發表。三民書局欣然接受。一九九五年春節吾讀畢校樣，三月二十日吾訪臺灣，傍晚抵達臺北，編輯先生已等候在飯店大廳，將剛剛印成的拙著《滬上春秋——章太炎與上海》作為一個驚喜送給了吾，著實讓人大喜過望。當時吾也帶了拙編新書《章太炎全集之八——章太炎醫論集》赴臺，這書也是三月剛剛出版，但這本書先後花了七年才印出來，且裝幀印刷均遠遜於三民的《滬上春秋》。拙著《滬上春秋》雖是小冊子，但內容是嚴肅和正經的，補了章太炎研究中一個缺俄，文章不乏對國民黨的批評，但出版社竟不刪一字。「三民叢刊」是以學術性、嚴肅性稱世的，拙著作為「三民叢刊」之一，深感榮幸。兩岸學人都曾度過了一個漫長的歷史可以被任意篡改的歲月，歷史與歷史人物長期被扭曲與顛倒，現實生活的不公自然也無法避免，而「三民叢刊」獨步千秋，素以講正經話、講老實話自許，受到人們尊重，在歷史上留下自己的地位。

吾與劉振強董事長相見是在一九九五年三月訪臺期間。因手續繁複，吾三次更改了赴臺日程，劉董為了實踐與我一見之諾，三次更改了赴美國的日程，直至三月二十三日倆人才得以相見。他鄭重地將會面安排在臺北一家有名的上海飯館，欲以臺北最好的上海菜招待一個上海來的客人，這使吾久久感到納悶，三次延程為接待一個從上海來的客人，就為了請他去吃一餐上海菜，對吾來講不過是重複舊食，但對他來講，也許作為一個來自上海的遊子，不管在天涯海角的何方，以家鄉最好的菜肴招待客人，是最高規格和神聖的了。

飯後他陪吾去參觀他的辦公大樓——一幢新建的現代化大廈，樓頂立了「三民書局文化大樓」八個大字，這是吾代劉董事長向沙孟海師伯求寫的，如今沙老雖已作古，但這八個「沙體」大字依然巍巍挺拔。大樓地下一層至地上四層均是圖書銷售部，陳列各種書籍十二萬多種，整個書市窗明几淨，布置典雅，十分人文和藝術，還設有座椅供人坐閱，四周音樂輕送，令人神怡，使人感到知識的浩瀚，讓人對知識產生敬畏。這樣規模和情調的書市，吾還是第一次看到，當時北京王府井最大的新華書店供書僅不過四萬種，且沒有如此好的購書環境，直至今天上海書城方可以媲美，但三民書局是靠一個人對文化的摯著而獨自創造的王國，而上海書城是一千六百萬之眾的都市的政府行為，相較之下，前者更偉也。

大樓其他樓層均是編輯部，八年前全部已實行了電腦作業，井井有條，每人埋首工作，上下一派肅穆，如此敬業單位，吾也前所未見也。劉振強董事長不僅致力中國古籍整理，還致力將幾萬個漢字以六種字體輸入電腦，為出版業做著一項前無古人的壯舉，為此他心無旁騖，無悔的一年又一年，他的同事們也與他一起全身心地投入了全部……。如今三民書局盈將五十，聽說出書六千餘種，展書二十餘萬冊，為兩岸播下了多少文化種子，功不可沒，甚是壯哉。

多年來，吾不知接待臺灣來上海的人士有幾何，唯獨不見劉振強董事長來，吾是答應隆重接待這位文化界奇人的，他卻遲遲沒來，吾每念及他三次移程只為請吾一品上海菜，心中就隱隱酸痛，可見，上海——他闊別了半個多世紀的故鄉——在他心底裡依然是最大最神聖的。兩岸若有統一之日，吾想，勢必將融合兩岸一切好的經驗、政治、文化、經濟的所有財富，不然是不可能有統一的，三民書局的精神和經驗，也必將為兩岸共同繼承和發揚的，對此，吾深信不疑。（為三民書局五十週年大慶寫於二〇〇三年三月二十三日）

【章念馳先生在本公司的著作】

滬上春秋——章太炎與上海

# 三民書局陪我成長

黃宗樂

我在民國五十二年考進國立臺灣大學法律學系法學組，當時法律書籍並不多見，即使有，也大半是著者自己刊行。大二時，鄭玉波先生教本組「債總」，採用其大著《民法債編總論》為教科書，是三民書局出版的；此外我也購讀鄭先生著《民法總則》、《民法物權》以及陳棋炎先生著《民法親屬》、《民法繼承》等書，這是我和三民書局結緣的開始。

一九七五年我自日本學成歸國後，有幸濫竽教席，初在輔仁大法律學系服務，擔任「債總」、「物權」等課程，我主要採用鄭先生著、三民書局出版的前揭各書為教科書；一九八九年轉任臺灣大學法律學系教授，擔任「民法總則」、「物權」、「親屬」、「繼承」、「法學緒論」等課程，我同樣將三民書局出版的前揭各書及《法學緒論》指定為主要教科書。我多年的體驗是：講授非常方便，深受學生歡迎。

陳棋炎先生嘗說：他出道不久，在三民書局劉振強董事長盛邀之下，撰寫《民法親屬》、《民法繼承》二書，奠定了他攻究身分法的基礎。他對於劉董事長篳路藍縷、慘澹經營，而在事業有成後，仍克勤克儉、精益求精，十分敬佩。鄭玉波先生亦嘗謂：他在劉董事長盛邀之下，在三民書局出版的法律書至少有九種以上，他和三民書局一起成長，三民書局是他人生中的「貴人」。年前邂逅劉董事長，劉董事長告訴我說：三民書局之有今日規模，必須感謝各位學者專家的支持和愛護。我想，著者和書局之間的關係是道地的互惠雙贏關係，劉董事長禮賢下士，誠懇待人，是他成功的地方。

我濫竽教席不久，在王澤鑑先生引見下，認識劉董事長，並在王先生的鼓勵下，答應撰寫《民法物權》教科書，前金已收，奈因種種緣故，迄今猶未撰成，幸承劉董事長寬宏大量，一再寬限，讓我倍感汗顏。

民國七十四年，民法親屬、繼承兩編經初次修正，陳棋炎先生認為《民法親屬》、《民法繼承》二書之歷史使命已經完成，乃邀郭振恭教授與我共同執筆，撰成《民法親屬新論》、《民法繼承新論》二書，仍由三民書局出版。在撰寫過程中，屢有討論，陳先生強調夫妻、親子、家長家屬間必存在支配服從關係，而我則力倡在現代法上夫妻、親子、家長家屬間應為平等互助關係。陳先生堅持自己之主張，但也包容後輩之見解，由此亦可窺其學者風範之一端。

民國八十年間，鄭玉波先生遽返道山，一代宗師從此與世永訣，但他留下的學術遺產至為豐厚。先生著作的特色是：文從字順、深入淺出、內容嚴謹、理路清晰，乃法律人必讀之物。為保持常新，劉董事長透過林秋碧小姐等囑我修訂鄭先生在三民書局出版的有關《民法》、《法學緒論》等書，我認為這是人生一大福緣，欣然應允。在修訂過程中，益覺鄭先生之博大精深，而頗感自不量力。《法學緒論》、《民法概要》、《民法總則》、《民法物權》我自己負責修訂，《民法債編總論》則委由賢學棣陳榮隆博士修訂。《法學緒論》、《民法概要》已幾經修訂，而《民法債編總論》亦已修訂出版，《民法總則》則預定今秋可修訂完成，《民法物權》現已修訂完竣，俟民法物權編修正草案立法院三讀通過後即可付印。前人的著作由後人修訂增補，以延續其生命，此在德、日等國，亦不鮮其例。

三民書局不論是重南店或復北店，都是我最愛逛的書店，每次入店都看到店內人山人海，競相購書，既為三民書局生意興隆而慶幸，更為國人讀書風氣之興盛而欣喜。我因係三民書局的著作人，買書時有特別優待，但我只用過一次，當我表明身分時，櫃檯小姐倍加親切。可是，我生性不喜「特別」，以一般人的身分購買，反而比較自在。

我和三民書局的職員接觸最多的，是劉秋涼先生和林秋碧小姐。劉先生已於多年前移居加拿大，林小姐已在今年三月間榮退。其他還有幾位員工，我也有數面之緣。令我感動的是，在閒聊中，他們都讚美劉董事長自奉甚儉，但對員工很照顧，一點都沒有老闆的架子。而在與劉董事長的交談中，我發覺他確實是一位樸實、誠摯、有理想、有遠見的事業家，他能苦心經營、白手起家，終於締造三民圖書事業王國，絕非偶然。

創業維艱，起於累土，三民書局從無到有，由小至大，不斷茁壯發展，殊屬難能可貴。尤可頌者，三民書局創業迄今五十年，對於華人世界尤其臺灣學術文化的普及與提升，貢獻至巨；而始終擔當火車頭的靈魂人物劉董事長，苦心孤詣，開展鴻圖，允為功勞第一。臺灣五十年來的進步發展，縱謂與三民書局有密切的關係，亦不過言。

歲月如梭，轉眼間，與三民書局結緣已近四十年矣！三民書局陪我成長，一直是我學術生涯的良師益友。茲值三民書局創業五十週年大慶，我除心存感激外，更寄以無限的祝福，恭祝三民書局永遠興旺發達！

【黃宗樂先生在本公司的著作】

民法繼承新論（合著）

民法親屬新論（合著）

# 細水長流

張素貞

有一度，劉先生偶爾會在週日上午來舍下小坐。那往往是他在慢跑幾千公尺之後，又做了好些事，才轉來閒敘。劉先生數十年來奮發勤勉，不因家大業大而有所懈怠，生活起居始終保持規律，見到他，總是精神奕奕，讓人也跟著精神起來。

他和梅新聊起天來，如兄如弟。似乎經歷相似的苦難，也同樣都不肯輕易屈服於命運，憑著過人的毅力，終究自己闖出一片天地。他們回憶過去，隔花觀景，痛楚透過時間與距離的濾鏡淡化了，甚至還有那麼一絲甜蜜；同樣珍惜現在，展望未來，又酷似地非常具有使命感。他們成為相當程度深交的朋友。梅新吸引劉先生折節下交的因素，我想肯定不是詩人的氣質，大約也不會是對新聞與文學緊密結合的編輯理念，應該是使命感中的一環——留些好東西下來，出版一些好的書籍。

梅新曾在幼獅文藝、中華文化復興月刊、聯合報、臺灣時報、正中書局、中央日報歷練過；協助巨人出版社規劃出版《中國現代文學大系》、《中國現代文學年鑑》；他的點子多，《中外文學》、《聯合文學》、《詩學》等文學雜誌都是在他的構想、催生之下而創刊發行。他也是《國文天地》的催生者。在正中書局掌理《國文天地》時期，他還連帶推動出版一些既具意義又能暢銷的好書。劉先生與梅新閒敘的話題可多了。「細水長流，細水長流！」劉先生很有前瞻性的眼光，有些好書或許不盡暢銷，劉先生要是認可了，也就義無反顧地承納，願意出版。梅新後來主編《中央日報》副刊，連獲金鼎獎，又兼管若干專刊，認識的文友越來越多，自己頗有信心，能客觀選稿，尊重老作家，也能擢拔新人。在這樣的情況下，我知道他推薦一些作家的好書給三民出版，有些作家後續仍有新作，同樣在三民推出。當大陸或海外有文友到來，他款待的重點之一便是參觀三民書局，從重慶南路到復興北路，一副與有榮焉的模樣。

梅新自己有兩本書在三民出版，一本《沙發椅的聯想》，一本《魚川讀詩》。《沙發椅的聯想》是他的第二本散文集，是雜文集，裡邊的重要內容，可能閒敘中都與劉先生談過，想來劉先生是喜歡的。書中包羅萬端，許多篇結合文學與新聞，他熱絡而謙恭，在獲得文壇耆宿的垂愛與師長的眷顧之下，使他對一些資深名家能有深入的報導；而個人苦學奮鬥、成家立業、生活雜感也流露出堅定的執著；其他推介新書、寫電影雜感，尤其詩論，往往融合生活智慧，別有見地。

當他查出病情之後，即著手編兩本書，其中一本詩論，即《魚川讀詩》。他急著辦幾件事，其中一件便是要推薦某女作家的新書給三民。劉先生不知從何處得知西醫束手的消息，火速安排隨他的座車去看一位傳聞中的中醫，輾轉幾間門戶才得名醫診斷。

梅新沒能遇到延壽續命的高人，但擁有劉先生深厚的情誼，愚夫婦真是歿榮存感。他去後，劉先生又一口承應為他出版《魚川讀詩》，年關逼進，臨時插入，竟只花兩個半月在追思會前趕出，不是深情厚誼，如何能致？

梅新主編《中央日報》副刊，曾配合「中副詩選」推出「魚川讀詩」專欄。從來稿中篩選一些有創意、適合引領讀者進入詩領域的詩作，列入「中副詩選」，而以「魚川讀詩」千字左右的推介、賞析，使讀者能領受詩的美感，引起讀詩的興趣。為了和主編的身分區隔，和自己的詩創作有所區分，也為了新鮮感，他使用另一個喜愛的筆名「魚川」。那些詩作者包含老、中、青，活動範圍由臺灣擴展到海峽對岸、新加坡、美國。詩人洛夫說：他細讀漫談，並不套用理論，「最能看出他談詩的高明之處，乃是他那些搔到癢處，說得痛快的獨到見解。」在從容自如的行文間，他個人的創作經驗和詩作者的寫作經驗往往有疊合之處，而他關懷新詩的前途，他對新詩的觀點，也很有積極的意義。

他在編務繁忙之餘寫下的「魚川讀詩」共有十九篇，自認足以成書了，這種另類詩論可讀可感，並不需要太厚。林黛嫚小姐從他的寫字檯抽屜找到〈山村的「一天」，歷史的「一天」〉，是他對大陸詩人匡國泰詩作〈一天〉的評介，風格近似，雖然不是「中副詩選」，而是《藍星詩刊》一九九二年屈原詩獎第一名的作品，我樂於把它編入，湊足成數，二十雙滿。《魚川讀詩》邀請洛夫、莊裕安老少兩位詩人寫了序文，書中並收入他的口述錄音〈魚川讀詩話從頭〉。

至於我自己的《細讀現代小說》倒是稍早在一九八六年由東大出版，推薦者是師大的學長黃慶萱教授。這本書是我邁上現代文學研究的初航，論起淵源還是梅新的緣故。他與商禽、顏元叔合辦雕龍出版社，發行《新月月刊》，又出《新月小說選》，我幫忙校對，忍不住寫了文評，他看了說好，介紹給《大華晚報・淡水河》，主編曾久芳、吳娟瑜喜歡，馬各、司馬中原、朱西甯、辛鬱也加以鼓勵；我又接手「現代小說」的課程，於是陸續累積出一些成績。我基本上採行文本細讀，反覆推尋，做綜貫式的解析，把理論自然融入，並設計小標題，連遣詞造句都精心構思。司馬中原先生曾推薦給中國文藝協會，獲得文學評論獎。承蒙劉先生厚愛，我的第二本書《續讀現代小說》仍由東大出版，大致是延續文本細讀精解、提綱分目的作法。第一輯多了幾篇研討會論文，〈沈從文小說中的黑暗面〉談論一般忽視的作家關注的層面；配搭的是〈魯迅小說中的知識分子〉，關懷面比較廣泛；〈葉石濤小說中的鄉土意識〉，針對葉石濤八本小說及相關論著作了歸納整理。本書也多了些千字短評的「長河書影」，是大專學生閱讀書籍的精緻導讀，一本書（金庸武俠小說則是十四本）只用一千字介紹，還附帶評論，寫來極具挑戰性。書中也有四篇是「極短篇賞析」，把千字左右的小說作四、五千字的詳論。現代小說的研究可以多向多元，本書便是例證。

【張素貞女士在本公司的著作】

細讀現代小說

續讀現代小說

校注官場現形記、文明小史等古典名著

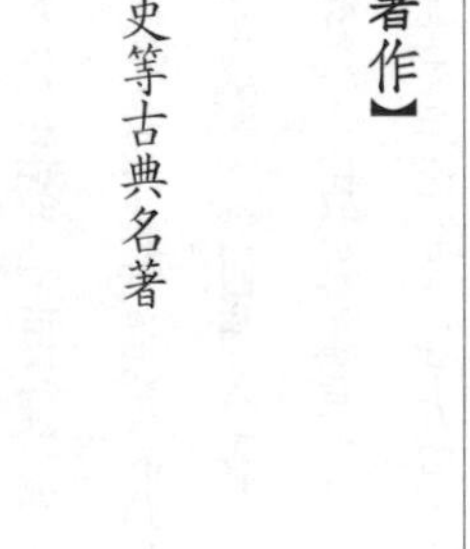

# 把錢用在臺灣

黃志民

民國七十四年二月，農曆年剛過不久，我第一次踏入三民重南店三樓的編輯部；真所謂光陰似箭，眨眼就是二十年了。二十年來，先後參與了《大辭典》、《新辭典》、《學典》、高職國文、五專國文、大專國文、高中國文的編寫，以及包括革新版《古文觀止》在內的古籍注譯等工作，有幸親炙前輩學者的碩學鴻範，在實作中印證、補強所學，看到了這一個龐大事業體運作中，實事求是、精益求精的工作精神。

七十三、四年間，歷時十五年，耗資一億五千萬的《大辭典》，正進入密鑼緊鼓、出書的最後階段。每天，空間不小的編輯部，都擠滿了書局同仁和編纂教授，各自埋首趕工，時而商量討論。時間壓力很大，但劉先生卻一再強調、一再要求，以精確無誤為最高原則，寧可增加人力以保證進度，絕不為了趕進度而犧牲品質。當時，書局為了編這一部辭書，購置了包括《百部叢書集成》、《四庫全書》等大部頭書籍在內的大量圖書，並且視需要隨時立即添購；儘管如此，由於辭書所涉及的範圍，大而龐雜，經常必須派專人到當時的中央圖書館、中研院史語所及各大學、研究機構的圖書館，查考資料，以確保引述或解釋無誤。

《大辭典》編輯完稿後，先送臺中的印刷廠排版，再送日本製版印刷。日本人做事一板一眼，契約一訂就依約行事，不打折扣。所謂時間壓力就在這裡，日本方面延誤了進度固然受罰，三民方面若有延誤，照樣要罰，有一天下午，編輯部忙碌如常，劉先生也一如往常，進入編輯部了解狀況，督導工作，並且對外聯絡。忽然，聽到他用較高的音量，對著電話筒：「要加班，可以。該給多少就給多少，我不跟你計較。反正錢是在臺灣賺的，我寧願用在臺灣，也不願意給日本人罰！」我發現有人暫停了手邊的工作，若有所思，很快地又埋首工作。原來，那通電話是和臺中的印刷廠聯絡，要求臺中方面掌握進度，不要延誤。在技術層次，劉先生求快，在內容品質方面，則要求保持高水準，而不一味求快。這時，我恍然大悟了。一部辭書，動員了那麼多的人力，耗費了那麼龐大的資金，經歷了那麼長久的時間，原因無他，只有「求好」兩個字。

七十四年八月，《大辭典》終於問世，皇天不負苦心人，心血沒有白費，它獲得到學界高度的肯定，並於七十五年就獲得行政院新聞局金鼎獎的榮譽；聽說，不久之後，大陸就有了《大辭典》的盜版在流通。

「求好」是《大辭典》的指導原則，「叫好」則是它問世後的普遍反應。但是，以企業經營的角度來看，它的「利潤」在哪裡呢？人們會說，辭典是長銷書，利潤要看長期。可是，一億五千萬的資金，光那利息的損失，就不是長期利潤所能相抵的了。這個疑問，長時間存在我心中。二十年來的參與，我似乎隱約地有了答案。劉先生不僅是在做出版事業，他更把出版事業等同文化工作在從事；他以一個文化人自我期許，於是利潤就不是他主要的考慮了。

走過半個世紀，三民不但屹立不搖，大量出書，而且重慶南路店面擴大兩倍，又在復興北路擁有十一層高的文化大樓。當年號稱「書店街」的重慶南路、衡陽路一帶，如今有多少書局已走入了歷史？可見得經營之道，「利」之一字並非是唯一的目標，也不是生存發展的唯一條件；三民是一個真實的例證。

【黃志民先生在本公司的著作】

新譯古文觀止（合注譯）

大學國文選（合編）

編有高中、高職國文教科書多種

另校閱新譯呂氏春秋等多本古籍今注新譯叢書

# 我所知道的三民書局

楊惠南

想起三民書局及其所屬東大圖書公司，就由心底油然生起既感激又歉疚的心情。當三民書局為了慶祝創業五十年，而向筆者邀寫感言時，筆者即下定決心，無論如何一定要將積在內心多時的心結，抒發出來。

說到感激，筆者大部分的著作，都在東大圖書公司出版。無疑地，那是一些乏人問津的純學術著作，只有少數相關學者才會感到興趣。佛光大學的藍吉富教授，也是業師傅偉勳教授的結拜兄弟，有一次，當著眾人的面前讚歎說：「三民書局的劉董事長也不容易，肯為窮書生出版學術著作！」「是呀！你開過出版社，一定知道其中的辛苦。」傅老師先是向藍師叔（筆者總是這麼稱呼與我同年齡的藍教授）附和著，然後轉而對我說：「特別是你那本《龍樹與中觀哲學》，根本就是讓東大虧大本的東西！」事實上，那是一本論文集，將散在各學報的短篇拙作，集成冊子。其中一篇的寫作過程極為艱辛：記得那是一個暑假的夜晚，筆者或振筆急揮，或呆坐苦思，終於完成了這篇拙作。熄掉桌燈，才發覺窗外已有晨光溢入。漱洗時，在洗臉臺裡吐了一口積悶多時的痰，竟發現那是一口帶著濃濃血絲的痰！

《龍樹與中觀哲學》出版多年後，筆者從一位留學臺灣的韓國學生那裡，得知該書已被譯為韓文。前幾天，一位素昧平生的韓國大學教授，透過關係，力邀筆者參加該國所即將舉辦的佛教學術會議，理由是：他讀過筆者的《龍樹與中觀哲學》。大約在三、四年前吧？筆者曾收到行政院新聞局的一封公函，道賀筆者在東大圖書公司出版的另一本作品——《印度哲學史》，榮獲該局所評選的優良圖書獎。這些點點滴滴，或許聊可告慰已經往生的傅老師的在天之靈吧？

事實上，《印度哲學史》一書，乃是傅老師囑咐我一定要完成的作品，但對筆者來說則費時曠日。由於一手文獻的欠缺，乃至涉及許多印度梵文的意涵問題，對一個只有念過兩年梵文的筆者來說，著實要花費一些心思。有一次，為了一部梵文古籍的譯名，請教一位來自印度，任教於臺灣大學哲學系的梵文客座教授，但卻沒有得到滿意的答案。所幸同在系裡教書的恆清法師，以e-mail（那時還很少人會用這種先進的科技呢！），煩請目前擔任華梵大學東方文化研究所所長，當時則遠在美國攻讀博士學位的蔡耀明教授，拜託他去圖書館查閱資料，才終於解決了這一難題。

十幾年來，與劉董事長見了十來次面；有時是在飯桌上，有時是和傅老師一同拜會時，有時則在重慶南路三民書局的老辦公室裡。每次見面，對於劉董事長這位慈父一般的出版家，筆者都留下深刻的印象。

有一回，劉董事長邀請傅老師和筆者，共同編緝一系列有關佛教人物和思想的叢書（即後來由東大出版的「現代佛學叢書」），並要筆者擬出一份預備出版的清單。「是不是可以走通俗一點的路線，讓一些通俗作家來撰稿？」當時筆者自以為終於有機會可以為三民書局賺點錢了，因此這樣建議著。然而，劉董事長卻說：「我們要出版一些可以細水長流的好作品，不要學習那些只看到眼前利益的出版商！」

多年前，筆者受邀參與三民《大辭典》的編校工作。偌大的一間工作室，擠滿了三、四十位來自各大專院校的教授和專家。劉董事長則親自坐鎮。也許是所學的一偏之見吧？筆者總是在編校時，多增加一、兩條有關佛教的辭條。隔了一、兩個月，劉董事長趁著筆者向他請教問題時，對我說：「辭條的數目最初就經過學者、專家定下來了，請儘量不要再增加新的辭條進去，免得打亂了原來的構想。」我驚訝劉董事長沒有在一開始時，就告誡我這點，一直到筆者請教他問題時才點破我。他的用意很明顯：尊重學者的學術專業，不願以出版業者的觀點，來打擾學者的判斷。我更驚訝他的明察秋毫。參與編務的學者、專家，前後共有一、兩百位之多，我們的一舉一動，雖然劉董事長絕口不提，卻都逃不過他的「法眼」。這其中，包括坐在辦公椅上補睡眠的，乃至像我這樣，經常假借翻閱參考資料，實則起來透氣、偷懶的人！

有許多人說：三民書局不是普通的書局。而筆者則要一進步說：五十年了，已經出版六千餘種學術書籍，並在臺北最繁華的東區，打造一座東亞第一大開架式書局的

劉董事長，並不是普通的出版家！（寫於臺灣大學哲學系313研究室）

**【楊惠南先生在本公司的著作】**

龍樹與中觀哲學
吉藏
惠能
佛教思想新論
當代學人談佛教
當代佛教思想展望
佛教思想發展史論
禪史與禪思
禪思與禪詩——吟詠在禪詩的密林裡
印度哲學史

# 一家感動人生與影響未來的好書局

黃光男

一本好書會感動人的一生，一家好書局會影響一群人的未來。半百的三民書局，陪我走過渴求知識的青澀年歲。如今我已過耳順之年，而這個知心的老友也即將進入知天命的階段。誠懇的祝賀：三民書局，生日快樂；三民書局，永續經營。

我愛看書，也寫書。在吸收知識與生產知識之間，書局扮演了重要的中介角色。對我來說，這個空間是寶庫，更是溫柔呼喚之鄉。猶記每當研究遭遇瓶頸之際，逛書局成了我心理徬徨和知識匱乏之時最佳的慰藉之處。如今即使網路有取代書局之勢，那種扁平化的知識空間仍然無法取代這種深度空間的溫馨感。我常說：「美要有溫度。」三民書局的書庫在越來越冰冷的時代裡彷彿仍然燒著熊熊的火把，有烘熱的感覺。面臨資訊時代的變革，未來書局的型態勢必有重大挑戰，下一個五十年，三民書局，加油。

【黃光男先生在本公司的著作】

過門相呼

# 仗義護持文化

## ——三民書局五十週年慶祝詞

杜正勝

出版是一種千秋萬世的文化事業，這是誰也不會否認的，然而我們往往知道尊敬創作文化的人，譬如學者、作家、藝術家等，而忽略文化創作的推出者——出版家。沒有出版者，文化創作難為人知，至少不容易普及於廣大的群眾。事實上，自印刷術問世後，出版者往往也是一波波新思潮及新文化的推動者，為一個新世代催生。

我是這樣來看待世界上的出版事業的，我認為出版者對人類的貢獻不在像我這種搖筆桿的人之下，所以客觀地稱他們為「出版家」，而不只是「出版商」，雖然我並沒有恥於言「商」的冬烘思想。

在個人有限的知見範圍內，三民書局的總舵手劉振強先生是我比較熟稔的一位出版家。我與他的往來，其中有一部分是屬於業務性的，大半還是業務之外人與人的相契。今值三民書局五十週年大慶，略述個人與公司總舵手的一些經驗，也許也可以幫助一般人了解三民書局走過來的風霜歲月，畢竟企業經營的成敗，和最高決策者是息息相關的。

我和劉先生的來往可以推早到將近三十年前。民國六十三年我負笈英國，發現倫敦有限的幾家中文書店多經銷中國和香港的圖書、雜誌，完全看不到臺灣的出版品。那時年輕氣盛，乘一股懣氣未消，寫一封投書寄給當時國內最大的報紙《中央日報》，指出這個現象，並且建議應在國外開設書店，好讓外國人了解臺灣。這封信雖刊登出來，反應卻如石沉大海，久不聞迴響。我只在不久之後接到一封三民書局劉先生的來信，對我的建議深表同感，又說正準備在加拿大籌設書店。於是「劉振強」三字就印在我的腦中。

爾後返國，我與劉先生並沒有進一步的往來，偶而從師友口中知道劉先生還記得我這個好事青年，並且對我多所揄揚。如此一晃又過了十幾年，直到我與同輩朋友籌備創刊《新史學》，才再與劉先生接洽。

當時我們幾個朋友辦《新史學》，無權無位，有的只是不畏艱難的熱情。我們曾向史學界同行尋求贊助，但不熱烈；雖然文稿不愁，印刷經費則無著落。朋友提醒我，何妨請三民書局協助，因為他們知道劉先生還相當尊重我。向人開口要錢，在我是第一次，躊躕不前，不得已請楊國樞教授代為表達，想不到很快就得到回音，劉先生慷慨地答應贊助《新史學》主要的印刷經費。他甚至還特地到中央研究院歷史語言研究所來看我，兩人追憶往事，多有惺惺相惜之感。

劉先生贊助學術文化，不願人知，而今事隔十數年，《新史學》已進入第十四個年頭，我覺得有必要把這段經過公諸於世，以留下一點紀錄。《新史學》出刊五十三期，論文、研究討論，書評將近千篇，多次獲得國科會及教育部傑出或優良學術期刊的獎勵，也得到國內外學者的肯定，有人甚至稱譽為臺灣史學界的代表刊物。凡此種種，幕後恩人劉振強先生也應該「與有榮焉」吧。

劉先生之所以為劉先生大概就在這裡，他既不考慮回報，也不向我索求企劃案，多少是憑著一點銳見吧，然而就我的感覺，恐怕還有一點「仗義」的意味，這是人與人很微妙的相與之道，難以言宣的。

我個人學識有限，遺憾不能對劉先生有所報答，只為三民書局主編一本《中國文化史》，出版一本《古典與現實之間》。劉先生一直希望我能為三民編輯一套中國歷史叢書，我體會他的用意，但採取不同的作法。

自上個世紀最後十年，我的世界觀已經有相當大的改變，懲於過去人文教育圈限在中國範圍內的偏狹，我深深體會到在臺灣不能只了解中國，還應該了解臺灣與世界；即使要了解中國，也不能只就中國看中國，而應該把中國放在世界文化的脈絡中，才認識得真切。所以我把這套叢書稱作「文明叢書」，現在雖然還不能達到理想，毋寧更寄望於它未來的發展性。我與劉先生的成長背景頗有差異，我的改變歷程劉先生不一定有相似的經驗，不過我也很感念他的包容，這又透露他主持三民出版事業的寬大胸襟和精神。

文化是無法計量的，文化事業的推動關鍵往往不在精密的申請表格中，而應該求之於另一種境界，我與劉振強先生的接觸雖如蜻蜓點水，但這一境界的感受倒非常實在。也許因為有此境界才有今日的三民書局，三民書局必定還會永續成長，此一境界應是歷久彌新的。

【杜正勝先生在本公司的著作】

古典與現實之間
中國文化史（主編）
詩經的世界（譯著）

# 初日照高林

傅武光

喜歡文史的人，大多有一種感覺，就是處在邊緣而不受重視。這一點，不需要統計數字，只要上街買書就可感受到了。

臺北市重慶南路上的各家書局，扮演著臺灣文化事業的指標。但，如果你要買文史方面的書籍，便一定要走到各家書店的「深宮內院」，或爬上二樓，甚至三樓，到一個不起眼的角落，才能找到你要買的《史記》。其他像左丘明、屈原、班固、陳壽、陶淵明、劉勰、李白、杜甫、韓愈、柳宗元、白居易、歐陽脩、蘇軾、王安石、李清照、陸游等等，這些曾經在歷史上發光發亮的人物，全都集中在邊緣幽暗的框架上。如果每一本古書，各藏著作者的靈魂（作家鍾怡雯教授說的），我們不禁要為那些靈魂感到無限的委屈。喜歡文史的人，能不感同身受嗎？

只有一家例外，你一走進這一家，迎面而來的便是司馬遷、杜甫、蘇東坡……。讓你感覺好親切！好受尊重！我在想，這家書店的老闆也許是學文史的；要不，就是具有很另類的價值觀，他認為司馬遷、杜甫、蘇東坡的價值至少可與六法全書、股票投資指南、中醫寶鑑齊頭並列。於是我對這家書局充滿了好感，只要逛街買書，我一定會駐足在這家書局。這家書局有個很容易被誤認為「黨營事業」的名字，她叫「三民書局」。

民國七十四年，經由師大國文系邱燮友教授的推介，我加入了三民書局當時編輯《大辭典》的團隊，自然就認識了董事長劉振強先生。原來劉先生並不是學文史的，於是更加敬佩於劉先生超越倫儕的胸懷和遠見。至今，三民書局仍是全國陳列文史書籍最多、最齊備的書局。

一家公司的良窳興衰，決定於它的工作團隊，工作團隊的團結和諧和高效率，最終取決於領導人。三民書局在出版事業界中，屹立五十年，仍是業內的翹楚，對社會、國家的貢獻，難以計數。反觀重慶南路上的同業，有的門庭冷落，有的艱難苦撐，有的更幾度易主！而三民書局之所以日益光昌，自然要歸功於劉先生的高瞻遠矚和虛懷若谷。西哲有言，領導人的人格特質決定他的事業前途，三民書局可算是足資印證的最佳典範。

就我個人的體會，劉先生最令人感佩的是他尊師重道的精神，此精神表現在他對每位教授的敬重，凡有所交接，言必稱「先生」，縱使年紀比他小十歲、二十歲的教授，也當自己的老師一樣來看待。說也奇怪，凡受劉先生禮聘的教授，後來有一半以上當過系主任、院長或三長，從這裡還可看出劉先生有「知人」之明。

有一年，劉先生託人囑我用毛筆寫幾幅字，記得有某姓的「堂號」以及聯語，我問寫此何用？承辦人說，那是墓地用的，要刻在碑額和墓柱上。當時我滿懷疑問，因為那「堂號」分明不是劉家的堂號，劉先生怎麼會去插手別姓人家墳墓的事情？直到次年的初春，劉先生請教授們喝春酒，話題轉到劉先生創業初期的艱困，纔揭開謎底。那是民國四十年代初，劉先生纔二十出頭，窮至三餐不繼，受到一位老太太的照拂，讓他度過艱困的日子。如今老太太早已作古，為了報答她，劉先生斥資五百萬新臺幣，為她修墳，託我寫的那些字，就是要刻在那墳上。猶記當時，劉先生以非常感性的口吻，娓娓道出年輕時創業的艱辛，以及怎樣受到那位老太太的照顧，幾度聲音哽咽，眼眶泛紅，淚珠閃爍在雙睫上。在座的教授們感動得不知如何回應這樣的場面。那年，劉先生也快六十歲了，可是我看到了他那顆赤子之心。

那顆赤子之心，就是愛的泉源。它汩汩流出，盈科而進，漸積漸盛，終成大江大河，浩浩湯湯。今日的三民書局，就是那大江大河，願它不住地滋潤中華子民的心田，灌溉有情眾生的園地。

**【傅武光先生在本公司的著作】**

新譯韓非子（合注譯）

新譯古文觀止（合注譯）

大學國文選（合編）

另校閱新譯左傳讀本、新譯老子想爾注等古籍今注新譯叢書

# 美麗的回顧



所有回憶都是美麗，假如我們能夠明白，今天一切擁有或發現，都是來自昨日憧憬及追尋。

雖然未到寫回憶錄年齡，但近年從容欣賞晚霞多於清早抖擻的晨曦，也就知道不再年輕了。馮至先生最後一本書叫《立斜陽集》，據說是他特別喜歡納蘭性德〈浣溪沙〉內那句「沉思往事立殘陽」，但他覺得「殘陽」過於衰颯，不願立在殘陽裡沉思往事，遂把「殘陽」改為「斜陽」，他說：

「自念生平，沒有參與過轟轟烈烈的事業，沒有寫過傳誦一時的文章，結交的友人或熟人中，沒有風雲人物，也沒有一代名流。有些人和事，或長期共處，或偶相逢，往往有一言一行，一苦一樂，當時確實覺得很尋常，可是一旦回想起來，便意味無窮，有如淡薄的水酒，只要日子久了，也會有幾分醇化。恨不得能讓時光倒流，把那些尋常事再重複一遍。」

最近三民書局約稿，重新翻閱舊著《文化脈動》，情濃如酒，跌宕滂沱，平靜心情陡然翻起不少風浪波濤。臺灣八十年代末期解嚴解禁數年間，變化巨大難以直述。它不只是政治社會演變的一個分水嶺，同時也是文化遞換、意識形態急劇變動、流行與e文化的崛起通行。三民書局在一九九五年出版《文化脈動》，其實就是我生命中一個極端介入臺灣文化時期，並且也是向社會進言的個人紀錄。

以一個長期創作者而言，尤其詩人，不分中外，都會經歷一段社會介入，我稱之為「社會縈繞」(social obsession)。也就是說，許多詩作內涵的啟發與追尋，不止是來自風花雪月，還有詩人水深火熱，人間疾苦的感受體驗。自然而然，詩人兼職為社會批評者(social critic)，屢見不鮮。美國早期超越主義愛默森(Ralph Waldo Emerson)，英國維多利亞時期亞諾德(Matthew Arnold)等人，紛紛在一種大時代變遷的催激下，執筆為文，一抒胸臆，皆屬人之至情。

一九八八年肇始，我在《中時晚報》的〈時代副刊〉，有一個叫「酸辣湯」專欄，那時人還在臺灣。到九三、九四年寫另一個「文化快餐」專欄時，卻已身在國外了。現在回想，那種滋味，酸甜苦辣兼而有之。

先說甜蜜。八八年到八九年間，一整年大部分期間均在臺北。有一陣住在安和路，為了一個出版社，以及一些落地生根的家國夢想。那時生活單純，各人除了處理業務及校稿外，就是據桌各寫文稿。安和路從前有一個美麗店名的餐廳，叫「浮生悠悠」，英文就叫做"Leisurely Life"，真是討人歡喜，常會令人在工作之餘，想到那兒喝一杯咖啡或喫一頓晚飯。一九八八年的十二月，我在浮生悠悠吃了一客臺幣六佰元的「聖誕大餐」，菜單是這樣的：

酥炸花蚧鉗
奶油海鮮湯
麥年鯧魚
腓力牛排或
精烤美國火雞
精緻甜點
咖啡或茶

所謂「麥年鯧魚」(Pomfret Fish Meuniere)，需要解釋一下，這是法式烹飪，「麥年」就是把魚塊輕蘸麵粉，在鍋裡煎炸。麥年鯧魚，就是把整條小鯧魚蘸麵粉煎炸，端上盤來，黃油油香酥可口。再加上另一客健康肉類的美式火雞，令人喫得樂陶陶、懶洋洋，就只想等待下一客甜點與咖啡來提神。這種菜式價格，到了今天，絕對加倍猶有過之。記得近日友人宴請於金華街一家法式料理，價錢恆逾千元以上。

「酸辣湯」專欄許多篇章，就是在這種甜味感覺下寫出來，像燙熱咖啡，加上蔗糖與奶油攪拌就緒，悠然喝上第一口的滋味，有種香甜味蕾感覺滾動在舌間，非常溫馨。

但是那年我的臺灣回歸是失敗試探，那是甜蜜之餘的另一種辛酸。最初在母校政治大學授「中西比較詩歌」，有一個這樣下午，密雲無雨，陰鬱天氣，還帶著一種浪子回家的酷熱懲罰。在指南山下，我們讀完陶潛的〈桃花源記〉，葉慈的〈航向拜占庭〉及〈第二度降臨〉，還有柯立基午睡醒來寫就的〈忽必烈汗〉，有一個這樣下午，和同學們讀著丁尼生的〈食蓮人〉，優力塞斯經過十年的特洛埃戰爭，十年的海上漂泊，在回家途中，來到這個讓人吃了蓮果而做夢流連忘返的小島，有些水手疲困於海上無盡漂泊，欣然就食，因為……

去夢到家鄉，妻兒和奴婢
總是甜蜜的，
但最令人疲困的是那無盡大海
疲乏櫓槳
疲乏在虛幻浪沫中的流浪大地
終於有人說：「我們不回去了。」

當時我這樣寫道：「我已經回來了，臺灣不是食蓮島，它應該就是我的綺色佳(Ithaca)！可是飄零的我，是否要假扮乞丐，去試探闊別多年的家園？孤獨的我，又該敲那一扇門，找那一家去試探？我誦讀的聲音顫抖而傷感，然後又充滿懷疑，是否夏天來臨，又是我遠航時候，是否我必須很快就要擺除這一陋習，自每天正午到兩點鐘的昏睡中醒轉過來？」

然而夏天我並沒有離臺，相反，推掉一個西藏約會後，便束裝南下，轉教中山大學外文研究所。那是一個豐收季，晚上觀星望月，白天讀書寫詩，最後結集一本《檳榔花》詩集。

然而一葉知秋，想不到萬里投奔的浪子情懷，竟引出一些毫無意義的嘲弄與謾罵。我黯然收拾行裝，回到洛杉磯。

回美後依然不甘心，依然每天閱讀五份臺灣報紙，繼續給《中時晚報》寫「文化快餐」，九四年自臺北松山南下高雄，和李瑞騰一早在車站見面，談及近年替臺灣文化把脈的努力，瑞騰欣然穿針引線，找到「三民叢刊」主編，並敲定書名為《文化脈動》。

今天看來，當年許多觀念仍然需要修正。譬如對東南亞國家，尤其是馬來西亞華人國族觀念與華文文學的定義溯尋。我是一個強烈民族主義者，多年來人在海外，格外來得迫切。另一方面，中華民國轉型入臺灣，我的適應幾乎是遲鈍和緩慢的。但很快便了解到，像安德遜(Benedict Anderson)《想像共同體》(*Imagined Communities*)一書說的，民族主義，其實是一種想像的政治共同體；然而想像並非捏造，它其實是形成任何群體認同不可或缺的一種認知過程。一九九四年，我已開始認知到，假如臺灣要成為偉大國家，它必須擁有高貴情操與寬容胸襟，兼收並蓄，有容乃大。因此，強調臺灣本土的「雜性」，比強調本土的「純性」好得多。

譬如，近日印刻出版社推出全套七大冊的《臺灣原住民族漢語文學選集》，主編孫大川指出，沒有文字的原住民，多是借用漢語中宣洩他們主體的聲音，但是由於局限於漢語造詣，詩歌方面的創作表現反而更稀少。文學理論方面也因為原住民血統的評論家不多，孫大川只好在「評論卷」中破例，大量選入漢人學者的作品。

我覺得不必如此劃分。所謂母語與漢語寫作是可以共時並進的。文學的領域並不一定用語言來界定，英美作家同用英語寫作，卻南轅北轍，涇渭分明，互不相屬，更不應斤斤計較於本土語言的「純度」。

多年前我就曾經這樣寫過，臺灣本土文化建立過程中，最大負擔在於它與中國文化強烈的抗性與排斥性，像一個孩童，無論被撫養自親生父母或養父養母，在尚未學會書寫自己姓氏以前，就先要在科學或醫學下，辯證出自己的DNA，好像唯有如此血統鑑證，才可理直氣壯成長為人。

殊不知文化成長過程裡，恰好與準確的科學或醫學一絲不苟的鑑證相反。文化優生學裡，沒有純種。相反，它要求的卻是極大的混血雜生(hybrid)。其實，即使在遺傳學裡，也經常產生純種的反常現象。譬如豢養德國狼犬，所謂「家系族譜」(pedigree)，非常重要。黃春明寫的〈我愛瑪莉〉就是嘲諷純種主義的後遺症。但即使這樣，一隻狼犬如果族譜太「純」，經常也會有反效果，就像許多天才一樣，聰明得太過分了，對待許多事情都自以為是，結果和自己的社會與生活環境脫節，看起來怪怪獃獃的。兩者間的取捨，自是不言而喻。

因此，不要拒絕過往，回顧才會美麗。

【張錯先生在本公司的著作】

文化脈動

# 走在記憶的書本上

陳長文

十九世紀末英國的科學家約翰・盧保克 (John Lubbock) 曾說：「書籍對於整個人類的關係，好比記憶對個人的關係。」如果說，書是一種記憶的載體，那麼承載這些「記憶載體」的三民書局，就是「載體的載體」，將一本本滿載智慧典思的好書，傳載進我們的生活世界中。

## 鵝黃色的記憶

很高興，在三民書局走過第五十個年頭的時候，應逯耀東和周玉山兩位先生的邀請，寫一篇感言。當我在思索，要怎麼開始這篇文章時，很特別的，我的腦海第一個浮現的印象卻是，元朝作家王和卿在其作品〈喜春來　春思〉裡的詞句：「柳梢淡淡鵝黃染」。

「淡淡鵝黃染」，我想，這應該是許多讀者對三民書局的一種共同記憶吧。記得早期三民書局出的書，書面的套色大多是簡單的黃白相間，帶有一種清纖的雅緻，雖然不像現在講求包裝的時代，市面上各式各樣的書籍，有著五顏六色的熱鬧，但那樸實無華的淡淡鵝黃，似乎也散發著一種「原味的自信」，閣封在書頁之中的「知識」，彷若不施脂粉的秀美佳人，靜靜等待著知音的讀者，去發掘她的內涵。

那真是一個令人懷念的顏色。

## 讀書，是一個與智慧結合的過程

蘇聯作家高爾基(Maxim Gorky)曾說：「讀書，這個我們習以為常的平凡過程，實際上是人的心靈和上下古今一切民族智慧相結合的過程。」

事實上，透過這種連結，人們不但可以從中找到智慧，也延展了想像的空間，我們可以透過前人留傳下來的典籍，任意穿梭於各個時空，閱讀《希臘神話故事》，我們可以把自己想像成奧林匹斯山上的眾神，感受雷電大帝宙斯震怒時的威力；閱讀《一千零一夜》，我們可以隨著辛巴達從巴斯拉港（也是最近美伊戰爭裡英美聯軍亟欲拿下的重要城市）出發，跟著他進行七次偉大的航海冒險；閱讀《西遊記》，我們則又變成了騰雲駕霧、變化自如的齊天大聖。

有時候，我們會在書中找到一些潛藏在自己心中，但卻說不出的一種感受，當看到作者用三言兩語輕輕帶出時，就會有那種震撼莫名的感動。

有時候，我們則在書中找到生活實用的知識，科技的、商業的、法律的、教育的……，使我們獲得生活上、工作上所需的知識工具，成就我們的精彩生命。

所以，書可以說是記憶的載體、想像的載體、感動的載體與智慧的載體。

## 三民書局，知識載體的載體

但這些載體都不是平空而來的，需要一個致力將它創造出來，並幫助它流傳廣布的「另一個載體」。前者是書籍的作者，而後者則是像三民書局一樣的出版社與書局。

就如同三民書局在五十年的時間長流中，帶給人們熟知與熟悉的「鵝黃印象」一般，三民書局一直用一種樸實無華卻又自信典雅的風格，為我們的社會用一本本的好書，搭起一幢幢充滿智慧、充滿想像的、精彩而豐富的知識殿堂。從帶給我們生活智慧與工作智能的角度來看，三民書局好像我們的良師；從帶給我們生命感動與想像延展的角度來看，三民書局又好像我們的益友。

## 與三民書局的老緣分，我的第一本著書

除了和大家一樣，對三民書局有一份鵝黃色的「讀者記憶」外，我和三民書局還另有一份「作者緣分」。三十年前，我負笈美國，拿到法學博士學位歸國後，在大學裡開設「國際法」的課程，擔任教學工作，在累積一段研究與教學的經驗後，我的第一本著作，《現代國際法》一書（和丘宏達等教授合力完成）就是由三民書局出版的。如果大家有創作的經驗，或者可以稍微想像、假設一下自己的第一份作品出版時的那種心情，應該不難體會我當時的感受，那是一種很令人喜悅的感覺。

因此，三民書局之於我而言，別有一番類似老朋友的特殊緣分吧，我很高興自己的第一本著書是由這個老朋友出版，也很感謝當時這位老朋友為我所做的一切。

## 理律的合作夥伴，優質的三民書局

事實上，現在的我擔任理律法律事務所主持律師，這位老朋友仍舊是我忠實不渝的好伙伴。理律這個團隊，除了致力於為企業與政府部門處理法律問題（特別是全球化時代下，層出不窮跨國界法律問題）外，長久以來也一直很重視如何將這些原本專屬於理律，隱性的經驗知識，透過系統化的整理，以著書的形式，轉化成一種顯性的公共知識資產，這也是理律關切、服務及貢獻社會的一點心意與嘗試。透過三民書局，理律曾經出版過《超國界法律彙編》、《憲法原理與基本人權概論》，而目前我們也正和這位老朋友合作，計畫出版一系列憲法解釋案例的書籍。

和三民書局這一系列密切的合作計畫，理由無他，是立基於對這位老朋友長久以來建立的好口碑、好服務的信任。當然，蒙永遠只出好書的三民書局不棄，持續的出版理律的專書，也代表三民書局對理律的一種肯定。

一本好書，可以改變一個人的生命，一個好的書局，則可以為社會帶來無數的好書。期盼三民書局這樣一個好書局，能枝葉繁茂、鼎盛昌隆，也趁著三民書局的五十週年慶誕，祝福我這位邁入「知天命之年」的好朋友、老朋友，生日快樂！

【陳長文先生在本公司的著作】

現代國際法（合著）

超國界法律彙編（合著）

# 我與三民書局

黃沛榮

民國七十三年十一月，裴普賢老師來電，說三民書局《大辭典》的編纂工作已進入如火如荼的階段，需要中文系的教授們擔任最後的校訂工作，希望我和林玫儀一起參加。我們欣然答應，一方面是裴老師素來對我們愛護有加，一方面也覺得這是極有意義的工作，不願失去學習的機會。從到三民書局認識劉振強董事長的那一天起，便與三民書局結下不解之緣。

《大辭典》是一本劃時代的辭典，我們當時要做的是「五校」工作，主要是補寫詞條、通讀及作最後的改訂。校訂工作是在重慶南路書局樓上的編輯部，最盛的時期，曾有數十位教授在那裡投入工作，尤其是假日的時候。大家朝夕相對，遇有疑義，就相互討論，到七十四年八月，三民書局花費十四年時間編纂的《大辭典》終於出版了。

《大辭典》出版以後，書局繼續編纂《新辭典》。因為《大辭典》是較偏重於文史的工具書，《新辭典》則是百科的辭典，適用對象為大、中學生及社會人士。在既有的工作經驗下，《新辭典》的編纂進行十分順利，在七十七年定稿。接下來又編輯一部專為國小、國中學生乃至一般人方便使用的《學典》。在後兩部辭典中，我除了分撰詞條外，還擔任配圖的工作。

辭典的工作甫告一段落，適逢教育部陸續開放高職、專科等教材，書局也毫不猶豫地投入這盛大的出版事業。我也與另外十二位臺大、師大、政大的教授們應邀參與各級國文課本的編寫工作，由高職、專科到高中。上述這些經驗，對我個人來說，是極其寶貴及難得的，因為這是中文系教師一個奉獻與學習的機會，但是卻不見得每位教授都有機緣參與。回想那段選文、分撰、討論的日子，至今猶覺十分懷念，個人更是受益良多。

高職、專科國文編輯完成後，三民書局位在復興北路的大樓落成了，管理部門及編輯部也搬到了新址。當時的編輯重點是古籍今注新譯。古籍譯注的工作，臺灣及中國大陸都有書局在進行，但是品質不齊，而且出版速度緩慢。三民書局集中力量，分向臺灣及大陸學界約稿，在短短的幾年間，出版了一百多種，其中有許多大部書、冷僻書，是海內外都未曾作過譯注的。由此可見劉董事長做事的魄力。

後來，我雖然因為研究工作繁忙，較少到書局參與編輯工作，但是也接受書局的約稿，撰寫有關《易經》總論性的書。不過此書目前尚未交卷，這固然是我當初未能估算好工作的日程，另一方面，也是由於近年來中國大陸有許多與《易經》有關的出土文物，我總希望等到文物發表以後，將其內容收入才作定稿，因此至今未能完成。

綜合十多年來我為三民書局編輯、校訂的經驗，可說收穫良多，值得一提的有下列三方面：

（一）學習做事的態度與方法：個人雖然受過學術的專業訓練，但是社會歷練實在不多，在三民書局中，劉董事長做事的態度與方法，正是我學習的對象。劉先生對於文化及出版事業有著崇高的理想，為了實現理想往往不計成本，像編纂《大辭典》就是一例。記得當時電腦的使用並未普及，電腦排版的字數也不夠多，只能選擇鉛字排印。更讓人煩惱的是日本所開發的字模並不符合教育部的標準。一般的做法多半會將就使用，或是從其他地方轉貼字形；劉先生卻毅然投下重資，委請華文印刷器材公司雕刻銅模，交由中臺印刷廠鑄字排版，以補足數千個缺字。此外，一般辭典大多陳陳相因，錯誤百出，《大辭典》中的每一條引文，都由編輯小組查對原書，查不到的寧可抽換。此種對於出版品質的堅持，令我印象深刻。此外，有關工作流程的安排、事業管理的方法，都對我啟發甚多。

（二）參與編纂、校訂及撰寫工作：在參與辭典編輯的過程中，或是查閱文本，或是與同仁相互討論，對於個人學識的增進，都有重大意義；在古籍今注新譯方面，收穫也很多，因為書局請你寫書編書，就等於逼你用功，還要幫你出書。這樣說來，在從事學術普及以回饋社會的同時，自己也是個受益者。

（三）認識志同道合的朋友：在參與工作中，最快樂的事情就是可以認識許多同道，他們都是各大學中文系的資深教授，大家利用課餘時間參與編輯工作，常有機會討論學問，交換心得。除了我在臺灣大學的同事外，臺灣師範大學國文系所余培林、邱燮友、莊萬壽、許錟輝、陳新雄、陳滿銘、傅武光、劉正浩、賴明德、賴橋本、戴璉璋等教授，政治大學中文系所李振興、黃志民、黃俊郎、謝雲飛、簡宗梧等教授，都是我經常請益的對象。

今年欣逢三民書局成立五十年，這對於臺灣的出版界、文化界、學術界，甚至整個社會來說，都是極大的盛事。幾十年來在臺灣成長、受教育的人，很難碰到從未讀過三民或東大所出版的圖書的。在這值得慶賀的日子，我們可以預見三民書局將持續發展、茁壯，出版更多的好書，來沃灌、供養臺灣社會，讓文化界、學術界能夠擁有一個更好的閱讀及出版園地，謹在此致上最誠摯的祝福。

**【黃沛榮先生在本公司的著作】**

新譯三字經
新譯顏氏家訓（合注譯）
大學國文選（合編）
另校閱新譯新書讀本等多本古籍今注新譯叢書

# 三民書局與憲政發展

林騰鷂

五十年在歷史長流中，對一個企業來講並不算很久，但對一個出版事業，在戰爭離亂、憲政飄蕩的年代裡，能夠持續發行大量、多種類政治性敏感的法政書籍，屹立不搖五十年，的確是不容易的事，其對憲政教育、憲政建設的貢獻，恐非其他書局或出版社所可比擬，是值得共同回顧記憶的。

民國五十三年，我進入政治大學法律系就讀時，所接觸的法政教科書就是三民書局所出版的，可見其當時風行，受學子重視之一斑。由於是離鄉在北就讀，假日到市區休閒時，經常要到重慶南路上逛書店。三民書局當時還不算是一個大書店，店面很小，但通常會有很多同學入內，找一些參加國家考試或大學研究所考試之參考書或論文集。其中，不乏對憲政之施行有相當批判性言論之文章。因此，如果說現時成為政府機關之公務中堅，或在學術研究單位教學、研究與服務的社會菁英，都是念三民書局出版的法政書籍長大的，也不算太過分。由此亦可見，三民書局五十年來對憲政發展之影響力。

在臺大法律研究所與德國科隆大學法律學院留學期間，也時常要參考三民書局出版的法政專門論著或教科書，以為比較性的研究。回國以後，在大學講授「憲法」與「行政法」時，因尚無自己編著的專業教科書，所以使用三民書局出版的憲法及行政法論著，如薩孟武老師的《中國憲法新論》，管歐老師的《中華民國憲法論》，林紀東老師的《中華民國憲法逐條釋義》、《行政法》，荊知仁老師的《美國憲法與憲政》，張家洋老師的《行政法》，城仲模老師的《行政法之基礎理論》等，作為教學之基本參考。

民國八十三年八月以後，憲政發展進入一個新的里程。經歷三階段的憲法增修程序，憲法本文以外增加了一些嶄新的條文，憲法教學也需要一些新的教科書。三民書局乃邀約撰寫《中華民國憲法》一書，於民國八十四年九月出版。為了使憲法生活化、生動化，使學生易於了解憲法與其生存、生活之重要關聯，特別在該書緒論第一節中，使用較平白的語句，強調學習憲法之必要性，以引起學生之學習興趣。

民國八十六年七月，憲法增修條文第四次修正後，停止辦理省長、省議員選舉，變更省之自治法人地位。在中央政府體制方面，人民可對閣揆任免之同意權被廢除了，人民彈劾總統之權利也被減縮了，造成總統有權無責，行政院院長有責無權之憲政破毀情勢。為了回應此一局勢，三民書局隨即請求修訂所著《中華民國憲法》，並於民國八十六年九月即時出版，使在大專院校法政學門就讀的學子，得以迅速掌握憲政的動態發展情勢。

民國八十八年九月，第三屆國民大會第四次會議以非法程序、祕密投票、半夜趕工方式，進行了憲法增修條文的第五次修改，將國民大會代表、立法委員之任期私自延長，羞辱憲法、衝擊憲政，引起全民公憤。此際，三民書局又火速來電，請求再修改所著《中華民國憲法》一書，並於民國八十八年十月修訂出版。由此可見，三民書局對憲政發展動態之急切關注與迅速回應。

修訂書出版不到半年，由於大法官作出釋字第四九九號解釋，宣告國民大會代表私自延任毀憲之修憲條文，不符憲法本旨，而自民國八十九年三月二十四日起失其效力，但因國民大會代表立即連署召開第三屆國民大會第五次會議，進行第六次憲法增修條文之修正，並於民國八十九年通過新的憲法增修條文，將國民大會任務型化，非常設化，並將人民所賦予國民大會行使之政權，多數移轉於五權憲法理論中被定位為治權機關的立法院，而使五權憲法之架構，日益空洞，造成憲法之破碎飄浮，嚴重損害了憲政之開展。為了彰顯此一憲政情勢之變動，三民書局仍不計耗費，廢棄了半年前才修訂印製之版本，請求迅速修改所著《中華民國憲法》一書，並於民國八十九年八月適時出版，以符合憲法教學之新穎需要。

由上述個人求學、研究、教書與三民書局所出版法政書籍的接觸經驗，可以感受到三民書局在憲政發展史上，扮演了相當重要的角色。而至今為止，三民書局所出版的法政書籍，如陳志華老師的《中華民國憲法》，鄒文海老師的《比較憲法》，曾繁康老師的《比較憲法》，劉春堂老師的《國家賠償法》，張永明老師的《行政法》，黃異老師的《行政法總論》，城仲模老師的《行政法之一般法律原則》，李震山老師的《行政法導論》，葉俊榮老師的《行政法案例分析與研究方法》等，也是大學法政科系學生參加研究所與國家考試必備的參考書。因此，我們可以說，未來在政府機關參與憲政建設與在大學研究單位裡服務、教學研究，從事憲政法治教育的人員，也必將三民書局所出版法政書籍的影響。從這點來看，三民書局在未來憲政之發展上，也將會扮演關鍵性的角色。（民國九十二年三月二十一日）

【林騰鷂先生在本公司的著作】

中華民國憲法

行政法總論

# 編編寫寫二十多年

## ——三民與我

謝國平

學期開始不久，收到三民書局來信，欣悉書局正在籌備出版一本專集，以為成立五十年之慶。半個世紀是不短的一段日子，經歷如此長久的歲月而能持續不斷成長與茁壯，三民書局實屬臺灣文化事業之佼佼個例，難能可貴，理當歡欣誌慶。

在體會書局歡愉之情之餘，回首過往，發現我自己與三民結緣，不覺間竟然也有二十多年了。

三民書局一向以出版數量眾多且具高水準的大學用書著名。這些書大多以中文撰寫。二十多年前，書局才開始計畫出版英文教科書。當時我獲得博士學位回國不久，在陳鵬翔教授引薦之下，有幸參與三民第一套五專英文教科書的編纂工作。這套書由何欣教授、鵬翔兄與我三人合編，歷時三年，編成六冊，供五專前三年使用，這是我為三民編寫的第一本書。由於我學術研究及教學工作之領域為語言學與英語教學，在隨後的二十年期間，陸續為三民編寫了大專、五專、高工、高職、高中等英文教科書多套；主編《袖珍》、《皇冠》、《廣解》三本英漢辭典；撰寫《簡明現代英文法》、《簡明初級英文法》兩套文法書；也在一九八五年寫了《語言學概論》大學用書一本。回顧這段時間，我亦曾為其他書局寫過書，為數亦不少，但從未與其中任一家結緣有如三民之深者。就在此刻伏案揮筆之際，抬頭一瞥，書架上放置的三民英文教科書就有八套之多，而最初與何欣教授及鵬翔兄合編之五專英文還未在其中；不過，辭典、文法書及《語言學概論》都與這些教科書相伴，井然排列在書架上。翻翻這些書的出版日期，二十年的光陰，似乎歷歷在目，不由興起時光飛逝的感慨。

也許有人會問我，在三民出版這些書中，有沒有哪一本是我的最愛？這問題可真不容易回答。綜合而言，這些書大致可分為兩類，其一是教科書，另外則屬工具書，這兩種書主要目的皆在幫助學生學習。身為一位教師，我實在說不出哪一本或哪一套比其他更為重要。然而，要說一點個人的偏愛都沒有，卻也是不實之言。在這些書之中，我最喜歡的是《語言學概論》。主要的原因是，這本書綜合了我對語言學多年的理解，寫成一本算得上完備而詳細的入門書，除了本身具有基本的學術價值外，也具有相當的實用價值。自從一九八五年初版（一九九八年增訂）以來，這本書一直是臺灣地區最暢銷的、用中文寫成的語言學入門書。我之所以強調「用中文寫」這一點，主要是因為用英文寫的語言學概論不少，但對為數眾多的外文系以外的學生而言，閱讀進口的原文書總比不上讀中文書方便易懂。這十多年來，三民的《語言學概論》確實引導過不少學生進入語言學這領域。在教學與研究的生涯中，能出版一本這樣的書，對我來說，是很值得高興的事。幾年前，偶然在香港澳門的一些書局裡，也看到過《語言學概論》陳列在書架上，數量雖然不多，但也顯示此書已跨出臺灣一地，在其他使用中文地區中，也可以對一些對語言學感興趣的學子，起一些引介的作用，心中頗感快慰。

為三民寫了不算少的書，交往也這麼多年，回顧過往，以一個作者或編者的立場來看，整體的經驗是愉悅的。這種好的感受，應歸功於劉振強董事長。劉先生對中華文化的修養、對出版事業的熱愛、以及對作者的高度尊重，最令我印象深刻，也是使我與三民合作愉快的主因。對每一本書的編寫，劉先生都給我高度的自主、十足的信任、以及寬厚且有彈性的時限，使我能夠盡力把書編好或寫好。稿費是寫書的有形收穫，但書局主事者的信任、尊重與寬厚，卻是寫書人無形卻又更高的報酬。前者乃必然（所有書局都會付稿費），但劉先生更不吝於後者。這是我為三民寫書二十多年最珍視的經驗與感受，結緣之始如是，今日執筆為文之際依然！（二○○三年三月廿二日）

【謝國平先生在本公司的著作】

語言學概論
袖珍英漢辭典（主編）
皇冠英漢辭典（主編）
廣解英漢辭典（主編）
簡明初級英文法（上）（下）
簡明現代英文法（上）（下）
簡明現代英文法練習（上）（下）
編有大專、高中、高職英文教科書多種

# 來自遠方的謝意與祝福

薄佐齊

尊敬的劉先生：

欣逢三民書局創立五十週年慶，請接受我最誠摯的恭賀與祝福。貴公司所出版的書籍，在過去二十年來，一直在我的家庭生活中占有極其珍貴的一部分。三民的小說、散文，當然還有他人難以望其項背的辭典，均伴隨著我的家庭在旅居的三大洲留下足跡。就像老朋友一樣，這些書籍帶給我們歡笑，豐富我們的知識，撫慰我們的心靈，而我也希望能藉由這些書籍增長些許的智慧。

在三民即將邁向第二個五十年的開始，您可以驕傲地向世人說，您不僅創建了一個傳承發揚文學價值，且深受社會肯定的出版團隊，同時更是堅持優良出版品質、且思維開放而兼容並蓄的文化事業！三民的叢書向廣大的年輕讀者介紹了許許多多外國的音樂家、作家及藝術家，為他們開啟了通往知識與靈魂新世界的一扇大門，這對孩子來說，是多麼珍貴的一份禮物啊！

毋需贅言，您與三民已經深深地影響了許多人的生活，這個世界也因為有您而更美好。我衷心期盼您與三民書局能再創成功高峰，並永續經營。

深深祝福

二〇〇三年三月二十一日

薄佐齊先生，資深外交官。

# 薄佐齊先生的英文來信

March 21, 2003

Mr. Liu Chen chiang, President
San Min Publishing Company
386 Fushing North Road
Taipei 104
Taiwan, ROC

Dear Mr. Liu:

Please accept my warmest congratulations on the fiftieth anniversary of the founding of the San Min Publishing Company. San Min's books have been a treasured part of our family's life for the past 20 years. San Min's novels, essays, and, of course, your incomparable dictionaries have traveled with us to our homes on three continents. Like old friends, they have entertained, informed, comforted, and, I hope, made us a bit wiser.

As San Min enters the second half of its first century, you can take great pride in having founded a publishing house that is recognized not only for the literary merit of its works, but also for its high-quality production values and its openness to new ideas. San Min's books introducing foreign composers, writers, and artists to young readers open doors to new worlds of knowledge and delights. What a wonderful gift to give a child.

Clearly, you and San Min have touched the lives of many people, and the world is better for it. I wish you both many more years of success.

Sincerely,

Jeffrey J. Buczacki

# 敬惜文字

韓秀

整整十年前，初識臺北三民書局，驚異於正在大規模進行的「寫字」工程。

「我們要有自己的中國字，自己寫的字，一筆一劃用不同的字體寫出真正經得起推敲的中國字。同時建立起自己的軟體系統，今後三民書局出版的書籍就要用這樣的軟體來排版。」三民主人劉振強先生一邊解說，一邊帶著我走過一張張工作檯。看到年輕的工作人員正在一絲不苟地寫字，我忍不住要問，要寫多久才能完成這樣一個巨大的工程？答案是直到完成！在這個項目上只有支出，沒有收入。我無法想像，那樣的決定需要怎樣的勇氣與魄力。

幾年前，劉先生鑒於在社會上使用的英語辭典不僅過於老舊，更是由其他語種翻譯而成，並不切合中國人使用，於是決心做出一套領先潮流、配置大量精準例句、適合各種程度讀者使用的英語辭典來。聽說了這個計畫，我不再驚異，我們已經知道，三民書局必然會排除萬難，在世界各地選拔專業人才，借助高科技提供的便利，為國人學習和使用英語，創作出一套超高水準的工具書。

不再驚異的緣由只是十年來，我親身感受到三民書局敬惜文字的精神，這也是三民書局五十年來最可寶貴的精神特質之一，無論政治的風雨如何狂烈，無論經濟的形勢如何險峻，三民書局堅守敬惜文字的傳統而屹立不搖。

身為文字工作者，自然在意自己辛苦寫就的篇章會有一個好的歸宿，十年前文學類出版品的市場較之現在寬鬆、平和許多，那時候「三民叢刊」只有五十幾本，自己的小書首次忝列其中，滿心歡喜。十年之間，「三民叢刊」增加了兩百多本，自己也已經有六本書被納入其中，其心境已經不單單是喜悅了。原因是近年來，臺灣的出版環境發生了巨大的改變，全世界四分之一人口使用的漢字沒有得到足夠的尊重，本來已經初步成形的書香社會無法穩固，書籍失去尊嚴，成為廉價品。於是，在許多書店裡，新書上、下架的時間越來越短，作者到書店去看到自己的書還在書架上，不能不額手慶幸。然而，每年早春返回臺北，在國際書展現場，看到十多年來出版的「三民叢刊」一本不少地站立在書架上，漂漂亮亮、整整齊齊，無聲地高舉著文學的旗幟、文明的旗幟，湧上作者心頭的是更多的感謝、感動和激勵。

按常理，寫作人多半也是藏書人，一直很想將一些心儀作家的作品收齊。上網查詢，三、四十年前，三民出版的「文庫」裡有一本劉紹銘先生的《靈臺書簡》，遂向編輯部的張先生相詢，這樣一本書是否買得到？多年來，在我藏書的過程中提供了無限可能性的這位張先生很誠懇地告訴我，這本書不但有，而且依然是布面精裝的小開本，書品甚好。待書遠渡重洋來到我的案頭，心境真正只能用「百感交集」來形容了。藍色布面燙金，握在手中的這一冊書的出版年月是一九七二年冬，三十年前的「舊書」，書品依然精美，內容更是雋永，值得細讀再三。尤其是當我讀到民國五十五年雙十節三民書局編輯委員會為「三民文庫」編刊所寫的序言，短短一頁十二行字，十分誠懇地提出要和作者、讀者、同業共求文化進步的主張，這本書的價值已經無從計算了。原因極為淺白，只是今天少有人認真思索罷了。

民國五十五年是西元一九六六年，一水相隔的對岸，文革狼煙遍地，中華數千年文明遭受空前浩劫。此岸三民書局卻意興風發，積極出版「人人愛讀，家家傳誦」的文化產品，其意義之深遠，難道不值得海內外在文化中國精神家園裡生活的人們深思嗎？

「人人愛讀，家家傳誦」需要的不僅是好作品，也是健康的閱讀環境。三民書局多年來致力於書香社會的營造，尤其在為小讀者開闊胸襟和視野方面，更是卓有成效。「兒童文學叢書」、「小普羅藝術叢書」和「人類文明小百科」之類的多種叢書系列，都是將教育功能化作「悅讀」的典範。有幸加入寫作行列，為小讀者撰寫文學家和音樂家傳記叢書，蒐集資料本身是一個讀書與藏書的過程，已經獲益匪淺，書寫的過程更是充滿了與編輯朋友的良性互動，使得書寫本身成為學習。在鍛字煉句的過程中，文字日益精準、簡潔、明快、富旋律、富節奏感、意趣橫生。作者在創作過程的短短時日裡，語言迅速詩化是極為獨特、極為美好的經驗。

相信正是由於這種良性的互動關係，大幅度提升了作者和編者以及出版家之間的忠誠度。三民書局富有活力的編輯群，越來越關注相關作者的寫作狀態、專欄寫作的質量與數量，當他們的專欄寫作有了一定的規模與方向的時候，編輯朋友們會適時提出出書構想，由專欄文章邁向結集出書，進而開發新的系列，同時推出幾本內容相關卻風味各異的書冊，於作者們而言，委實是全新而充滿挑戰的經驗。

由當初每月四千字的一個閱讀專欄，而生發出一本為優秀文學作品護航的讀書報告，其過程充滿了文字工作者、編輯人員對文學的珍愛。然而，將善意化作書本而嘉惠讀者，充溢於出版家胸臆間的，更是對改善華文文學出版環境的刻意堅持，是將「敬惜文字」的精神發揚光大的具體步驟。

在半個世紀的光陰裡出書六千種，日日展書超過二十萬種的三民書局，其出版事業對人類文明的貢獻是巨大而恆久的。在文字已經成為人類最後救贖的當今世界，身為受惠人，在此奉上最誠摯的感激與敬佩。（二〇〇三年早春寫於美東）

【韓秀女士在本公司的著作】

重疊的足跡

情書外一章

親戚

風景

與阿波羅對話

與書同在

俄羅斯的大橡樹
——小說天才屠格涅夫

那藍色、圓圓的雨滴
——華爾滋國王小約翰・史特勞斯

# 讀者、作者與編者

## ——三民書局與劉振強先生印象記

江燦騰

### 第一章　讀者

我是出生在戰後第二年的臺灣北部農家子弟，一九五三年才上國民小學，並開始學習ㄅㄆㄇㄈ，所以我是戰後第一批正式在小學即開始學習注音符號的臺灣本地學生，雖然這是與我的母語漳州閩南話不一樣的新語言，在當時學起來也覺得費力，特別ㄓㄔㄕㄖ的發音一直都無法發得標準（迄今依然如此）。但，這畢竟是形成我的中文教育、乃至日後賴以廣泛讀書、寫作和思考的主要語文工具，所以它對我的重要性，遠遠超過我自小在家習講的母語：漳州閩南話，它可以說，已占有比實際第一母語的更重要地位，遠非任何其他語言所能比。

也因為這樣，當我於一九六二年來臺北公路總局，在公路普查小組當工友，而想讀一些傳統的中文小說時，位於臺北市重慶南路上的三民書局所出版的這類有新式標點的書籍，即成了我當時最喜愛的購買對象之一。而其中有位此類書籍的重要編者繆天華教授，甚至在一九七八年我進臺灣師範大學歷史系讀夜間部時，成了我最欽佩的國文老師之一，而他對我的最初的啟蒙教育，卻是從我在三民書局購買他的標點、校對和印刷都精美的書籍開始。

當然，我在公路局前後工作達五年之久，期間也和其他工友一樣，隨時讀高普考檢定的考試用書，準備參加各種考試，以便早日取得及格證書，可晉升為正式的或編制內的公務員。所以，當時在三民書局出版的有關行政法概要、民刑法概要、憲法、法學緒論、刑事訴訟法大意等類書籍，自然也是我主要的購買對象。假如我的記憶和經驗是正確的話，那麼有關這方面的考試參考用書，當時的三民書籍是占有最權威的讀者公信力的。所以我早期有關法律知識的來源，幾乎都是研讀三民出版的相關書籍而來，對我日後的影響可說相當深遠。

## 第二章　作者

我是在一九九二年時，才成為三民書局暨東大圖書公司的叢書作者，當時我已在臺灣大學歷史研究所就讀博士班二年級。因正值臺灣政治解嚴後社會力蓬勃釋放之際，所以臺灣本土佛教在戰後快速發展的經驗及其現狀評估的問題，也成為社會人士與學界相關者想迫切需要得悉的重要資訊。但恰在這一過渡時期，很少有臺灣學者致力於此，所以宛如出現一個臺灣本土佛教知識的大缺口，而不知如何即時加以彌補過來，以應各界之所需。

幸好當時常返臺灣講學的，已故著名學者傅偉勳教授，偶然在一次國際佛學會議後的檢討中，聽到我對與會國際學者報告臺灣本土佛教的現狀分析後，便大為激賞，並立刻告知我：他在三民書局有一編輯現代佛教知識叢書的新計畫，是由他和臺大哲研所的楊惠南教授一起負責約稿的，於是他再三鼓勵我，以此方面的稿件向三民書局的該叢書編輯部投稿。

我照辦了，所以此一叢書的第一本，也就是我在三民出版的第一本書《臺灣佛教與現代社會》，並立刻引起各界的高度評價和迴響。隔年，我又繼續在三民出版《臺灣佛教文化的新動向》，列入「滄海叢刊」之一，並有我的臺大恩師曹永和教授和著名佛教歷史家藍吉富先生的重要序文推薦，引起相當大的好評，我甚至因此而被視為當代臺灣地區研究本土佛教最具代表性的學者之一，迄今依然如此。換句話說，我在臺灣佛教史的研究和出版，一開始完全得力於三民書局的慨然支持，才能如此順利。這是我作為受益者，必須在此再三有所感謝及致意的。

但，也因為我在三民出書以及和傅偉勳教授結識關係，所以有幸也曾被邀請參加三民書局創辦人劉振強先生的款客盛宴。那次是我生平首次面對劉先生，但印象至為深刻，首先他的談吐，既有出版專業的精到見解和豐富經驗的自然流露，又有親切文雅的待客風貌和自然幽默風趣的敘述技巧——既能使人當面聽了即感事鮮情奇，反應非常熱烈；事後又能讓人百感不忘，再三回味無窮。

例如他提到三民書局有一位特別的職員，他的專職就是每天到其他書店購回三民書局所無的出版品，而不論其是否冷僻或有無銷路，然後將其在三民的販賣處上架，其目的是要藉此讓顧客了解，並建立起一個強而有力的商業口碑或同業的公信力：即顧客若要買任何書，他只要到三民跑一趟，就可完全解決了，而不須再去別家另尋和浪費時間。

此外，他也曾敘述他所主導的三民書局，一度透過正式商業行為，將臺灣出版的三民主義書籍販賣給大陸的出版商（編按：當時是透過香港以讀者個人名義來購書），卻反遭警總人員莫名其妙對其刁難的不快經驗，讓人對其處境相當同情。據他說，這原本是向大陸宣傳三民主義統一中國的黃金機會，也絕對符合臺灣當局的國家政策，照理說，不但政府有關部門應該迅予通過放行，還應再公開獎勵此一優良的愛國表現才對。結果，居然是由警總人員出面，查扣三民書局一批已正式賣給中共的三民主義書籍，甚至還一再刁難，而無意放行。由於事出突然，所以劉先生起初接到警總通知時，還大吃一驚，以為自己出事了，甚至一度擔心自己可能會有生命的危險，所以當時臨出門前，他還對家人慎重的叮嚀一番，宛如自己是重刑犯一般的絕望心情。

可是，等他和律師討論過了整個事件的原委和風險，也弄清了警總所搞的此種莫名其妙的荒謬行為後，便要警總自己設法加以善後，否則他是不願善罷甘休的。根據劉先生的說法，此事最後是圓滿照他的要求解決，但其中所經歷的身心震撼或情緒的折磨，乃至對此荒謬的行為決策機制之長期存在，他是感慨萬千和嚴加譴責的。

但，他似乎只在私下批判，而未在外公開發聲，所以基本上，他仍維持作為專業出版人的一貫謹慎態度，因此我認為劉先生應是一個不會太衝動，也不會感情用事的老練文化人。

另一方面，在那次聚會當中，我也發現劉先生非常靈敏地隨時在觀察新進的可接觸對象何在。當時他宛若就是個出版界的精明伯樂，隨時都在找尋有潛力或可合作的新秀千里馬，所以他每每在輕鬆談笑的當兒，仍不時留意在場的賓客動態。甚至連我這樣的無名氣學生作者，只在和他談了幾句話後之後，就引起了他的特別關注，並立刻掏出自己的名片遞給我說：「你若寫出『宗教與人生』的通識教科書，就直接跟我聯絡，不必透過其他的人。」此事令我受寵若驚，也大感意外，可說我生平罕遇的新奇經驗，故迄今都使我感念不已。

只是，我在三民的作者稿約群中，因為罹患重症多年，所以「世界哲學家叢書」的《憨山德清》一書，我終未寫出，而以退款解約收場，這也是生平我深感遺憾的一事。

## 第三章　編者

我在臺大歷史所博士班的好友李訓詳博士，是長期受劉先生器重和加以栽培的後起之秀，透過李博士的仲介和推薦，他希望我和三民簽約並開始編寫《臺灣宗教史》或《臺灣文化史》。我是有意考慮，但因之前我有過《憨山德清》一書毀約的前車之鑑，所以只答應成書後再交稿，當可比較保險一點。

但在此同時，我的另一位臺大歷史所博士班學弟、專攻東亞漢藏佛教史的王俊中先生，自去年過世後，仍留有甚多重要的研究論文急待加以整理和設法出版，所以我立即再轉而和李訓詳博士商量相關的出版可能性，並請其直接詢問劉先生的意見，結果，劉先生出於愛才，一口就答應了。

所以，我和臺大歷史所出身的潘光哲博士及金仕起博士三人，便分工合作，在今年四月中旬王俊中先生逝世週年前，順利出版其遺著《東亞漢藏佛教史》。

同時，多年不見的劉先生，近來聽說身體已不像過去那樣硬朗，卻仍親自出席在臺大歷史系會議室為王俊中先生遺著所辦的新書發表會，並發表相關談話，令人印象深刻。而我也在當天才又和劉先生連絡上，兩人同樣再度又交換了名片，只是這次我是以編者之一的角色和他相會的。

很意外的，劉振強先生星期一才上班，就親自打電話來問好，令我欣喜莫名，也非常過意不去。所以我特地表示：有關三民書局在臺創業五十年的紀念文章，我非寫一篇談談自己的親自經驗，否則無以回報。而劉先生也不嫌棄我的無學和魯鈍，歡迎我加入。所以我謹以此文，就教於劉先生這位當代臺灣出版業界最值得我敬佩的長者，並祝賀三民書局的出版事業今後能更輝煌騰達！（二〇〇三年五月十四日謹識於竹北家中）

【江燦騰先生在本公司的著作】

臺灣佛教與現代社會

臺灣佛教文化的新動向

# 盡力而為，生生不息

周鳳五

三民書局，在臺灣以及海峽兩岸，甚至全世界華人社會，都是鼎鼎大名，家喻戶曉的。五十年來，三民書局出版的書籍逾六千種，日常展示流通的出版品達二十餘萬冊，所服務的讀者群，論世代已經涵蓋祖孫三代，論人數遍及全球，不可計量；而除了一般正規營業之外，據我所知，創辦人劉振強先生還經常出錢出力，照顧偏遠地區的讀者，也就是俗話說的做「虧本生意」，其服務甚至遠及國外若干窮鄉僻壤的小圖書館。我曾經冒昧請教他的經營理念，劉先生笑著說：「這不算什麼。人活著總要為大家做點事，我是盡力而為。」就是「盡力而為」這四個字，為三民書局帶來了無窮的生命力，也正是「盡力而為」四個字，為三民書局奠定了日新又新，永續經營的基礎。

我和臺灣許多人一樣，都是讀三民書局出版的書長大的。但我比別人幸運，由於應邀撰寫《大辭典》的文史詞條，使我從讀者搖身一變而為作者，又因為協助審稿、定稿的關係，我進一步成了三民書局的編者。在那段不算短的日子裡，我與劉先生有較多的接觸，於公，我們是賓主，他以客卿待我；於私，他「十年以長」有餘，我事之如父兄。對於專業領域，他充分尊重我的意見，必須指出，這點是許多政府高官，甚至學術界的領導人都做不到的。俗話說：「官大文章好，錢多品格高。」劉先生身為三民書局的創辦人，卻完全沒有這種壞習氣。在編輯過程中，他讓自己成為「先睹為快」的讀者，盡量站在讀者的立場來看《大辭典》，從字句的斟酌，到版面的安排，到裝幀的設計……等等，他優先考量的絕對不是成本，而是讀者的需要與讀者的方便。當然，他也有他的堅持。記得他曾經提出若干詞條的內容需要斟酌，我因為忙於其他的稿子，沒有立刻處理。過了幾天，他又委婉的告訴我，他實在讀不懂，想不通，夜晚躺在床上還在想，好幾天沒睡好覺。他也找別人看過，每一個人所理解的都不一樣，恐怕是撰稿人遣詞用語過於專門了。我調出稿件仔細看了看，發現這是委請專家撰寫的自然科學詞目，涉及外文翻譯，的確有點拗口而辭不達意。於是劉先生要我聯絡撰稿人，擇期當面溝通。後來是劉先生、我、撰稿先生三個人，在劉先生的辦公室反覆討論，字斟句酌才終於定稿的。今天追述這段往事，劉先生當年那種「如飢似渴」追求答案的目光再一次清晰浮現，那種尊重專家、鍥而不舍的精神，實在令我印象深刻，終生難忘！

對於三民書局的經營管理，劉先生有一套完整的理念。據我側面觀察，三民書局創業數十年，先後任職的員工奚啻千數，從來沒有任何一個人是憑關係走後門進來的。他曾不止一次告訴我，用人必須公開招考，新進員工必須勤教嚴管，正式任職以後必須獎懲公平。他訓練三民書局的同仁首重誠信，其次要求自動自發，勤勉負責；總之一句話，就是要大家「盡力而為」，而這些他自己也都以身作則。記得當時《大辭典》的編輯部設在重慶南路三民書局樓上，他經常大清早就到了，我與他往往在電梯巧遇。只見他上樓之後，親自督導值日編輯整理辦公室、分配工作，並聽取幾位小組長報告工作狀況，確實掌握當天的進度。中午一定到餐廳和員工共進午餐，詢問同仁有關工作或家庭的問題，必要時設法加以解決。午休之後，整個下午就是編輯委員的重頭戲了。無論撰稿、審稿或定稿，劉先生往往移樽就教，一再商量，達成共識之後立即處理，絕不拖泥帶水。有時劉先生也抽空和大家閒話家常，言談之間，有感謝，有慰勉，有督促，更有殷切的期待。面對這樣一位以身作則的長者，潛移默化之餘，編輯部的同仁當然都主動積極，全力以赴了。《大辭典》之所以能夠順利出版而且迭獲國家獎勵與社會好評，劉先生「盡力而為」的精神感召，應當是最主要的動力。

三民書局創業五十年了，「大衍」之壽，值得慶賀！身為長期的讀者，我要感謝劉先生為我們出版了這麼多好書。在成長過程中，臺灣的青少年有三民書局為伴，實在是莫大的幸福。身為作者與編者，我更要對劉先生表達崇高的敬意，他不僅是一位成功的企業家，經營事業有成，帶動臺灣的經濟繁榮，更是一位傑出的出版家，重視文化使命與社會責任，在中國出版史上有其崇高的地位。祝福劉先生心想事成，健康長壽；祝福三民書局永續經營，生生不息！

【周鳳五先生在本公司的著作】

大學國文選（合編）

編有高中、高職國文教科書多種

另校閱新譯孔子家語等多本古籍今注新譯叢書

# 三民書局之緣

馬遜

三民書局成立至今已經五十年了，首先要說一聲：「恭喜！恭喜！」談到三民書局，我心裡懷著一份敬意，在臺灣出版業屹立五十個年頭，真是一件不簡單的事，德國人有句名言：「Die Zeit ist der Prüfstein」，意思就是「時間是試金石」。走過五十個年頭，三民書局見證了臺灣文化發展的歷史。在此，我特別要向三民書局劉董事長振強先生以及全體員工致上最誠摯的祝福之意。

我們這一代人，幾乎沒有人不曾看過三民書局的書，三十年前，當我還在大學念書時，國父的《三民主義》是人人必修的課程，政府亦主張以「三民主義統一中國」為號召，因此，直覺以為三民書局必然是一家國營事業，或是黨營事業。直到十餘年前才獲知這一文化事業的創辦，完全來自私人的偉大理想。

大學畢業後，我在中研院化學所擔任魏晶壽教授的研究助理，閒暇之餘常流連於各書店。有一天，在三民書局發現一本書，後來成為引我進入佛門的重要導航，那便是由陳慧劍先生所著，三民書局出版的《弘一大師傳》。這冊書分為上、中、下三個小冊子，很方便攜帶。讀過弘一大師的行誼後，令我非常感動，又自書中認識了另一位民初年間的聖僧印光法師，於是買來《印光法師菁華錄》研讀。印光法師優美的文學造詣與啟示，對我的影響很深。由於《印光法師菁華錄》中談到《金剛般若波羅蜜經》（簡稱《金剛經》），於是我請了一部《金剛經》早晚讀誦，卻不能明白箇中深義。直到回到僑居地香港，皈依了恩師樂果老和尚（樂老出家前即以講解《金剛經》聞名，被稱為「陸金剛」），聽講《金剛經》，從此對佛法產生了濃厚的興趣，而《金剛經》也成為我一生受持的經典，這一段金剛緣，與三民書局還不無關係呢！

大學畢業兩年後，我負笈德國留學，當時旅德華僑和留德同學合作出刊了一本《西德僑報》，我經常在該刊發表一些心情故事，如〈童年〉、〈打工記〉、〈克莉絲汀娜的婚禮〉、〈畢業〉等都是當時的作品，從此認識了許多志同道合的朋友，也與當地讀者產生了密切的互動。回國後我執教於成功大學，閒暇之餘，仍是喜歡寫寫文章，發表在各報刊雜誌。

民國八十四年，我從成大的教研工作轉換了跑道，被聘到華梵大學擔當校政工作，提筆的機會就更多了。而認識劉振強先生，則是民國八十六年的事。當時我把三十年來所發表過的文章整理後，想找一家出版社出版。好友程明琤是一位女作家，她的書即是在三民書局出版的，於是她特別為我推薦了三民書局及劉振強董事長。她說：「劉先生這個人很熱情、很有理想，你應該去認識他。」

位於復興北路的三民書局，設計清淨典雅，讓人一進去就捨不得離開。那一天我到三民書局，有幸拜識了劉董事長，也許是有緣，也許是理念相契，雖然他很忙，對我這位不速之客，卻十分殷勤，我們一邊飲茶，一面聽他講述奮鬥史，以及事業與衰起伏的經過。當時我對他那不屈不撓的精神和毅力，以及對中華歷史文化傳承的使命感，深感敬佩。

接著他還領我參觀了字型研究室，裡面有幾臺電腦，螢光幕上呈現出放大的中文字體。他告訴我說，這是他們正努力推動的一項巨大工程，就是將楷書、明體、黑體、方仿宋、長仿宋、小篆等六套字體，各依中國字之結構特性及形體美，重新書寫出近十萬字、四種粗細不同變化的字體。他說，由於電腦中文字碼僅一萬餘，根本不敷學術出版之需求，故決心重新書寫中國文字，這是一項浩瀚工程，不但要投入巨資，且歷時十五年，三民書局聘請了百餘位專業美術人員書寫，為了字型的完美，經過他嚴格的審核，不見得每個字都採用，不及格的必須重新書寫，所以耗時費力。當字體寫好後，還要經過電腦特殊程式放大修正，然後編入字庫，方能應用於排版，讓每本書都以最美好的字體呈現於讀者面前。

他說：「這是一勞永逸的工作，我們將為中華民族，留下真正屬於我們的字體。」這一項壯舉，攸關著中華文化的永續經營，他說虧損賠本亦在所不惜。聽過他的告白後，在我心中泛起一圈圈的漣漪，這才不愧是典型中國讀書人的本色啊！

我在三民書局出版過《塵沙掠影》和《晴空星月》兩本書，也藉由這兩本書的問世，重新找回失散多年的朋友，這一切還得感謝劉董事長呢。

另一次是音樂家黃友棣教授來華梵大學拜會創辦人曉雲法師，他也邀約了劉董事長同行，這一次的聚會，也讓劉董事長認識了不怕艱辛、在篳路藍縷中興學的曉雲法師。同樣是為了中華文化的傳承，同樣是用生命為歷史作見證。所謂「德不孤，必有鄰」、「凡耕耘的，必有收成」。在此，謹祝三民書局一帆風順，為了打造中華文化美好的明天，在未來的五十年、五百年能不斷成長，作出更大的貢獻，奠定更宏偉的基業！

【馬遜女士在本公司的著作】

塵沙掠影

晴空星月

# 我所認識的劉振強董事長

翁秀琪

認識三民書局的劉振強董事長，遠在一九七〇年代末，當時我還在德國求學。記得當時劉董事長參加一個主要由醫師組成的旅行團到歐洲旅遊，我和先生則因為先生的親戚也在這個旅行團中，因此到德國的法蘭克福，加入了這個臺灣來的「有錢人」旅行團，跟著他們到荷、比、盧三國旅遊。那個年代，臺灣尚未解嚴，也未正式開放國外旅遊，只有有錢人能透過各種管道到國外旅遊。

三十年前的事，有許多現在已不復記憶，記憶中最深刻的是，劉董事長好像跟我們特別有話說，我們也覺得他和團中的醫生和他們的夫人們很不一樣。例如，每到一處，當其他團員大肆採購時，他只是關心各類的出版品。一路上談的，也都只是三民的故事、臺灣出版的未來。只是，當時他和我們還不是很熟，因此談的都只是一些平常的事。即使如此，我們還是可以感覺到他對於出版事業的全心投入與熱情。離別前，他還要我們幫他把從各地買來作為出版參考的書籍郵寄回臺灣。這樣的緣分，一結就是三十餘年。

一九八六年，我完成在德國的學業，回到臺灣任教。隔年，劉董事長找我寫一本大眾傳播的書，當時我剛回國，不敢貿然答應，他居然先送上書款的一半，要我慢慢寫。這一「慢」，就拖了將近五年，其間不論劉董事長或三民書局的同仁們，都不曾施加任何壓力。我也因為寫這本《大眾傳播理論與實證》而從三民書局的同仁們口中和身上，聽到、體會到劉董事長帶領三民的風格。我聽三民的工作同仁說，劉董事長是一位非常重感情的人，例如他曾經把一棟房子贈送給一位在三民服務多年的員工，例如三民書局為了讓員工能專心工作，特地在書局中備有員工餐廳，而他只要人在公司，一定和員工一起用餐。

劉董事長是一位生活節儉、處事低調但又勇於創新的人。他的事業做得很成功，除了重慶南路上的三民書局老店外，更在復興北路上規劃了現代化、明亮的三民書局新店面。數年前，劉董事長曾邀我到公司參觀他投注無數心力的中文字型電腦化計畫。我到了他的董事長辦公室，當天，劉董事長請我喝的是白開水，他告訴我，數十年來他只喝白開水，從不飲茶或咖啡。聊了幾分鐘後，他帶領我去看中文字型電腦化計畫的工作室，當時並不了解這個計畫的意義。事後有機會再聽劉董事長詳細解說，才對於他為何要賠本進行這項計畫的苦心和遠見，有了進一步的了解。

原來，當時臺灣所有的中文字型都得仰賴從日本進口銅模，而且當時坊間的電腦字型都只有一萬三、四千字左右。中國字總共有七、八萬字，劉董事長一方面不甘心者是要從日本進口銅模字型，一方面也早已看到了出版數位化的趨勢。因此，他組成一個「寫字」團隊，由美術人員一筆一劃寫成每一個字，同時寫六種字體，並且請研究人員開發出電腦排版軟體。這一份艱巨的工作歷經無數挫折，其間更數度將寫成而不滿意的字體全數銷毀。從民國七十七年迄今，劉董事長為了這個計畫投注不計其數的金錢、時間和心力。據了解，雖然大部分完成的字體已經在民國八十九年左右運用在三民書局的排版作業上，但是這個計畫仍未完全完成，仍在持續進行中。

大約在五、六年前，我才聽到劉董事長說，三十年前的歐洲之旅，其實是他在經營三民書局的路上遭遇到的第一次大挫折。原先投資三民書局的三位股東，因為失和決定拆夥，劉董事長在經濟情況不是很理想的狀況下，把所有的股份買下。由於經營遇上瓶頸，心情也因此跌落谷底，因此他才想藉著一次的遠遊，來調適自己的心情。

劉董事長在自己的生活上非常節儉，但在大事上，卻一點也不吝惜工本，大量投資，務求將工作做到最好。我記得他曾經說過：「我這輩子只做過一件事，那就是出版。」我在德國留學時，念的是 Mainz 大學。因為 Mainz 是德國活版印刷術發明人古騰堡的出生地，所以大學裡有一個叫做 Buchwesen 的系，類似國內的圖書出版系，專門研究出版方面的學問，系裡也把古騰堡當做研究的重點。我當年在這個系裡選修了一些出版方面的課程。我覺得劉董事長進行中文字體數位化的這件工作，其意義真有點類似古騰堡發明了活版印刷術。兩位都投入非常多的資金和時間，也都經歷非常多的挫折和失敗，但挫而不餒，終於完成一件有意義的「大事」。

三民書局今年五十歲了。而劉董事長的人格特質也形塑了三民書局的經營風格：懷舊、念舊，卻又不斷創新！

【翁秀琪女士在本公司的著作】

大眾傳播理論與實證

新聞與社會真實建構

——大眾媒體、官方消息來源與社會運動的三角關係（合著）

# 三民書局與我

鄭明娳

我這一生，到目前為止，一共出版了二十本書，其中有三本在三民書局出版。對我來說，最有意義的是：民國六十四年，我的第一本書《葫蘆‧再見》在三民書局出版，民國八十八年，我的第二十本書《現代散文》也在三民書局出版。民國六十四年，三民書局肯接受一個大學剛畢業、默默無聞小人物的著作，給我莫大的鼓勵，影響我日後樂於終身走向讀書寫作的生活。

自從完成學業之後，除了寫書，更多的是替出版社編寫教科書或者編輯文選。這些編輯出版的工作，都增加我跟出版社的接觸機會，對出版界的認識與日俱增。慢慢知道每個出版社都有自己的出版理念、出版風格、出版原則。在這其中，三民書局給我印象最與眾不同的是：它大約是臺灣出版社中最先有「守法出版」觀念、並嚴正遵守著作權法的書局。識者皆知，過去臺灣的出版、唱片等行業，長期有「海盜王國」之稱，即使直到現在，也還是無法根絕盜版問題。三民書局很早就知法守法，實在不容易。

我印象最深刻的是，在我把《現代散文》完稿交付書局之後，收到書局通知，要我提供書中引用文章的作家聯絡電話地址。其原則是即使只引用別人一句話，也必須得到原作者的同意函。我一算，不但「人口」眾多，而且有許多人已經去世多年，如何找到他的版權繼承者？變通的辦法就是盡量刪削引文。

但是，還是有許多討論創作的部分，不引用原文實在很難議論。這些地方，只好一個個請書局上天入地的去尋找作家學者。在進行這個工作時，我恰好在多倫多陪兒子，要追蹤作家的通訊處實在困難重重，有些覺得應該很容易找到的作家，偏偏好像突然失蹤了。有時，我們費了九牛二虎之力找到作家的親人，請他代為轉告那浪跡歐洲的作家，得到的回答是作家把弟弟罵了一頓：「這樣的事情來煩我做什麼！」

對於去世不到五十年，仍然保有著作權的作家，要尋找其版權繼承人，更是難上加難，例如侯榕生女士，以前長期住在美國，後來又去世多年，要找她的版權繼承者，根本不知從何下手。

甚至一些去世不久的作家，原以為不難找到版權繼承人。像梁實秋先生，可能因為他把各書的版權留給不同的人，以致有些文章無法找到真正的繼承人。凡此種種，最後只好刪去所有拿不到同意函的引文。

在聯絡作者的過程中，還經常爆發五花八門的狀況。我們也遭到作者的拒絕，但有些拒絕的理由又很讓人驚訝，例如「寄來的同意函不是親筆寫的，誠意不夠」之類，還有的作家要求先看書中對他文章的評析，才決定答應與否。

另有一位作家在回同意函的同時，附上他新修訂的稿子，要我用新去舊，當我核對新舊稿子時差點昏倒，他居然把舊稿做了大幅度的翻修，以致我的評析不得不配合他再重新改寫。

當然，讓人欣慰的是比較多的作家跟我平日作風一樣，沒有二話就寄回同意函。更感人的是有些作家同意函加上敘舊信。再有些是素昧平生的作者，來信感謝再三，在經過前敘種種打擊式的回應，再收到這樣熱情的信件，可真叫人感激涕零呢。出版一本書的周邊事務，就讓我們的精神如此波濤洶湧，真是奇異的經驗。

在《現代散文》出版之後，我算一算，完成這樣一本書，花在搜集資料、構想內容、書寫正文等等的時間精力，實在比寫完之後，聯絡作家、刪改校對的時間少。這種本末倒置的情形，只能怪我們的著作權法訂得多麼怪異，就像把出版社及學者五花大綁後，才讓他們寫作出版，如何能揮灑自如呢？

由於《現代散文》是在臨出版時，才知道要面對作者同意函，我們又無法全部找到這些引文作者，所以有些引文刪除、有些保留，做得全書的體例極不統一。

經過這次教訓之後，以後寫論文出書，遇到要引用他人文字時，總是優先引用已經去世至少五十年作者的作品，這就沒有著作權問題。對於健在的作者，總是先考慮他答應被引用的可能性大，才引用它，否則不是自己誤觸霉頭嗎？

是在三民書局出書，我才知道凡是具有經濟收益的出版物，都要遵守著作權法。目前臺灣社會並沒有嚴格執行其細節，所以在各行其是的情況下，嚴守法規的人反而感到左支右絀。如果全民都依法行事、都走上同一的軌道，相信就不會感到窒礙難行。

所以我對於先行者，總是有敬佩之意。

【鄭明娳女士在本公司的著作】

葫蘆・再見

現代散文

現代散文欣賞

# 無數個五十年

宋美璍

提筆祝賀三民書局五十週年之慶，於公於私，心中有許許多多可以說的話。高中時代負笈臺北，到重慶南路買書和閒逛西門町，是週末的正事和休閒。三民書局緊湊的一方書城，對我的功課表現有直接、間接的加分效果。那時未識劉振強先生。多年之後，我歷經人生數個階段，一路走來，到了一九九四年六月初，因為一場人生的意外之事，促成與劉先生見面的緣分。因此，在劉先生眾多的學界淵源中，我是晚輩。祝賀三民五十之慶，便是祝賀劉先生五十年的辛勤與風範，他是三民的靈魂。我要說的幾件事，在他波瀾壯闊、但又低調沉斂的事業生涯中，必定只是一個小小的面向。承他邀我為文，我極樂意記述兩、三事，為三民的盛事祝賀。

我與三民結文字緣，起於編英漢辭典。故恩師朱立民先生有日吩咐，接手三民《簡明英漢辭典》，為他分勞。這是一本口袋型辭典，收錄五萬七千字，主要為字義解釋。之後間隔一段時日，繼續做了三民《新知英漢辭典》。這本辭典編譯自新版的旺文社《英和辭典》，收錄四萬三千則詞條，以句型例示和文法解說為特色。猶記當年（一九九五年）用了一整個暑假配合編輯的進度，逐字逐句校訂，自己笑謂於炎夏捉「蟲」，蓋因某種原因原稿錯誤甚多。行筆至此，一定要提當時的責任編輯陳小姐，謝謝她的全力投入，使我有得力的助手，減輕不少壓力。她若看到此文，會知道我很想念她。第三本字典是三民《基礎英漢辭典》，是一本素淨的字典，特色在於基本會話專欄解說，適合初、中級的使用者。英國十八世紀新古典主義文學大家約翰笙，於一七五五年出版 *The English Dictionary*，開啟編纂英語字典的先河。他曾自嘲，編字典的人是「無害的奴工」，私心其實對自己六年寒窗，寓居陋巷勤搖筆桿，而終辛勞有成感到莫大欣慰。我自己由於這三次的機會，使得一個念文學的人，在人生的某個階段參與字典的編訂，得以嘗到素所景仰的約翰笙類似的感受，也是值得回憶的樂事。

劉先生另邀我為三民編寫高職版與高中版英文教科書。當時前後三、數年之間，齊邦媛教授也要我協助她，為國立編譯館版的國中英文教科書一起出力。於是在那個階段，英語教學的實踐，成為我的重點功課，每日從事英國文學之外的時間，都在思考英語教材編寫的實務問題。寫這兩件事不在虛張小我的聲勢，而是為這段人生的偶然留下吉光片羽，想念一起工作的大、小朋友（大學教授、高中和國中的教師，以及三民編輯部的年輕同仁），更重要的是向「幕後推手」的長者表示謝意，承他們的好意，我享受了美好的成長經驗。

劉先生領導三民，猶如領導子弟兵。編輯「小朋友」說，公司供應三餐，女生一則以不用煩惱在外用餐為喜，一則以憂，因為得輪流擬菜單、買菜。曾聽劉先生談起年少流亡，幸得善心人照顧。他至今自奉節儉，創業有成，回饋社會，亦常照顧年輕人。三民招考英文編輯，臺大外文系及其他學校英文本科生的人才甚多考入三民。其中一位曾是我的學生，合約期滿申請出國留學，劉先生亦曾義助為數不小的金錢。我的好友王若璧與我一起正為三民撰寫文學史，她負責法國文學史，我負責英國文學史。去年她自美國回臺，特地拜訪劉先生，與劉先生初次見面，相晤甚歡。吾友樸實寡言，平日在洛杉磯居處，苦思偌大一本文學史如何下筆，何日方能交稿，時感煩惱。當日我倆出了三民，回家途中她對我說，見過劉先生之後她很高興，因為知道「為誰而寫」。這兩件事略帶「小布爾喬亞的溫情」，設非此文的特殊性質，恐怕劉先生也雅不願我公開說出。但是，劉先生為人如此，不用渲染，也自能顯露他的本色。

我自己人生旅途曾有顛躓，承劉先生給予精神支援，趁此文之便，在此向他致謝。

祝願三民書局有無數個五十年。

【宋美璍女士在本公司的著作】

基礎英漢辭典（主編）

新知英漢辭典（主編）

十八世紀英國文學——諷刺詩與小說

編有高中、高職英文教科書多種

# 假如沒有三民書局

周玉山

三民書局成立至今，整整五十年了。

五十年來的臺灣，以及整個中國，變化之大，實非前人所能想像。三民書局創造了歷史，為臺灣的出版業和學術界奠定厚基，然後綻放異彩。一萬八千個日子何其漫長，又何其重要，假如沒有三民書局，將是何種光景？

新世紀的前夕，我走在北京的長安大街上，尋訪大陸最大的書店。就在西單，原先的民主牆附近吧？圖書大廈巍峨而立。進門處，新出版的簡介告訴我，此間展書十六萬種。相形之下，三民書局的二十餘萬種，堪稱兩岸之最了。

全世界的中文印刷品，百分之八十五為簡體字。換言之，臺灣的產品還不到總數的百分之十五，三民書局能夠獨占鰲頭，令我沉思良久。或許它無意與人爭勝，但努力求全的結果，成為一座可以購買的大型圖書館，我就在此找到多本絕版書，而且是多年前的低價，驚喜之感，久不能散。

三民書局為讀者著想，已到無微不至的地步。我曾見到店員小姐手持稍早的照片，比對書架，以利添新。這再度說明，它像一座求全的圖書館，只是無法在書上貼標籤罷了。由於品種太多，套書往往只能擺出其中一本，但是隨傳隨到，不虞匱乏。也由於品種太多，所以分類頗細。以文學為例，不但有文學史，還有詩、詞、曲、賦等，各擁多層書架。以歷史為例，近代史與現代史也分別標出，份量頗重。三民的書雖多，但按中國圖書分類法陳設，所以讀者稱便。這樣的用心，來自主人劉振強先生。

有人望名生義，以為三民是官方經營的，這實在抬舉了官方。五十年前，劉先生和兩位合夥人，以「三個小民」自居，成立了書局。當時的臺灣，連報紙都是奢侈品，何況是書？因此，賣什麼書？怎樣賣書？賣給何人？無不費盡心思。當時的劉先生，曾經多次從臺北騎腳踏車到中壢，後座是沉甸甸的書，一路分送各據點。後來合夥人退出，他獨力苦撐，苦盡方見甘來。如今，三民有四百多位同仁，是行政院文建會的三倍，他雖已成功，擔子依然沉重。

四十多年前，他就以獨到的眼光，推出大專用書，灌溉了臺灣的學術沙漠，也使自己立於不敗之地。稍有盈餘之後，他即回饋作者和讀者，難怪作者幾乎都心存感念。至於廣大的讀者，或許能從「三民文庫」和「三民叢刊」中，看到他的善心。假如沒有三民書局，冷門書的作者，何處領這樣高的稿費？文學的愛好者，又何處買這樣多的便宜好書？

旁人很難想像，他一路走來，從不向銀行貸款，也不主動跟官方打交道。官方有求於他，例如代辦書展等，則盡力而為，事後婉謝回報，始終保持距離。三民出書六千餘種，不但沒有一本不正派的書，也沒有一本現任官員的應酬書。他似乎得了厭官症，與商場許多人的拜官症對比強烈。我在他的辦公室，看到陳立夫先生的三行字：「無取於人斯富，無求於人斯貴，無損於人斯壽。」此言甚善，但行之不易，劉先生做到了。

他的風骨如讀書人，經營力則非讀書人所能及，因此能夠致富，但自奉極儉，散財各方，受惠最大的，除了作者和讀者，就是員工了。三民的同仁中，一職終生者比比皆是，我在深談之後得知，劉先生待他們如家人，有時甚至勝過遠方的父母，在精神與物質上，都予以及時的支援，唯一的要求，則是誠實而已。三民遂能在穩定中求進步，人人說實話，做實事，終於造就兩岸第一的地位。

假如沒有三民書局，臺灣就沒有第一套「黃皮書」，也沒有第一套「藍皮書」。前者是大專用書，後者是「古籍今注新譯叢書」。多少有志之士，靠它們修業進德，乃至金榜題名，贏回書款的千倍萬倍。也有多少出版社，見賢而思跟進，但總是撼動不了龍頭，龍頭是用別家所無之愛心鑄成的。

劉先生交朋友，不但交一輩子，而且交兩代以上，舍下就是一例。三十五年前，父親世輔公以《國父思想》一書與他結緣，從此我就成為受惠者，贈書固無論矣，出書也照單全收，我因此幸獲國家文藝獎，能不銘記終生？得獎的著作並不暢銷，他絲毫不以為意，反而歡迎繼續陷害。一句「永遠感激令尊」，他要付出多少代價？我的慚惶又能彌補幾許？

劉先生是作者最好的朋友，也是我所見最寬厚的老闆。他對員工總是和顏悅色，開導調教，如以「慈父」形容，似不為過。一位資深的幹部，和我單獨談起劉先生的知遇之恩時，眼角泛著淚光，使我益信，三民不僅是大公司，也是大家庭。不過，劉先生以一人之力，發四百多份薪水，成為出版界的絕響，他的人生觀令人好奇。

他的名言是「我不能等死」，因此拚命找事做。出了一本暢銷書後，就推出多本冷門書，結果照顧了數以千計的作者，使不少人名利雙收，自己則低調到被人遺忘。以他的靈敏和經驗，暢銷與否，一看書名和目錄便知，但因敬重讀書人，尤其體恤苦學出身的作者，所以儘量伸出援手，助他們度過難關。出版原亦是商業，他卻時常轉為慈善業，做官方做不到的事，為臺灣增添光彩。五十年來，他念茲在茲，經之營之，造福了文化人，豐潤了中文世界，也讓我在知識的殿堂中，望見人性的光輝。

假如沒有三民書局，《辭源》與《辭海》之後，何來超越前進的《大辭典》？全新的中文排版字體又何處可尋？臺灣以及整個中國的出版史，能有今天的厚度與深度嗎？一連串的問題，現在都迎刃而解了。

是的，因為有三民書局。

【周玉山先生在本公司的著作】

文學邊緣

文學徘徊

無聲的臺灣

大陸文藝新探

大陸文藝論衡

中國大陸研究（主編）

大陸文學與歷史

# 到三民站下車

陳義芝

坐在闇夜的公車上，窗外燈火如繁星。夢中我不知公車行駛的路線，也不知車開到了哪裡，只知要到陌生的站牌，在燈火璀璨而視線朦朧的地方，彷彿叫做「三民書局」那一站。公車從很遠開來，何時該下？我向司機求助：「到三民站，請叫我下車。」

這是三十幾年前的一個夢境，因注記在新買的牟宗三先生的《生命的學問》空白頁而記得。這書編入「三民文庫」一〇六號。當時我在臺中師專念書，周文傑老師的「國學概論」用的課本是熊十力先生《讀經示要》。周老師具有鮮明的性情，不與流俗來往，好褒貶時人，卻輕易不加許可，通常都是「那個醜八怪！」一句帶過，唯獨講到新儒家的代表人物如熊十力、唐君毅、徐復觀、牟宗三，則嘖嘖稱美。

我在這樣的薰沐下，自然買來《才性與玄理》、《中國哲學之特質》、《學術與政治之間》、《中國文化之精神價值》等書。每逢週末，由周老師欽點的三五個同學還須到老師家加課，學《詩》與《易》，採章句析解的方法，詳細內容已淡忘，但中心要義，我相信是如牟先生所說的，「提高人的歷史文化意識，點醒人的真實生命，開啟人的真實理想」。

周老師那時四十不到，教學的企圖心很大，但似乎不容易講得透闢而有趣，碰上我們這群十八九歲的毛頭小子，真的只能由學生各憑興味自求造化。

他提示的一些書，有的可以在臺中的中央書局買到，有的據說只有上臺北買。那時流傳在朋輩口耳間的購書地標，一是臺北中華路的「中國書城」，二是牯嶺街舊書攤，三是重慶南路的三民書局。跑一趟臺北，對看一場電影都嫌奢侈的我談何容易，三民書局只能是書本封面上印的幾個字，只能遙想而形塑成一夢境。

當年的我並未下決心走抒情的路，生命的學問才是我最初決意探索的方向。現在我重看三十餘年前買的牟宗三先生的《生命的學問》，從〈哲學智慧的開發〉、〈略論道統、學統、政統〉到〈人文主義與宗教〉諸篇，行間處處劃了線，顯然是閱讀當下獲得了「雲霧中湧出光明紅輪」（牟宗三先生語）的喜悅之舉。我手頭會擁有熊先生的《新唯識論》，也全靠牟先生這書中〈我與熊十力先生〉一文的指引。牟先生描寫他眼見的熊十力先生，好像武俠小說一位宗師型人物出場：

不一會看見一位鬍鬚飄飄，面帶病容，頭戴瓜皮帽，好像一位走方郎中，在寒氣瑟縮中，剛解完小手走進來，那便是熊先生。他那時身體不好，常有病。他們在那裡閒談，我在旁邊吃瓜子，也不甚注意他們談些什麼。忽然聽見他老先生把桌子一拍，很嚴肅地叫了起來：「當今之世，講晚周諸子，只有我熊某能講，其餘都是混扯。」在座諸位先生喝喝一笑，我當時耳目一振，心中想到，這先生的是不凡，直恁地不客氣，兇猛得很。我便注意起來，見他眼睛也瞪起來了，目光清而且銳，前額飽滿，口方大，顴骨端正，笑聲震屋宇，直從丹田發。清氣、奇氣、秀氣、逸氣：爽朗坦白。」

這一「獅子吼」的場景，令人著迷的不僅是熊先生的生命境界、學人典範，還有牟先生的敘事筆法。

牟先生初讀《新唯識論》為一九三二年二十四歲時，他說「一晚上把它看完了」，這話令我大為震動。我一九七四年二十一歲購得廣文版，見其厚達七百三十五頁，不但對開頭幾章的佛經體語句啃咬無方，即連後半部牟先生「感覺到一股清新俊逸之氣，文章義理俱美極了」的文章，也無緣消受。果然氣質才性不同，根柢造基差異，學問之道勉強不來。然而，堂奧雖不得而入，牟先生開啟的一扇扇窗，確是讓我時常有「骨肉皮毛，渾身透亮，河山草樹，大地回春」之感的。

回顧三十年前往事，我不敢輕忽夢境的預言、啟示。「到三民站下車」既結合了新儒學閱讀的因緣，後來更聯結上香港新亞研究所修課的因緣：一九九四年到一九九五年我在新亞當老學生，每個禮拜都去上一天半的課，教授休息室和長廊高處懸掛著已過世的熊、唐、徐諸位的照片，而活生生語調鏗鏘的牟先生落了單，一個人坐在肅靜的教室裡講他的課。牟先生上課不關門，聲音就在長廊迴盪。但那也已經是最後半年的課了。

現在我檢視自己擁有的三民書，最多的竟是天藍色的古籍新譯。其實我閱讀文言，陶然自得，白話新譯上到書架上，原因是注譯者如邱燮友先生、劉正浩先生、李鍌先生、黃錦鋐先生、汪中先生、余培林先生、張文彬先生、沈秋雄先生都是我讀師大時的老師。一本本藍皮書在架上，像一扇扇方便門，很有即之也溫的夫子之情。

我真正有書在三民出版，是《小孩與鸚鵡》那本童詩集，一九九八年八月出版，由我的老鄰居曹俊彥繪圖。終於交出第一本給兒童的讀物，遂了我為小小孩寫詩的心願。而我也從三民的讀者，一變而為兼具作者身分的人了。

【陳義芝先生在本公司的著作】

小孩與鸚鵡

# 給中文一個美麗的臉龐

## ——寫記三民書局字體建構工程

葉石濤

半個世紀的時間，到底能夠成就什麼樣的奇蹟？戰後臺灣經濟的發展，很能夠說明這樣的問題。我所居住的臺南市，有一個眾所皆知的統一企業，我參觀過他們的公司簡報，清楚看到他們如何從一間小小的工廠，發展成跨國性、綜合性的大企業，深深驚歎於企業的經營與成長。

然而，經濟的成效也許比較容易被看到，而受到較多的注目與肯定。半個世紀的時間，到底能夠成就什麼樣的奇蹟？三民書局的經營與成長，提供了另一個奇蹟。六千多種書籍的出版，與二十餘萬冊書籍的展售，是兩岸的第一，也是華人世界的奇蹟，對文化的貢獻，豈僅只是一個「企業化經營」的說詞所能涵蓋、道盡？

六千多種書籍的出版，還只是一個空洞的數字與概念，在三民的出版世界中，我以一個讀者、作者的身分，可以見證：六千多種書籍的出版，便是六千多個奇蹟，與六千多個漫漫長夜中浩瀚文化工程的辛勤累積！留給後世子孫一座永恆不朽的文化寶藏。

你可曾聽過其中一種稱之為《大辭典》的編纂？歷時十四年，得言一千七百餘萬字。你又可曾聽過之後的《新辭典》？配合新時代、新知識的要求，又顧及攜帶、檢索的方便，參與編撰的學者專家一百四十餘位，加上校對、插畫、繪寫字體的工作同仁，遠遠超過兩百人以上的人力，耗時四年，為配合教育部標準字體的頒布與修正，又多次重新修改重編。這一切，原是屬於政府該做的巨大文化工程，卻完全由一個私人的公司主動來承擔、完成——這就是你所知道和不知道的三民書局。

然而，當你展讀三民出版的各類古書新譯或辭典時，細心的你會驚訝於那些罕見的古體字、異體字，為何能如此這般工整而完美地並呈於大小不一的各類字體之中？你可能不知道，半個世紀的三民書局，在那堂皇的辦公大樓內，還正進行著另一項巨大而帶著美麗與夢想的文化工程，那便是中文字體的繪寫、建構與研發。

遠在編輯《大辭典》的一九六〇年代，那個時候，還沒有電腦編排，排版的工作，仍依賴鉛字的撿排，遇到罕見的古體字，鉛字中沒有，聰明的撿字工人，便會取來偏旁與字首雷同的兩個鉛字，各切掉一半，然後拼成一個字，結果這個字不是長得比別人胖、或高，便是比例不對，奇醜無比。為了版面的美觀，三民書局當時便決定自行寫字，重新鑄模，來增加所沒有的鉛字。

《大辭典》編輯完成，電腦排版開始普遍，但也還在初始的階段，尤其中文字體，嚴重不足。一般使用的字體，實際約有四萬多字，如果加上各種異體字，包括古體、俗體、簡體等等，將近十萬字，但當時的中文電腦，字體僅有一萬多字，根本不敷學術界的使用。因此，三民書局劉董事長毅然做出政策性的決定，開始展開一項浩大的中文字體的繪寫、建構，與美化的長期工程。

這種工作，說來容易，實際作起來，卻有絕大的困難。試想：這麼大量的字體，不可能由一、兩個人來完成，那麼如果由二十位擅長書寫的美工人員來完成，如何讓二十個人寫出來的字體，完全是一個風格？即使這個困難克服了，等所有字形排在一個版面上，又如何確保整體的視覺效果能夠舒適、順暢？中文的書寫完全是一個藝術的問題，這當中包括所有字體的左右比例、上下比例、筆劃斜度、筆劃空間，以及筆劃粗細……等等，在一般書法作品中，為了畫面整體效果的均衡，同樣的字，可能在不同的地方，要有稍微的變化。然而在電腦版面的編排中，卻不可能。一個藝術的問題，卻必須用科學的方法去處理。

為了整個版面的整體效果，曾有多次（所謂的多次，就是至少有六、七次之多），將已經寫好的整套字體，完全作廢，全部重來。

初期工作期間，光是負責寫字的美工人員，就有八十個人，分作四組，每組廿人，在一套一套的規範下，寫出一套一套的字體；然後由將近二十位修字組同仁，再作修飾，務求風格統一、美觀。這樣的工作，一作就是十五、六年。據我所知，目前已經完成了六套字體，包括：明體八萬多字、楷體六萬多字、方仿宋體五萬多字、長仿宋體五萬字、黑體五萬多字、小篆一萬多字、簡體一萬一千多字；這當中除了一般常用字外，還包括各種罕用字，如異體字、古體字、俗體字……等等。

每套字體為配合字級的需要，又各有粗細不同的四種字體。字體完成後，再由十多位專精電腦程式的研發人員，將字體輸入字庫，並進行排版、圖文整合等等軟體的研發設計。

是誰會做這種不敷成本的巨大工程？一切為的是什麼？為的是一個「美」字，要給中文一個美麗的臉龐！

劉振強先生不是我的朋友，因為以他對文化的執著、熱誠和貢獻，我不敢視他為朋友，他是我所景仰的一位文化界長者。

我因羅青先生的關係，拙作《五月與東方》，一本探討戰後臺灣現代美術發展的小書，列為「滄海美術叢書」第1號，之後又陸續出版《島嶼色彩》、《島民‧風俗‧畫》等專書。出書的過程中，我也深切感受到三民同仁的細心、嚴謹與負責。

半個世紀的時光，能成就什麼樣的奇蹟？劉振強先生和他三民書局的同仁們，已經回答了這個問題。

【蕭瓊瑞先生在本公司的著作】

五月與東方——中國美術現代化運動在戰後臺灣之發展(1945～1970)

島嶼色彩——臺灣美術史論

島民・風俗・畫——十八世紀臺灣原住民生活圖像

島嶼測量——臺灣美術定向

# 三十五年來的心路歷程

周陽山

從十一歲左右，我就開始為三民書局「工作」，至今正逢三十五年了。那時先父世輔公正為三民撰寫《國父思想》、《中國哲學史》等教科書，我雖年幼，未能真正理解書中的深蘊，但已能協助著書相關繕寫等雜務。這樣的工作持續經年，一直到大學畢業服完兵役止，前後歷十餘年之久。

真正開始為三民書局寫書，卻是在美國紐約念博士時，那時我在哥倫比亞大學政治研究所苦讀，同時兼為《美洲中國時報》擔任主筆與編輯的工作。為了養家生活，著述不輟，除了新聞時事題材外，也寫了一些較不受時間限制的理論性、學術性長文。當時間久了，累積到一定的分量，幸蒙三民書局劉董事長的抬愛，惠允出版，乃結集為《當代中國與民主》一書（一九八六年），其中有關中國托洛斯基派的分析，以及對美國學運的探討，仍係我至今上課時給研究生運用的教材。憑良心說，那時候在哥大的圖書館裡，上上下下跑，的確花了不少的真工夫，如今若還要用同樣的時間精力再來一次，恐怕已是不可為了。

有了第一本書之後，三民書局就成為我在出版界最穩定，也最尊敬的老朋友。劉董事長原為先父的摯友，以義相交，以誠相待。先父在一九八八年底仙逝後，劉先生乃囑我將這些著作陸續重新編寫，先後出版了《中山思想新詮》（二冊）、《國父思想》等書，一直到二〇〇〇年以後，還出了最新的版本。另外，我也敦請業師胡佛教授等，合著了大學教本《中華民國憲法與立國精神》。此外，我還針對六次修憲的所有條文，撰寫了逐條釋義的憲法教材。

除了教科書之外，在過去十二年裡，三民還為我出版了《自由與權威》、《現代文明的隱者》、《蘇東劇變與兩岸互動》、《自由憲政與民主轉型》等書，將後冷戰時代全球民主轉型的陣痛與教訓，化為一頁頁的文字軌跡。我常想，如果不是有劉先生這樣一位慷慨、有遠見的出版家的話，許多文字的時代紀錄恐怕終要灰飛煙滅。每當我持續筆耕之際，總會感念劉先生的寬懷、識見與雅願。

「出版千古事，辛酸誰人知？」三民書局幾十年來對文化界的卓越貢獻，世人多已了解。但是劉先生投入了大量的時間、人力和經費，堅持要為中國人「寫」出一整套漢字印刷字形的宏願，其中的辛酸與艱苦，知道的人恐怕不多。經過了許多年堅毅不拔的努力奮鬥，而今此一劃時代的宏願已經接近實現，這是兩岸三地出版界的一大盛事，也是讓所有現存的漢字得以全貌呈現的巨大文化工程。有了三民的偉大貢獻後，以後我們就不會再看到「行政院院長游錫『方方土』」這樣的窘象了。我相信，在未來的中國出版史中，將會留下一段歷史性的定評：

「臺北的三民書局，在劉振強先生的主持與領導下，經過五十年的努力，成為臺灣地區學術性、知識性出版社的翹楚。而且經由劉先生多年的堅持與奮鬥，三民書局獨立完成了所有現存漢字印刷字體的撰寫工作，提供給後世的中國人，整套可供印製的漢文字寶庫！」

這是三民與劉先生對臺灣與中國的具體貢獻，也是我這樣一個三十五年的老朋友，發自內衷的深刻感銘！

**【周陽山先生在本公司的著作】**

中山思想新詮——總論與民族主義（合著）
中山思想新詮——民權主義與中華民國憲法（合著）
國父思想（合著）
中華民國憲法與立國精神（合著）
自由與權威
現代文明的隱者
蘇東劇變與兩岸互動
自由憲政與民主轉型
社會科學概論
當代中國與民主
公民（合著）

# 三民與我

李訓詳

我進公司是在民國七十七年的時候，當時三民尚無分號，編輯部的辦公室就設在重慶南路門市的三樓，四樓則是辭典部門與一些教授審稿時的工作地點。早上上班的時候，書局大門還沒打開，編輯要從後巷的小門進出，穿過栽了一竿大毛竹的天井、批發部成排的書架，走上樓去，才是辦公室。剛上班的時候，一方面缺乏工作經驗，不太搞得清狀況，另一方面，好像也沒人解說清楚公司是怎麼回事，別人幹什麼就跟著幹什麼。我過了很久才知道，原來那個常發稿子給我的帥哥盧先生，就是編輯部的主任。我到公司的時候，雖然已經採用打卡鐘來管制上下班時間，但是還保留一些早期公司如家的情況，每天早上八點左右，經常是盧主任站起身來，連聲喳呼：「吃飯去囉！」然後一些來不及吃早餐就上班的同事，紛紛趿了拖鞋，魚貫走到後門旁的餐廳去。這個盛況，很快隨著公司的制度化而良辰不再。

吃飯確實是公司的大事，買菜由女同事負責，男同事則管吃和市場接送。男女分工，這個規矩行之有年，按現在的眼光來看，可能認為將性別刻板化了，是要挨罵的，不過公司一直堅持這樣的訓練，有助於培養女性員工持家的能力，而且也認為這正是現下許多家庭教育付之闕如的部分，更應貫徹。公司兩個門市，三、四百人用餐的場面，非比尋常，每次在公司吃飯，我就想到大家族鐘鳴鼎食的場面，這種家庭式的氣氛原本是公司開創的精神所在。如果有人出公差，誤了用餐，老闆會吩咐廚房留點熱菜。員工不花錢有飯吃當然很好，但苦的是老闆也一道用餐。如果不巧，坐的那桌有空位，老闆來了，坐下了，大家心情一緊張，可能飯都少吃半碗。劉先生不怒有威，他勉勵我們的訓話，經常提到以前年輕時候當店員，老闆總是另開小灶，衣分三色，食分九等，極為不平。他受此刺激，打定主意，以後當老闆，絕不如此對待伙計。大家聽了，讚歎之餘，不免竊竊私笑，心想只要能放心多吃半碗飯，老闆開開小灶其實也不妨。

我進公司不久，即逢三十五週年慶，見識到賀客盈門、川流不息的場面。想想雖然不過是十幾年前的事，但是這些年來出版界情況變化很大，現在的編輯工作，相較起來，挑戰更加嚴苛了。當時臺灣一年的新書出版量還不及萬冊，競爭壓力不像眼前動輒二、三萬冊以上的龐大數字。那時候工作時間雖然也長，但似乎心情上比較輕鬆。剛到公司時謝宏銘兄坐我斜對面，從沒見過他午睡，他總是利用午休時間從火車站逛到博愛特區，由壓馬路練就一身好體力，那時候眉宇之間可比現在開朗些。飯後午休的時候，我大都在二樓門市看白書，那時候大陸文學作品如阿城、張賢亮者流，一窩蜂湧入臺灣，猛出正體字版，公司一度也開闢了「山河叢刊」。這些小說我大概蹲個兩、三個中午就可以看一本，所以日積月累，算算也省了不少錢。公司的門市經營政策，有兩大特色，一個是書店要辦得像圖書館，求架位大，求書量多，冷門書在所不忌，正可尋古訪隱。另一個特色是不禁客人看白書。這個特色就現在來說似乎沒什麼了不起，不過對我們這些五十年代初出生，站在街頭巷尾小書店看書經常遭受白眼的一輩，就知道得來有多麼不易了。那時候三民的員工並不多，編輯部中周輝、阿邦和我是同一年進公司的，開始都坐在三樓。來了以後，有個學習熟悉的過程，先標「滄海叢刊」的稿，等有經驗了，再接各科的教科書，因為圖表多，比較費心思。劉先生的辦公室也在三樓，他一人就撐了半邊天，經常出差，困難的事大多都由他扛下了。坦白說，現在還很懷念當年做小編輯時，標標稿、貼貼圖，天塌了有人扛，那種無憂無慮的歲月。

劉先生是公司的靈魂人物，他制定了公司運作的重要紀律與基本方向。到公司大約一星期後，按慣例由劉先生約見，我局促不安地到了他的辦公室兼會客室。我還記得當天他先詳細詢問家庭狀況，介紹了三民簡短的歷史，說到公司一路走來並非風平浪靜，曾經有兩度幾乎熬不過去等等。然後開導我們，三民是座小廟，容不了大菩薩，但希望在職的員工都能好好努力云云。緊接著，申明公司的三大紀律，一個是不能賭博，一個是不能貪污，另一個我已經忘了（編按：是不能說謊話）。在公司做事，犯什麼錯都能原諒，就違反了這三項紀律是不能寬貸的。在三民工作是我人生中第一個正式工作，也是我在學校之外，一個重要學習過程的開始。

早期我在公司做的是一般文字編輯的工作。當時三民的出版品還是以活字排版印刷為主，我們標過後的稿子，由排版師傅撿鉛字、鉛條一版一版拼出來。由於是人工排版，無論什麼複雜不堪的表格、版式，都有本領排得出來。到現在我還是很喜歡活字初版印出的書，每個字由於鉛字的印壓，凹凸有致，帶一點蒼勁的筆意與力道，這是平版印刷無法表現的特色。不過這個行業已是日暮西山了。我們新進人員訓練，到活字排版的印刷廠參觀，印刷廠師傅看著我們苦笑：「這是快要淘汰的老古董了，你們還來看幹什麼？」確實也是如此，一些有遠見的業者，已經開始購買機器改做電腦排版了。

作為一個文字編輯，我的基本功是鴉烏烏的。我從小美勞成績就不好，又不能耐煩，而當文字編輯得要手巧心細，熬得起水磨的工夫。那時經常要拿著牙籤，薄敷膠水，黏貼附圖上的圖說，我膠水經常沾得太多，字又貼得不齊，總擔心把美工辛苦繪成的線條圖給毀了。編輯的第一本教科書好像是《輸配電學》什麼的，做工其差無比，被我對面的女編輯恥笑了一頓。大概是這本書賣得不好，拙劣的編輯手筆沒有被發現，所以沒被公司開除。短暫的編輯生涯，比較得意的一件事應該是為張金鑑先生的《中國政治思想史》作資料查核的工作。張教授仙逝之後，原始資料的查核並未全數完成，於是公司指派編輯利用「百部叢刊」、「四庫全書」等藏書作了徵引資料的查核工作。由於經常翻檢叢書，這個工作對我後來寫碩士論文也很有幫助。

憑良心講，就出勤表現來說，我並不是一個好的員工。到公司上班時，我只通過碩士課程的資格考，論文還沒有著落。公司法外施恩，允許我在撰寫論文時可以請長假。工作半年後，我就請三個月的假來寫論文，但沒有完成。再工作半年後，又請了一次長假，這次總算完成了。拿到學位後半年，又因為考上博士班的關係，改成兼職，沒有專任編輯工作。就讀博士班期間，一度因為任職中研院的助理工作，有幾年和公司並沒有職務關係，只和黃副總編輯等幾位老同事偶有聯繫。不過我很感激劉先生的知遇之恩，同時在博士論文撰寫的最後階段，也因為公司的大力襄助，才讓我有經濟上的後盾，所以在八十八年取得博士學位後，我也回到公司重新任職。

離開幾年，公司的格局規模已大不相同。辦公室設在重慶南路的時代，業務單純，員工人數尚少，同時地點集中，管理上沒有太大困難。搬遷復北門市後，由於全漢字系統的開發，以及教科書業務的擴大，人員增加甚多，樓層分割也使得協調管理的難度大增，這時候和劉先生見面的機會比較多，比較能近距離觀察他行事的風格，感受到他承擔幾百個員工生計與吃飯問題的沉重壓力，也深刻體會了老闆不是好當的。有一次聽到劉先生對來訪的客人說，要是當年能夠做人伙計，他就不要當老闆了。我能體會到這是他的肺腑之言。「當家方知柴米貴」，確然如此。

劉先生白手起家，多經憂患，所以他的考量與決斷，總是從自身經驗與切實的現象下手，很少受虛言浮詞左右，方向打定以後，也很少動搖，全漢字系統的開發就是個例子。所以他的行事風格是很約簡的，不只是用來排除徒亂人意的雜亂訊息，也用於養成嚴格的自我控制與紀律。《史記・貨殖列傳》敘述白圭治產，「能薄飲食，忍嗜欲，節衣服，與用事僮僕同苦樂」，每次我讀到這一段，總聯想到劉先生。他不像現代某些浮誇的企業家，重視身分派頭，而像是從傳統〈貨殖傳〉裡走出來的人物，以錙銖尺寸積累，而趨時若鷙擊；老輩的企業家往往講情重義，有謀能斷。他經常自我解嘲，不喜歡被稱作「董事長」，因為許多董事長不太懂事。劉先生質樸務實的風格，對三民的企業文化有很深的影響，這是一種回歸本質的文化，認清原點，時時打回原形，歸零思考，從這裡可以學到很多的東西。當然這種簡約無華，以致帶有土氣的作風，不一定契合流行包裝的時代風氣。踵事增華、諛世無益之書，或許可以暢銷，不過三民的出版方向，從不作此想。

劉先生律己嚴格，他對員工固然也有要求，但是同時也有體諒和幫助，我想比起一般民間企業，絕對是有過之而無不及。工作不太忙的時候，劉先生常趁便和年輕的同仁談話，他是一個很有魅力的演說者，說起話來，上窮天文，下盡地理，中通人和，最後再拉回主題。我們偶爾會從他口中聽到一些童年憶往的經歷，比如紅軍在他家鄉出沒時的情形、隻身來臺受過的恩惠與苦痛等等，真是點滴在心頭。我一直認為，影響劉先生一生最大的，恐怕是他的父親。所以即使劉先生到了臺灣，窮蹙無依，他所尋覓的啖飯所，也還是和文化、和書本有關，劉先生年輕時夢想的是多讀書，作文化人。這裡面充分表達了他對父親的典範的景仰與認同。不從這一點掌握，恐怕無法認識劉先生作為一個出版家的心志與嚮往所在。

重新任職的兩、三年中，主要是接觸了高中新版教科書的工作，以及多認識、接觸了一些可敬的作者，雖然總的來說，這一階段的工作，大抵尸位素餐，無補時艱，有負重託，不過對於個人視野的開拓，和處世應對的經驗，有很大的助益。同時也深切體會到公司在面臨新的挑戰與不利局面時，領導者精神意志的重要，憑著這種意志，才能開發出韌性與創意。這幾年當中，出版業的經營環境相當不利，能和同仁在遭逢困難時，並肩努力，攜手合作，這種共存共榮的同儕感受，才是人生最美好的經驗。儘管個人因緣際會，現已轉往教職發展，但仍然以身為三民大家庭的一員為榮。謹以這些小小的工作回憶，敬頌公司五十週年大慶，局運昌隆，並能不斷更上層樓。

李訓詳先生，臺北大學歷史系助理教授。

# 三民書局的劉伯伯

毛振平

這輩子影響我最深的人，當屬三民書局董事長劉振強先生。我都稱他劉伯伯。認識劉伯伯已經有十五年之久了。由於父親為三民書局寫書的關係，我有幸能夠在他身邊學到許多，包括他的待人處事、艱苦的創業過程、人生哲學等等寶貴智慧。

第一次與他碰面是在國一，全家跟他一同出遊。當時年紀小，對他的印象是一位很慈藹、精力旺盛的長輩，跟他在一起的時候，有聽不完的有趣故事。

印象最深的故事，就是當年因為戰亂，他孑然一身來到臺灣時，只剩一件內衣兩件內褲的慘澹歲月。當時，劉伯伯想藉由自修來彌補因逃難而荒廢的學業，卻因常常在字典裡找不到想學的中文字而感到氣憤與遺憾。於是，他發下宏願，要編出一套「匯集古今各科詞語，涵蘊傳統、囊括現代語匯的一部綜合大辭典」。這樣的一個心願，從民國六十年開始，一直到民國七十四年《大辭典》問世，共花了十四年之久。當中「千頭萬緒，至費經營，人才也，計畫也，資金也，非賴群策群力，並須積月累年不為功。」雖然《大辭典》問世已是將近二十年前的事情，但這段話至今讀來，仍令我強烈感受到劉伯伯的胸襟、氣魄、毅力和細膩，教人感佩不已。

從國中起就一直有機會跟劉伯伯吃飯，而每次總能得到寶貴的啟發。記得有一次我問他「寂寞」的問題，我說：「劉伯伯，像你這麼成功的人，寂不寂寞？」他笑著跟我說：「劉伯伯當然也會有寂寞的時候，但後來就一定要習慣的啦！」後來有一次到他家中作客，我們聊到「懶惰」的問題。我說：「劉伯伯，我覺得人的惰性好難克服喔！比如說冬天的早上很難從被窩裡爬出來。你怎麼解決『人類惰性』的問題？」劉伯伯的回答令我永難忘懷。他說：「劉伯伯每天五點鐘起床，當我還想繼續睡的時候，我就告訴我自己：『連早起都做不到，還算是想創業的人嗎？還想創業嗎？』然後我就立刻起床了。」確實，他到了今天，即使心臟動過大手術，依然堅持著數十年如一日的早起慢跑的習慣。

這樣堅強的毅力，也反映在劉伯伯永遠精進於吸收新知的習慣上。記得他說有一次請一位英文編輯為他翻譯一份文件，結果被他找到一個錯誤，那位同仁還爭辯說自己沒錯，劉伯伯笑笑要他拿回去再看一次。果然，過不久那位同仁跑來向劉伯伯承認自己的疏忽。劉伯伯說他的英文是自修來的。有一陣子他利用空檔時間，把一本簡易的英文日記一頁頁撕下來放在口袋裡背，直到背完整本日記。劉伯伯用功的程度，已經使他的視力開始受損。他曾告訴我，以他這樣用眼的程度，大概到七十幾歲就可能會看不見。

大二那一年，有一次去找劉伯伯談自己未來的計畫。他在百忙之中，仍跟我談了許多時事和一些他所遇到的小故事。當時已近下午五點，他拉著我一起下樓用餐，他沒坐電梯，而是一階一階健步如飛地往下走，一面走一面跟我講述，他這一陣子如何上上下下為公司同仁講述各種中文字形的寫法，覺得既充實又有趣。下樓後，我們一起跟著員工吃飯，不時聽他跟身旁的年輕職員打招呼，完全沒有感受到他是這家公司的董事長，只覺得他是大家的好朋友。吃飯時他告訴我：「吃飯不用花太久的時間。」果然，十分鐘之內，他結束用餐，並要我繼續留下來慢用，自己先行離開。

三民書局現在可說是在兩岸文化出版界中執牛耳的地位。然而，大家都知道創立三民書局的過程並不順利。劉伯伯經常談起往事，「當事業剛剛起步時，由於一來沒有資本，二則年紀太輕，三是沒有背景，因此，很多人都瞧不起我，挫折、打擊不斷。每次遇到這樣的情況時，我內心當然也會生氣，但最多一、二個小時就過去了，然後我就告誡自己，一定要更加努力，做出一番成績。」我認為是劉伯伯的勇氣及為了理想而奮鬥不懈的恆心、毅力，才成就了現在的三民書局。有一次劉伯伯還說：「每當我想起當年窮困的環境、遇到的打擊時，我總是心存感激，因為老天給了我磨鍊的機會，讓我更勤奮、更認真。」後來，當我遇到挫折時，總會想起劉伯伯的這番話。

從重慶南路的董事長辦公室，一直到復興北路的董事長辦公室，牆壁上都掛著一幅匾額，上頭寫著：「為者常成，行者常至。」劉伯伯憑著毅力，一步一步帶著三民書局經歷風風雨雨，走過半個世紀。

今年三民書局五十歲生日，我祝三民書局「生日快樂」，更祝劉伯伯身體健康！

毛振平先生，毛齊武先生之子。美語教師。

# 書的園丁

劉振強

三民創業至今，已經邁入第五十個年頭了，五十年來，公司從無到有，走的是一條坎坷的路。回顧這段過程，固然時有波折，也走了不少冤枉路，但是同時也體驗到無所不在的鼓勵與幫助。這些善意與支持，點滴在心頭，讓我們在五十年的出版路上，一路走來不覺寂寞，更讓我們充滿了感激之情。如果沒有這些與人為善的支持力量，也不會有今日的三民。

很多人以為公司的命名，是取自孫中山先生的「三民主義」，還有些朋友誤以為我們是黨營企業。其實三民原本是「三個小民」的意思，命名的緣由和創辦時的規模一樣，都是很卑微的。說「三個小民」，是因為公司創業的資金，是由我和另外兩位朋友，三人各出五千元湊起來的。不過這點資金，用在頂下書店，以及店面的押金，已經所剩無幾。幸虧得到沈咸恆先生等兩位長者的幫忙，又湊了五千元。沈先生非常體恤年輕人創業的困難，他告訴我，不要再到處招股了，借貸的資金也有償還的壓力，萬一還不起很麻煩，這五千元就算是他的投資，如果虧損的話，也不必償還。這份恩情，我至今不忘。

由於創業資金微薄，民國四十二年七月十日，三民在臺北市衡陽路四十六號開張的時候，可以說是相當寒磣的。我們和虹橋書店以及幾個販售派克鋼筆、郵票、文具的攤位共用一個店面，而且三民的書架是擺在最裡面，除了衡陽路上有個招牌外，從大馬路經過，不特意找，是根本看不到三民書局的。店面的油漆粉刷，都由我們自己動手。也因為共用店面的緣故，每天大清早，就要負責開店門，所以經常乾脆睡行軍床，夜宿在店裡。剛開始的時候，由於資金很有限，進不了幾本書，書只能一本本攤在檯面上擺，還不夠插在架上。賣了一本書，才有資金可以再進一本書。周轉金額很緊，所以每月月底結帳，是最頭痛的時候，經常為了付不出貨款而傷腦筋。心情煩悶

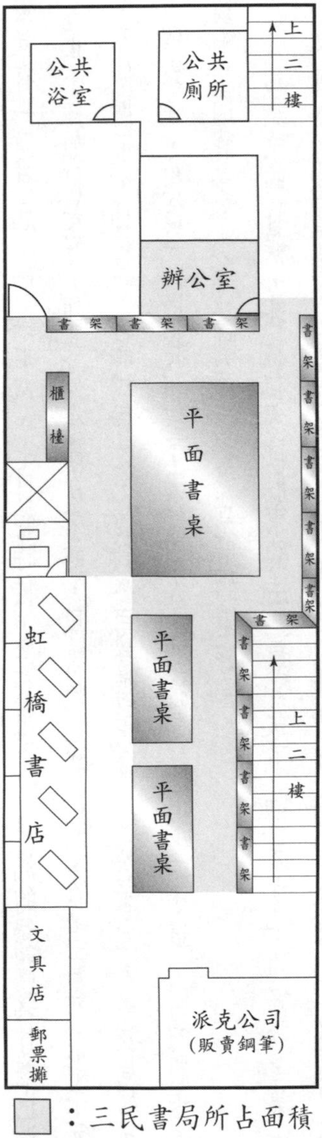


衡陽路四十六號店面

到受不了的時候，就走到新公園，也就是現在的二二八公園，對月興歎，除此也別無良策。有一回月底，約二十六、七日的時候，羅掘俱窮，月底的錢關說什麼也過不去了，正不知如何是好，卻意外有朋友來訪，原來他正要出差，身上有六、七千元的款子，不便攜帶，打算拿來託我寄放，聽到公司急需現金，慨然承允，讓我周轉。我生平不信命運，但這一回確實相信了天無絕人之路這句話。度過了這一回的關卡，以後大致上平順許多，少有籌調資金捉襟見肘的困窘。

公司創業的時候，我就和幾位股東約法三章，定了「五不可」的條款，第一條是不可以向公司推薦私人；第二條是不可以向公司借錢；第三條是不可以要求公司作保；第四條是不可以干涉公司業務；第五條是盈利轉為資本，不可以要求分配利潤。這幾條約定，主要是為了確保公司財務和經營上能夠單純化，不受其他因素干擾，也得到股東的認可。之所以有這幾個條款，主要是反映了年輕人的理想，希望公司能儘快成長，對文化有所貢獻。等到公司上了軌道之後，時移境遷，股東也陸續退了股，不過這些條款，仍然是三民經營上的準則。

書局的經理由股東多數決，一年一次投票選出，由於我有經營書店的經驗，所以創辦的時候被推舉出來負責管理。選了兩次之後，股東會覺得沒有更適合的人選，也就不再另行推舉了。當時規模雖小，但充滿了年輕人的幹勁，頗受到一些長輩的愛護。像三民今日所用的招牌「三民書局」四字，是溥心畬先生所寫的，純粹義務厚貺，不收潤筆之資。當時衡陽路店面窄小，深怕辱沒了溥先生的手筆，不敢懸掛，等到重慶南路新大樓落成，才正式成為我們的店招。

民國五十年的教師節，三民搬到重慶南路一段七十七號，店面有四十坪左右。當時租金一個月兩千元，押金二十萬。那一年鬧水災，我們永和的倉庫淹水，損失不小，押金中的十萬還是向長輩借來的。這次喬遷是件大事，也是三民成長的轉捩點，事先經過一番的細心策劃。新的店面早已搬遷布置妥當，當天的廣告也都做好了，就等開幕一到，集中宣傳，造成聲勢。但是卻正遇上颱風天，早上七點多的時候，仍是風雨交加，毫無轉晴的跡象，同仁都覺得開幕式大概是辦不成了，恐怕功虧一簣。但我心裡有一股直覺，認定老天一定幫忙，毫不氣餒，仍然加緊準備。果然到八點多，風雨止歇，只有一些灰霾；到九點多的時候，陽光普照，一片燦爛。當天的開幕，非常成功，來賀的賓客很多，這是一次很愉快的經驗。

當時書局店面的房東是陳漢陽先生，師範學校出身，為人溫文儒雅，承租前我去拜訪他，待人非常客氣。幾天後，他通知我們，答應訂約。他說曾向同業的東方出版社打聽過我，知道我們做事規矩，所以願意把房子租給我們，合約為期三年。陳先生是好人，子女也都很優秀，可惜讀書人不懂生意，賠累甚多，經常向我們周轉。我和他雖然相知不深，但交情很好，借貸從不計算利息。三年租約期滿，接著續約三年，押金改為三十萬元，但續約後不久，他因為退票的關係，避到日本去了。到日本後，他寄來一封長信，說續約的押金三十萬元，可能無力歸還，但希望我們店面的月租仍能照付，供給他在臺的小孩讀書。雖然押金無法取回，月租部分，依法我們可以從已付的押金金額中抵扣，不必再付租金了，但公司仍繼續按月照付，直到房子拍賣，他的孩子出國為止，我想這樣也對得起這位朋友了。陳先生在日本，經濟相當拮据，後來我到日本，還常去看他，和他的後代也仍保持來往，從不認為陳先生曾經倒過公司的押金。

租來的店面，畢竟不是長久之計，當時日思夜想，總希望能有自己的店面。三民重慶南路六十一號的門市現址，買得的過程，倒是相當機緣巧合，說起來像是個笑話。有一天我到菜市場的理髮店理髮，在武昌街的廟門口，看到一位房屋仲介掛出售屋招單，便向他打聽附近合適的房子。仲介隨即引介我去見屋主。屋主打算出售的房子約三十幾坪，我嫌小了一些。屋主見我年紀輕輕，竟說這樣的大話，以為我尋他開心，便說他另有一房，有七十幾坪大，但只有建物，沒有土地所有權，開價二百八十萬。其實以當時的行情，這樣的房子市值不過兩百萬元，這個價錢可說是天價了，但我聽了之後，也不還價，一股牛勁，馬上簽了十萬元的支票下訂。第二天屋主反悔了，因為六十一號現址他正住著，其實並沒有搬家的打算，希望返還訂金，取消契約。我沒有答應，這筆買賣就這樣確定下來。後來又買下土地所有權，六十二年時重新起造，六十四年三民大樓落成，營業面積大為增加。我一向認為書店經營，應該力求書種的齊全，不分冷門熱門，最好能做到像圖書館一樣，所以後來又陸續買下重慶南路的五十九號，合併店面，營業面積又進一步擴大。民國八十二年，復興北路門市落成，編輯部門也搬遷新址，於是三民書局擴充到兩個門市，每個門市都能容納十五萬以上的書種。

三民書局除了門市經銷之外，起初的出版方向是以法律書為主，不過民國四十幾年的時候，情況和現在不大一樣。當時法律書並不賺錢，因為只有臺大、中興有法學系，學生不過一百多人，而且法令不常修改，少有出新版的必要，法律用書市場很小，容易銷售的是屬於文史類的書。三民是以門市的盈餘來補貼法律書的出版，那時候的想法是希望大家多懂些法，出版這類的書可以有助於國家走向法制化。民國五十年以後，財務較穩定，出版種類也大量擴增，開始推出財經方面的書籍。五十五年，「三民文庫」創刊，又有人文社會方面作品的出版。到民國六十年以後，科技方面的叢書接著問世，主要是作為五年制專科學校的教材。此後出版的方向愈益擴大，各種類別的叢書陸續創刊，走向綜合出版社的方向。值得一提的是，三民書局現今雖被視為老字號的出版社，不過許多做法，三民可說是開風氣之先，成為其他書局仿效的對象。像教科書封面用套色印刷，是由三民書局率先推出的，當時其他的出版社，千篇一律，差不多都是灰色的封皮。

三民的出版方針，五十年來受益於許多學界先進的指教，無法一一敬述，但若要略舉幾位代表人物，以傳達深摯的謝意的話，則尤其應感謝臺大法律系的陳棋炎教授，以及政治大學的鄒文海、中興大學的汪洪法、張則堯等教授。陳棋炎先生向我提到日本小規模書店的出版之道。鄒文海先生則啟發了我的出版視野，他認為，出版應出別人所不願出的書，如果經濟允許的話，尤其應出版大學用書。他不只出主意，同時也介紹許多一流的作者在三民出書，像社會學方面的龍冠海教授，就是由他介紹的。汪洪法先生從書店開辦以來，一直多所關懷鼓勵，是我們經營過程的精神支柱。同時要感謝張則堯先生的鼓勵，他除了個人撰作之外，也引介了我們許多的作者，讓我們能在學術出版的領域中站穩腳步。沒有這許許多多的幫助，三民是不可能有今天的局面的。

公司創辦以來的五十年中，最感辛苦，心血付出最多的工作有兩件，一件是民國六十年開始著手編纂的《大辭典》；一件是民國七十六年起所進行的三民排版系統的工程。《大辭典》的編纂前後進行了十四年，幾乎把公司多年累積的一些資金全部投入耗盡了。這裡面的困難主要有幾項，一者，辭條收集範圍的分類、撰寫體例，要有一定的規劃，且多人合作，工程尤其浩大，這些我們都是從做中學，逐漸累積經驗。二者，許多辭書的編纂，沒有核查原文，往往陳陳相因，積非成是。因此公司花費許多人力物力重新查核出處原文。同時《大辭典》徵引出處的方法，不像許多大部頭的辭書，僅止於出自某書而已，而是要做到註明篇名、卷次、回數。要做到這一點，公司非有大量藏書，實際動手不可，於是我們不僅訂購了《四庫全書》、《百部叢刊》等大部頭的古籍之外，還讓同仁到圖書館搜集珍罕的資料。承蒙當時中央圖書館館長王志鵠先生的協助，我們由微卷底片影印了不少館藏的善本書，讓語源出處的查證有善本可用，尤為銘感。三者，當時的印刷，主要還是鉛字活版，鉛字主要來自日本人所寫的漢字，用於一般書籍印刷，勉可將就，但是用來編纂辭書，字數就不夠了，字型筆畫，也稱不上精確。因此我們編印《大辭典》，是從刻模鑄字做起，自行刻了宋體、黑體、標頭字等幾套銅模，光是鑄字用的鉛條就耗費了七十噸。這些銅模和鉛字目前都還堆放在倉庫，已經沒有實用價值了，只是作為當年求好心切，不惜多走冤枉路的紀念而已。

三民排版系統的開發，是延續《大辭典》編纂之後的另一樁苦差事。電腦時代來臨，排版走向數位化，但是最基本的字碼不足等問題，卻一直沒有根本而完善的解決方法，通用的排版軟體只用一萬三千多碼的字體，遠遠不敷中文書籍印刷所需。原本電腦字碼標準化這種基礎建設的工作，應該由國家來完成，但三民是學術出版社，印刷用字原本就有比較嚴格的要求，又有辭書出版的即時需要，不能不即刻研發一套能解決全漢字出版問題的排版系統。因此這十六、七年之間，三民投注大量的人力與資金，努力開發一套字碼達七萬多碼的字型，以及能以這套字型來排版的軟體。這些年來，不論是各體字型的書寫，還是排版軟體的設計，都是在嘗試與摸索中學習，一點一滴，得來不易。

漢字的最大特色，是一字一形，每個字雖由基本的部首偏旁組合，但同樣的偏旁部首，組合之間，倚輕倚重，或大或小，就有不同的安排，不宜用電腦拼字一律訂死。因此從一開始我們就決定要用傳統手寫的方法來造字。然而這個工程的困難，卻是當時始料未及的。我個人雖對書法有興趣，但是字體間架應如何安排，方能妥貼有神，切合法範，還是做了這個工作後才有所認識。十幾年來，為了做好這個工作，經常連作夢都在想怎麼寫好字。間架不合式的話，不惜廢棄已完成的字稿，重新再來。這樣一再重複，光是七萬多碼的明體字就重寫了十幾遍。更難的是寫字的美工，共有八十人，如何讓他們寫出的字如出一手，就煞費心思了。這十幾年的苦頭，真是一言難盡。最感安慰的是造字的工作，終於在今年可以完成，總共有明、楷、黑、方仿宋、長仿宋、小篆等六套字體，足以應付印刷的需要。

排版軟體的開發，又是一項棘手的問題。原本公司寄望於可以在 Unix 系統上執行的「六書」排版軟體，但最後行不通。因而我們擴充研發人員，重起爐灶，致力於一套能滿足各種書籍版式需求，能製作跨平臺文件的排版系統。相信這個工作完成之後，中國人就會有字碼完整而功能齊備的中文排版軟體可用。文字為載道之本，知識傳播，不能外於是。相信這十多年來的苦心，或許不算白費，對於未來文化的傳承發展，總能有些棉薄的功效。

三民創業的五十年來，應該感謝的人太多了。除了支持我們的讀者、教育界的朋友、愛護我們的同業之外，同仁的犧牲奉獻，尤其可佩。許多同仁任勞任怨，忍人所不能忍，數十載寒暑的青春時光，都消磨在公司的成長奮鬥之中，三民書局能由無而有，到今天的規模，錙銖點滴，都是大家的功勞，本人忝為公司五十年的負責人，永遠感激，絕不敢居功。唯一可以坦陳自表，報答各位同仁友朋以及社會大眾的是，個人從來沒有涉足聲色場所，把公司的資源耗費在私人享受上。三民也從來沒有出過一本浮言謾罵，或是違反社會風俗的書，以致於有干公議。個人得失是短暫的，而出版文化事業，則是要向後人有所交代。這五十年中，我們在潮流與波折中，一步一腳印的耕耘著文化的園地，善盡本分，盡力為社會作一點貢獻。寄望將來的五十年，公司同仁仍不忘創業的心志，秉持文化的火炬，傳播於整個社會。

國家圖書館出版品預行編目資料

三民書局五十年／逯耀東;周玉山主編.－－初版一刷.－－臺北市；三民，2003
面；　公分
ISBN 957-14-3864-2　(平裝)

1. 三民書局 2. 出版業

487.7　　92010256

網路書店位址　http://www.sanmin.com.tw


主　編　逯耀東　周玉山
發行人　劉振強
著作財產權人　三民書局股份有限公司
臺北市復興北路386號
發行所　三民書局股份有限公司
地址／臺北市復興北路386號
電話／(02)25006600
郵撥／0009998-5
印刷所　三民書局股份有限公司
門市部　復北店／臺北市復興北路386號
重南店／臺北市重慶南路一段61號
初版一刷　2003年7月
編　號　S 48007-0
基本定價　肆　元
行政院新聞局登記證局版臺業字第〇二〇〇號

ISBN　957-14-3864-2　(平裝)